Edward O. Wilson

Die Zukunft des Lebens

W0171669

Edward O. Wilson

Die Zukunft des Lebens

*Aus dem Amerikanischen
von Doris Gerstner*

Siedler

*Letztlich wird unsere Gesellschaft nicht allein
danach beurteilt werden, was wir geschaffen haben,
sondern auch danach, was wir nicht zu zerstören
bereit waren.*

JOHN C. SAWHILL (1936–2000),

1990–2000 PRÄSIDENT

DER NATURSCHUTZORGANISATION

»THE NATURE CONSERVANCY«

Inhalt

Ein Brief an Henry Thoreau

Lieber Henry,
ich darf Sie doch mit Ihrem Vornamen anreden? Ihre Worte laden zu Vertrautheit ein und ergeben anderweitig wenig Sinn. Wie sonst ließe sich Ihre beharrliche Verwendung des ersten Personalpronomens deuten? Als *ich* die folgenden Seiten schrieb, so sagen Sie, hier sind *meine* tiefsten Gedanken. Kein Bericht in der dritten Person könnte je eine solche Nähe erreichen. Obwohl *Walden* gelegentlich belehrend klingt, lese ich es nicht wie manche andere als eine Rede an die Menge. Vielmehr ist es ein Kunstwerk: das Zeugnis eines Einwohners von Concord in Neuengland, das an einem bestimmten Ort zu einer bestimmten Zeit und unter ganz persönlichen Umständen entstanden ist, das aber dennoch über fünf Generationen hinweg die allgemeine *conditio humana* zutreffend zu beschreiben vermag. Kann es eine bessere Definition von Kunst geben?

Sie sind der Grund, weshalb ich hierher gekommen bin. Zwar hätte unsere Begegnung ebenso gut in einem Waldstück in Delaware stattfinden können, doch nun stehe ich hier, am Ort Ihrer einstigen Hütte am Ufer des Walden-Sees. Was mich bewogen hat, hierher zu kommen, ist zum einen die Bedeutung, die Ihnen in der Literatur und in der Naturschutzbewegung zukommt, aber es gibt auch einen weniger edlen Beweggrund, wie ich gestehen muss. Ich wohne nämlich nur zwei Städte weiter, in Lexington. Meine Pilgerfahrt hierher ist also ein angenehmer Nachmittagsausflug in ein Naturschutzgebiet. Hauptsächlich aber bin ich hier, weil Sie unter all Ihren Zeitgenossen derjenige sind, den ich am dringendsten verstehen möchte. Als Biologe mit einer modernen wissenschaftlichen Bibliothek weiß ich mehr, als Darwin wusste. Ich kann mir die gemessenen Antworten dieses Landedelmanns auf die Fragen eines anderthalb Jahrhunderte später lebenden modernen Zeitgenossen gut vorstellen. Doch das stellt mich nicht wirklich zufrieden: Die

Menschen des Viktorianischen Zeitalters halten in unserer Erinnerung kaum mehr Überraschungen parat. Dagegen kann ich mir Ihre Antworten nicht vorstellen, oder zumindest nur zu einem geringen Teil. Es gibt zu viele dunkle Passagen in Ihrem Werk, zu viele emotionale Stolperdrähte. Sie sind zu früh von uns gegangen, und Ihre ruhelose Seele verfolgt uns noch immer. Ist es so merkwürdig, nach 150 Jahren eine persönliche Aussprache zu suchen? Ich finde nicht. Jedenfalls nicht, wenn es um Naturgeschichte geht. Das Rad der biologischen Evolution dreht sich viel zu langsam, als dass sich Arten in der kurzen Spanne zwischen unseren Lebzeiten verändert haben könnten. Auch die natürlichen Lebensräume der Arten wandeln sich kaum. Die Wälder um den Walden-See, die nur teilweise abgeholzt und deren Böden niemals gepflügt worden sind, sehen heute noch fast genauso aus wie zu Ihrer Zeit, sie sind höchstens dichter geworden. Ihre Atmosphäre kann jedoch noch mit ähnlichen Worten beschrieben werden.

Je älter ich werde, desto sinnvoller erscheint es mir jedenfalls, Geschichte in Lebensspannen zu messen. Dies rückt uns in Echtzeit näher zusammen. Wenn Sie zum Beispiel achtzig anstatt nur 44 Jahre alt geworden wären, gäbe es heute vielleicht Filmaufnahmen von Ihnen, wie Sie an einem Feiertag am Ufer des Walden-Sees durch eine mit Strohhüten und Sonnenschirmen ausstaffierte Menschenmenge spazieren. Wir könnten Tonaufnahmen Ihrer Stimme hören, aufgezeichnet mit Hilfe eines Edisonschen Wachszylinders. Stimmt es, dass Sie eine leicht schnarrende Aussprache hatten, wie allgemein angenommen wird? Ich bin heute 72 Jahre alt – betagt genug, um mit Darwins letzter lebender Enkelin an der Universität von Cambridge Tee getrunken zu haben. Als ich an der Harvard-Universität studierte, diskutierte ich meine ersten Veröffentlichungen über die Evolution mit Julian Huxley, der als kleiner Junge auf dem Schoß seines Großvaters, Thomas Henry Huxley, gesessen hatte, dem Schüler und guten Freund Darwins. Sie verstehen, was ich meine. Sie hatten noch drei Jahre zu leben, als im Jahre 1859 *The Origin of Species* (dt.: *Der Ursprung der Arten*) erschien. In Harvard und den schöngeistigen Salons beiderseits des Atlantiks gab es kein anderes Gesprächsthema. Sie erwarben eines der ersten in Amerika erhältlichen Exemplare und kommentierten es rasch. Und noch etwas geht mir oft durch den Kopf. Als Kind hätte ich theoretisch mit alten Menschen sprechen können, die Sie als Kinder am Walden-See besucht haben. So gesehen, trennt uns also nur die Spanne eines einzigen Menschengedenkens. Dort, wo Ihr Haus stand, scheint sich sogar diese Zeitspanne in Nichts aufzulösen. Bitte verzeihen Sie, dass ich abschweife. Ich bin hierher gekommen, um Ihnen näher zu sein und Ihnen aus dieser Perspektive heraus zu erklären, was mit der Welt, die wir beide geliebt haben, geschehen ist – Ihnen, den anderen und nicht zuletzt mir selbst.

Zunächst einmal hat sich die Landschaft in der weiteren Umgebung des Walden-Sees dramatisch verändert. Zu Ihren Lebzeiten gab es fast keinen Wald mehr. Die größten Weymouthskiefern waren schon lange zuvor gefällt und nach Boston transportiert worden, wo man Schiffsmasten aus ihnen machte. Andere Hölzer fielen dem Haus- und Eisenbahnbau zum Opfer oder dienten als Brennholz. Die meisten Sumpfzedern wurden zu Dachschindeln verarbeitet. Mit zunehmender Verknappung von Holzkohle und Klafterholz näherte sich Amerika, das damals noch eine von Holz abhängige Nation war, seiner ersten Energiekrise. Bald sollte jedoch alles anders werden. Kohle trat an die Stelle von Holz und trieb die Industrielle Revolution mit atemberaubendem Tempo voran.

Als Sie im Jahre 1845 Ihr kleines Haus aus den Brettern der abgerissenen Hütte von James Collins erbauten, war Walden Woods eine bedrohte Oase in einer überwiegend baumlosen Umgebung. Heute ist es nicht viel anders, obwohl der Wald allmählich das Ackerland zurückerobert. Allerdings sind die Bäume nur armselige Nachfahren der ursprünglichen Riesen, die das Seeufer bis in die Mitte des siebzehnten Jahrhunderts bewaldeten. Heute wachsen in der Umgebung Ihrer Hütte Buche, Hickory, Rotahorn sowie Rot- und Weißeiche inmitten halb aufgeschossener Weymouthskiefern heran und tragen so dazu bei, den ursprünglichen Hartholzbewuchs der südlichen neuenglischen Wälder wiederherzustellen. Auf dem Weg von Ihrem Haus zur nächsten Bucht – die heute den Namen Thoreau's Cove trägt – gehen diese Bäume in einen lockeren Bestand größerer Weymouthskiefern über, deren Stämme gerade gewachsen sind und deren Äste sich gleichmäßig und hoch über dem Boden ausbreiten. Das Unterholz besteht aus einem spärlichen Dickicht von Schösslingen und Heidelbeeren. Die amerikanische Edelkastanie ist leider verschwunden; sie ist einem sich rapide verbreitenden europäischen Pilz zum Opfer gefallen. Nur ganz vereinzelt erscheinen noch hier und da Sprösslinge auf alten

Baumstümpfen, nur um rasch von dem Pilz entdeckt und abgetötet zu werden. Mit ihren zarten, gezackten Blättern erinnern die dem Untergang geweihten Schösslinge nur noch schwach an die mächtigen Bäume, die einst ein ganzes Viertel der unberührten Wälder der amerikanischen Ostküste ausmachten. Ansonsten gedeihen hier jedoch noch alle Arten von Bäumen und Sträuchern, die Ihnen so gut bekannt waren. Der rote Ahorn ist heute sogar noch stärker verbreitet als damals. Er ist nicht nur die leuchtend rote Zierde des neuenglischen Herbstes, sondern wird auch mehr denn je bei der Wiederaufforstung der Wälder verwendet.[1]

Ich kann Sie mir sehr gut vorstellen – auf der leicht erhöhten Türschwelle sitzend, so wie Ihre Schwester Sophia Sie gezeichnet hat. Es ist ein kühler Morgen im Juni, nach meiner Ansicht der beste Monat in Neuengland. In meiner Vorstellung sitze ich neben Ihnen. Ruhig lassen wir unseren Blick über die im Frühjahr angeschwollene, weite Wasserfläche schweifen, die von den Bewohnern Neuenglands merkwürdigerweise als »Teich« (Walden Pond) bezeichnet wird. Hier und heute sprechen wir eine gemeinsame Sprache, wir atmen dieselbe reine Luft und lauschen dem leisen Rauschen der Kiefern. Mit unseren Schuhen scharren wir im Laub, halten inne, schauen hoch, um einen Rotschwanzbussard zu beobachten, der über uns kreist. Wir lassen uns im Gespräch treiben, doch entfernen wir uns nie so weit von unserem zentralen Thema der Naturgeschichte, dass der Zauber, der uns in Bann hält, gebrochen würde. Auch werden wir nie so vertraulich, dass der kindliche Ursprung unseres gemeinsamen Vergnügens aufgedeckt würde. Selbst in tausend Jahren wird Walden Woods sich nicht verändern, davon bin ich überzeugt – ein Stück Natur in schwankendem Gleichgewicht, das seine zauberhafte Wirkung auf die menschlichen Gefühle nicht verfehlt.

Wir stehen auf, um einen kleinen Spaziergang zu machen. Der Weg durch den Wald führt uns hinab zum Seeufer, dessen Konturen sich seit Ihrer Zeichnung aus dem Jahre 1846 wenig verändert haben. Wir folgen dem Weg bis zu einer Anhöhe, wo wir zur Lincoln Road hinaufsteigen. Dann biegen wir zur Wyman Meadow ab und beenden unseren Rundweg nach etwa drei Kilometern wieder bei Thoreau's Cove. Auf unserer Wanderung halten wir nach den Waldstücken Ausschau, die am wenigsten von Axt und Säge verwüstet wurden. Um diese Gebiete wollen wir nicht *herum* wandern, sondern *mitten hindurch*. Wir entfernen uns nicht weiter als einige hundert Meter vom Seeufer, denn schließlich war fast das gesamte Land außerhalb dieses Umkreises zu Ihren Lebzeiten Nutzfläche.

Unsere Unterhaltung besteht überwiegend aus abwechselnden Monologen, denn die von uns jeweils bevorzugten Organismen sind so unterschiedlich, dass wir sie einander erklären müssen. Sie stimmen mir sicherlich zu, dass es zwei Arten von Naturforschern gibt, je nach den Leitbildern ihrer Forschung. Die erste Kategorie, zu der auch Sie gehören, hat sich die Erforschung großer Organismen zum Ziel gesetzt: Pflanzen, Vögel, Säugetiere, Reptilien, Amphibien, Schmetterlinge vielleicht noch. Solche Forscher lauschen auf Tierrufe, spähen in die Baumkronen, stochern in Baumhöhlen herum oder suchen im Uferschlamm nach Fährten und Tierexkrementen. Ihre Blickrichtung schwankt um die Horizontale herum, zunächst nach oben, um die Baumkronen zu sondieren, dann nach unten, um den Boden zu sichten. Forscher, die nach großen Organismen suchen, sind oft mit einem einzigen Fund am Tag zufrieden. Wenn ich mich recht entsinne, hat es Ihnen nicht das Geringste ausgemacht, sechs Kilometer oder mehr zu wandern, nur um zu sehen, ob eine bestimmte Pflanze Blüten getrieben hatte.

Ich gehöre zur anderen Kategorie der Naturforscher. Ich liebe kleine Organismen. Zwar bin auch ich ein Jäger, jedoch eher von der Art eines schnüffelnden Opossums als eines reißenden Panters. Ich denke in Millimetern und Minuten und muss auf meinen Streifzügen nie lange auf der Lauer liegen. Der Reichtum der wirbellosen Tiere und die relative Mühelosigkeit der Erfolge haben mich unwiderruflich verwöhnt. Wenn ich ein artenreiches Stück Wald betrete, laufe ich selten mehr als hundert Meter. Vor dem ersten viel versprechenden morschen Baumstamm halte ich an. Kniend drehe ich ihn um, und sofort belohnt mich der darunter zum Vorschein kommende Mikrokosmos. Wurzelfasern und Pilzfäden werden auseinander gerissen, und die daran klebenden Baumrindenstücke fallen zurück auf die Erde. Der feuchte, modrige Geruch gesunden Waldbodens steigt mir wie ein geliebtes Parfüm in die Nase. Die ihrer Deckung beraubten Lebewesen sind wie Rehe, die auf einer Landstraße plötzlich vom Scheinwerferlicht erfasst werden und für einen Augenblick völlig erstarren. Rasch stieben sie jedoch auseinander, um dem Licht und der austrocknenden Luft zu entfliehen. Jedes Tier bewegt sich dabei auf ganz charakteristische Weise. Eine weibliche Wolfsspinne stürzt Hals über Kopf davon und bleibt, da sie keinen Schutz findet, nach wenigen Körperlängen stocksteif stehen. Ihre fleckige Körperfärbung bietet zwar eine hervorragende Tarnung, doch der weiße Eikokon, den sie zwischen ihren Kiefertastern und den Kieferklauen trägt, verrät sie. Nicht weit von ihr entfernt rollen sich ein paar Tausendfüßer hastig zusammen, die sich zum Zeitpunkt der Katastrophe nichtsahnend an Schimmelpilzen gütlich getan hatten. Am anderen Ende der freigelegten Fläche lugt unter einem vermoderten Stück Baumrinde ein riesiger Skolopender-Hundertfüßer hervor. Sein segmentierter Rumpf gleicht einer schimmernden, braunen Rüstung, seine Kieferfüße ähneln giftgefüllten Spritzen und seine Beine nach unten gebogenen Sicheln. Der Skolopender ist nicht gefährlich, solange man nicht versucht, ihn aufzuheben. Doch wer wollte es wagen, diesen Miniaturdrachen zu berühren. Stattdessen stoße ich ihn mit einem Zweig an. *Weg mit dir!* Er windet sich, schnellt herum und verschwindet blitzartig. Nun kann ich gefahrlos meine Finger durch den Humusboden gleiten lassen und nach weniger bedrohlichen Arten suchen.

Diese Arthropoden oder Gliederfüßer sind die Riesen des Mikrokosmos (wenn ich mit meinen Erläuterungen, die sich fast schon zu einem kurzen Vortrag auswachsen, fortfahren darf). Lebewesen dieser Größe treten zu Dutzenden – ja sogar zu Hunderten – auf, wenn eine Ameisen- oder Termitenkolonie vorhanden ist. Gleichwohl sind diese Zahlen vergleichsweise trivial. Wenn man sich in der Größe der Tiere um eine Zehnerpotenz nach unten bewegt und die Lebewesen betrachtet, die mit bloßem Auge gerade noch sichtbar sind, so geht ihre Zahl in die Tausende. In der Erde wimmelt es von Fadenwürmern und Enchyträen, Milben, Springschwänzen, Wenigfüßern, Doppelschwänzen, Zwergfüßern und Bärtierchen. Verteilt man sie auf einem weißen Stück Stoff, entpuppt sich jedes noch so winzige krabbelnde Pünktchen als voll entwickeltes Lebewesen. In ihrer Gesamtheit sind sie weit eindrucksvoller und vom Erscheinungsbild vielfältiger als alle in dieser Gegend vorkommenden Schlangen, Mäuse, Singvögel und sonstigen Wirbeltiere zusammen. Ihr Lebensraum ist ein Labyrinth aus winzigen Höhlen und Wällen aus vermodernden Pflanzenabfällen, durchzogen von vielen Metern Pilzfäden. Und diese Organismen bilden nur die Oberfläche der Flora und Fauna zu unseren Füßen. Wenn wir eine noch stärkere Vergrößerung wählen und uns den mikroskopisch kleinen Wasserfilm auf Sandkörnern anschauen, entdecken wir zehn Milliarden Bakterien in einem Fingerhut voll sandiger Erde und Insektenkot. Sie sind die Energiegrundlage der Welt der Mikrokonsumenten, so wie wir sie 150 Jahre nach Ihrem Aufenthalt in Walden Woods verstehen.[2] In dem Humus und der vermodernden Vegetation unter unseren Schuhen entfaltet sich die ungebändigte Natur. Zwar ist die Wildnis, so wie man sie sich gemeinhin vorstellt, verschwunden; Wölfe, Pumas und Vielfraße kommen in den Forsten von Massachusetts nicht mehr vor. Doch eine andere, urtümlichere Wildnis lebt fort. Das Mikroskop kann sie sichtbar machen. Wir brauchen nur unseren Blickwinkel zu verkleinern, und schon sehen wir einen Teil dieser Wälder so, wie sie vor tausend Jahren ausgesehen haben. Dies ist die Perspektive des Naturforschers, der sich auf die Erforschung kleiner Organismen verlegt hat.

'Thoreau. Ist es richtig, dass Sie Ihren Namen auf der ersten Silbe betonten – wie bei dem englischen Wort *thorough* für gründlich? Das hat zumindest Ihr enger Freund Ralph Waldo Emerson auf einen Zettel gekritzelt, den man unter seinen Papieren fand. Als gründlichem Naturforscher hätte Ihnen der jüngst zu Ihren Ehren hier abgehaltene Tag der Artenvielfalt sicherlich gefallen. Die Idee dazu stammte von Peter Alden, einem Einwohner Concords und international tätigen Naturführer. Am 4. Juli 1998, dem 143. Jahrestag Ihres Einzugs in Ihr Haus am Walden-See, kamen Peter und ich und mehr als hundert weitere Naturschützer aus Neuengland zusammen, um eine Bestandsaufnahme aller wild lebenden Pflanzen-, Tier- und Pilzarten vorzunehmen, die wir an einem Tag ohne Handlupe, mit bloßem Auge, in der Umgebung von Walden zwischen Concord und Lincoln finden konnten. Tausend Arten hatten wir uns zum Ziel gesetzt. Doch als wir am Abend des Aktionstages den zerkratzten und zerstochenen Teilnehmern beim gemeinsamen Abendessen im Freien das Gesamtergebnis verkündeten, waren es 1904 Arten. Wenn man es genau nimmt, waren es sogar 1905, denn am nächsten Tag tauchte plötzlich wie aus dem Nichts ein Elch *(Alces alces)* mitten in Concord auf. Da er die Stadt jedoch schon kurze Zeit später wieder verließ, verringerte sich die Artenvielfalt wieder auf das Niveau vom 4. Juli.[3]

Wenn Sie sich an diesem Tag der Artenvielfalt zu uns gesellt hätten, wären Sie wahrscheinlich nicht besonders aufgefallen – jedenfalls solange Sie darauf verzichtet hätten, das Gespräch auf Präsident Polk und die mexikanische Frage zu bringen. Selbst Ihre altmodische Kleidung hätte Sie nicht verraten, wenn man bedenkt, wie zweckmäßig wir selbst für diese Feldexkursion gekleidet waren. Sie hätten auch unser Vorhaben verstanden. Nach Ihren beiden letzten Büchern zu schließen, *Faith in a Seed* und *Wild Fruits* (die erst vor wenigen Jahren aus Ihren fast unleserlichen handschriftlichen Notizen veröffentlicht und damit der Vergessenheit entrissen wurden),[4] waren Sie auf dem besten Weg zu einer wissenschaftlichen Annäherung an die Naturgeschichte, als Sie viel zu früh aus dem Leben gerissen wurden. Diese Entwicklung war nur folgerichtig: Jede Wissenschaft beginnt mit der Beschreibung und Benennung der untersuchten Gegenstände. Es scheint ein dem Menschen angeborener Instinkt zu sein, sich seiner Umwelt auf diese Weise zu bemächtigen. Wir können über eine Pflanze oder ein Tier nicht gut nachdenken, bevor wir nicht einen Namen dafür haben. Daher rührt auch das Vergnügen, Vögel mit einem Bestimmungsbuch in der Hand zu beobachten. Aldens Idee fand rasch Anklang. Während ich dies im Jahre 2001 niederschreibe, werden nicht nur woanders in den Vereinigten Staaten, sondern auch in Österreich, Deutschland, Luxemburg und in der Schweiz Tage der Artenvielfalt – so genannte »Bio-Blitze« – durchgeführt. Im Juni 2001 nahmen am dritten Tag der Artenvielfalt in Massachusetts Studenten aus 260 Städten des gesamten Landes teil.

Am Walden-See traf ich an jenem ersten Tag Brad Parker, einen der Charakterdarsteller, die in Ihre Rolle schlüpfen und Führungen durch Ihr rekonstruiertes Holzhaus machen. Durchdrungen von Ihrem Geist und bestens vertraut mit Ihrem Werk, wirkt er auf geheimnisvolle Weise überzeugend. Während unseres Gesprächs weigerte er sich, auch nur für eine Minute von seiner Rolle abzuweichen, und so fühlte ich mich für eine angenehme Stunde in die Mitte des neunzehnten Jahrhunderts zurückversetzt. Um mich zu revanchieren, lud ich ihn natürlich ein, mit mir gemeinsam Insekten und andere Wirbellose zu beobachten, die sich unter nahe gelegenen Steinen und herabgefallenen toten Ästen versteckt hielten. Von dort wanderten wir weiter zu einer Ansammlung leuchtend gelber Pilze. Dann machte mich Neo-Thoreau auf den Gesang einer Walddrossel im Dickicht über uns aufmerksam, den ich auf Grund meiner Taubheit für die höheren Tonlagen überhaupt nicht wahrgenommen hatte. So ging es eine Weile hin und her; er machte geistreiche Bemerkungen im Stil des neunzehnten Jahrhunderts, und ich bemühte mich, die Rolle des in die Zeit zurückversetzten Besuchers zu spielen. Über den Lärm der beim Anflug auf Hanscom Field über uns hinwegdonnernden Flugzeuge verlor keiner von uns ein Wort. Es kam mir auch nicht befremdlich vor, dass ich mit meinen neunundsechzig Jahren mit einer Verkörperung des dreißigjährigen Henry Thoreau sprach. In einem gewissen Sinne war dies nur folgerichtig, denn die Naturforscher meiner Generation sind schließlich eine ältere Ausgabe Ihrer Person – älter und wissender, vielleicht sogar weiser.

Für den Zuwachs an Wissen möchte ich ein kurzes Beispiel anführen. Neo-Thoreau und ich unterhielten uns über die Ameisenschlacht, die Sie in *Walden* beschrieben haben. An einem Sommertag entdeckten Sie rund um Ihre Hütte rote und schwarze Ameisen, die in einen erbitterten Kampf auf Leben und Tod verwickelt waren. Der Boden war übersät von Toten und Sterbenden, und sogar die Verstümmelten kämpften zäh weiter. Es war ein Austerlitz der Ameisenwelt, wie Sie es ausdrückten, eine Schlacht, gegen die das Gefecht auf der Brücke von Concord, mit der die Amerikanische Revolution in Schussweite des Walden-Sees begann, zwergenhaft erschien. Darf ich Ihnen erklären, was Sie sahen? Sie wurden vermutlich Zeuge eines Beutezuges auf Sklaven. Die Sklavenfänger waren die roten Ameisen, höchstwahrscheinlich *Formica subintegra*, die Opfer die schwarzen Ameisen, vermutlich *Formica subsericea*. Die roten Ameisen nehmen den Nachwuchs ihrer Opfer, genauer gesagt deren verpuppte Larven, gefangen. Im Nest der roten Ameisen beenden die entführten Larven ihre Entwicklung und schlüpfen schließlich als erwachsene Arbeiter aus ihren Kokons. Da sie instinktiv die ersten Arbeiter, die ihnen begegnen, als Sippenangehörige betrachten, begeben sie sich freiwillig in den Dienst ihrer Entführer. Stellen Sie sich das nur einmal vor! Beutezüge auf Sklaven praktisch vor der Haustür eines der glühendsten Sklavereigegner in Amerika. Aber diese brutale Darwinsche Strategie hat schon seit Jahrmillionen Bestand und wird sich auch in Zukunft behaupten – ohne Aussicht darauf, dass in der Ameisenwelt je ein Lincoln, ein Thoreau oder eine Untergrundbewegung für den Schutz der Opfer eintreten wird.[5]

Henry Thoreau, Ihnen gebührt als Prophet der Naturschutzbewegung, Mentor Gandhis und Martin Luther Kings unser Tribut. Bitte akzeptieren Sie ihn, auch wenn er verspätet kommt. Als scharfer Beobachter der *conditio humana*, als erbarmungsloser

Kritiker der spießbürgerlichen Gesellschaft, als in der Neuen Welt gestrandeter griechischer Stoiker werden Sie in jeder neuen Generation wiedergeboren, mit neuen Bedeutungen und Nuancen. Der Weise von Concord, so werden Sie manchmal genannt. Sie haben sich Ihren Platz in der Geschichte verdient.

Andererseits waren Sie – bitte verzeihen Sie – nicht gerade ein herausragender Naturforscher. Selbst wenn Sie sich während Ihres kurzen Lebens ausschließlich mit Naturkunde beschäftigt hätten, könnten Sie sich wahrscheinlich nicht mit Naturforschern wie William Bartram und Louis Agassiz oder jenem großartigen Sammler nordamerikanischer Pflanzen, John Torrey, messen. Und wahrscheinlich würde sich heute kaum jemand mehr an Sie erinnern. Wäre Ihnen ein längeres Leben beschieden gewesen, so hätte die Situation sicherlich anders ausgesehen, denn als Sie von uns gingen, gewannen Sie in der Naturforschung zunehmend an Stoßkraft. Zu Ihrer Ehre darf außerdem nicht unerwähnt bleiben, dass Ihre Überlegungen zur Artenfolge und zu anderen Eigenschaften natürlicher Lebensgemeinschaften schon auf die moderne Wissenschaft der Ökologie hinwiesen.[6]

Doch das alles spielt hier keine Rolle. Ich verstehe, warum Sie an den Walden-See gekommen sind. In diesem Punkt lassen Ihre Worte an Klarheit nichts zu wünschen übrig. Gewiss, Sie wählten dieses Stück Erde hauptsächlich deshalb aus, weil Sie die Natur erforschen wollten. Doch dies hätten Sie ebenso gut und weitaus bequemer in Tagesausflügen von Concord aus tun können. Schließlich wohnte Ihre Mutter mitten in Concord nur eine halbe Stunde vom Walden-See entfernt, und in der Tat besuchten Sie sie gelegentlich, um sich hin und wieder eine anständige Mahlzeit zu gönnen. Ihre kleine Hütte sollte keineswegs eine Einsiedelei in der Wildnis sein. Eine echte Wildnis lag ohnehin nirgends in erreichbarer Nähe, und selbst die Wälder um den Walden-See waren Anfang der vierziger Jahre des neunzehnten Jahrhunderts bereits auf ihren Restbestand geschrumpft. Sie bezeichneten die Einsamkeit als Ihren liebsten Gesellschafter. Sie fürchteten sich nicht davor, so Ihre Worte, den eigenen Gedanken überlassen zu sein. Dennoch sehnten Sie sich leidenschaftlich nach Menschlichkeit, und Ihre Äußerungen zeugen von einer anthropozentrischen Grundhaltung. Besucher waren in Ihrer Hütte in Walden stets willkommen. Einmal drängten sich mehr als 25 Menschen in dem einzigen Zimmer Ihres winzigen Hauses, und die Nähe so vieler Menschenleiber hat

Sie – anders als mich – nicht erschreckt. Sie fühlten sich manchmal einsam. Das Pfeifen eines vorbeifahrenden Zuges auf dem Weg nach Fitchburg, das ferne Rumpeln der Ochsenkarren bei der Überquerung einer Brücke müssen Sie an kalten Regentagen getröstet haben. Manchmal suchten Sie jemanden, mit dem Sie sich unterhalten konnten – trotz Ihrer notorischen Schüchternheit –, und wenn Sie jemanden fanden, konnten Sie sich gleich einem Blutegel eine Zeit lang an ihm festsaugen, wie Sie sich einmal auszudrücken beliebten.

Sie waren also alles andere als der abgehärtete Grenzposten am Rande der Zivilisation, ausgerüstet nur mit Dörrfleisch und Gewehr. Grenzposten gingen nicht spazieren, sammelten keine Pflanzen zu botanischen Zwecken und lasen keine griechischen Klassiker. Wie kam es, dass ein Amateurnaturforscher in einem Spielzeughaus am Saum einer geplünderten Waldlandschaft zum Vater und Schutzheiligen der Naturschutzbewegung aufstieg? Ich glaube, es geschah Folgendes: Ihre Seele sehnte sich nach einem Erweckungserlebnis, einer Epiphanie. Sie strebten nach Erleuchtung und Erfüllung im Sinne des Alten Testaments – durch Zurückschrauben der materiellen Existenz und die Rückbesinnung auf die wahren Grundlagen des Seins. Die Hütte war Ihre Höhle auf dem Berg. Sie benutzten die Armut, um sich ein freies Leben zu erkaufen. Dies schien Ihnen der einzig gangbare Weg zu sein, um der Eile und den Zwängen des Alltags zu entfliehen und nach dem Sinn des Lebens zu suchen. Sie selbst formulierten es so:

»Ich bin in den Wald gezogen, weil mir daran lag, bewußt zu leben, es nur mit den wesentlichen Tatsachen des Daseins zu tun zu haben. Ich wollte sehen, ob ich nicht lernen könne, was es zu lernen gibt, um nicht, wenn es ans Sterben ging, die Entdeckung machen zu müssen, nicht gelebt zu haben … Ich wollte intensiv leben, dem Leben alles Mark aussaugen, so hart und spartanisch leben, dass alles die Flucht ergreifen würde, was nicht Leben war, wollte mit großem Schwung knapp am Boden mähen, um das Leben in die Ecke zu treiben und es auf die einfachste Formel zurückzubringen. Wenn es sich als erbärmlich erwies, dann wollte ich seine ganze Erbärmlichkeit kennenlernen und sie der Welt kundtun. War es aber herrlich, so wollte ich es aus eigener Erfahrung kennen und imstande sein, einen wahrheitsgetreuen Bericht darüber zu geben.«[7]

19

Meines Erachtens irrten Sie mit Ihrer Annahme, dass es so viele verschiedene Lebensweisen gibt wie Kreise, die um einen Mittelpunkt gezogen werden können, und dass Ihre Lebensweise nur eine davon sei. Das Gegenteil ist der Fall. Der menschliche Geist kann sich nur entlang sehr weniger vorstellbarer Bahnen entwickeln. Diese Bahnen sind durch die Befriedigungen vorgegeben, nach denen wir alle instinktiv suchen. Die Härte der menschlichen Natur erklärt, warum Menschen Blumen pflanzen, warum die Götter auf hohen Bergen leben und warum ein See das Auge der Erde ist, durch das wir – um Ihre Metapher zu verwenden – die Tiefe der eigenen Natur ermessen können.

Es ist eine zutiefst menschliche Eigenschaft, nach ganzheitlichen und erfüllenden Erfahrungen zu streben. Wenn die Ablenkungen und Verpflichtungen des Alltags solche Erfahrungen nicht mehr zulassen, müssen wir woanders nach ihnen suchen. Als Sie sich all Ihrer äußeren Verpflichtungen bis auf das zum Überleben notwendige Minimum entledigten, setzten Sie Ihren gebildeten und rastlosen Geist einem unerträglichen Vakuum aus. Und dies ist der springende Punkt: Um dieses Vakuum zu füllen, entdeckten Sie die menschliche Verbundenheit mit der Natur.

Nach den Erfahrungen Ihrer Kindheit wussten Sie genau, was Sie wollten. Das Kornfeld oder die Kiesgrube in der Nachbarschaft kamen nicht in Frage. Auch die pulsierenden Straßen von Boston, das sich zu einer Drehscheibe der aufstrebenden Nation entwickelte, waren nicht geeignet. Sie konnten einen Nichtstuer leicht die Menschenwürde oder sogar das Leben kosten. Es musste eine Welt sein, die nicht nur Armut tolerierte, sondern die auch genügend Erfüllung und Schönheit verhieß, um den Geist zu befriedigen. Was bot sich hierfür in der Umgebung von Concord Besseres an als ein Waldstück in der Nähe eines Sees?

Sie tauschten die Erfüllungen eines geselligen Lebens gegen die Erfüllungen eines Lebens in der Natur ein. Die Entscheidung war vollkommen folgerichtig, und zwar aus folgendem Grund: Jeder von uns sucht sich eine seinen persönlichen Bedürfnissen entsprechende Haltung zwischen vollständiger Zurückgezogenheit und Selbstbezogenheit auf der einen Seite und vollständigem sozialem Engagement und Miteinander auf der anderen Seite. Die eingenommene Haltung ist aber niemals starr. Die von beiden Enden des Kontinuums auf uns einwirkenden gegenläufigen Instinkte zerren an uns und zwingen uns zu Kurskorrekturen. Die Unsicherheit, die wir empfinden, ist jedoch kein Fluch. Sie ist keine Verwirrung, die uns nach der Vertreibung aus dem Garten Eden überfallen hat, sondern sie ist Ausdruck der menschlichen Natur. Wir sind intelligente Säugetiere, die durch die Evolution – oder Gott, wenn Sie dies vorziehen – befähigt wurden, persönliche Ziele in Kooperation mit anderen zu verfolgen. An erster Stelle steht die hoch geschätzte eigene Person einschließlich der Familie, dann erst folgt die Gesellschaft. In dieser Hinsicht verhalten wir uns genau umgekehrt zu den Ameisen vor Ihrer Hütte, die austauschbare Mitglieder eines Superorganismus sind. Das menschliche Leben ist daher ein unlösbares Problem, ein dynamischer Prozess, eine Suche nach einem undefinierbaren Ziel. Es ist weder ein Fest noch ein Schauspiel, sondern eher, wie ein Philosoph im zwanzigsten Jahrhundert meinte, eine Zwangslage.[8] Es liegt in der Natur der menschlichen Spezies, dass sie immer wieder genötigt ist, moralische Entscheidungen zu treffen und in einer veränderlichen Welt auf jede nur erdenkliche Weise nach Erfüllung zu streben.

Sie suchten in Walden nach dem eigentlichen Leben und stießen dabei, ganz gleich, ob Sie selbst Ihre Suche für erfolgreich hielten, auf eine Ethik, die in sich stimmig wirkte: Die Natur steht uns offen, um sie für alle Zeit zu erforschen; sie ist unsere Feuerprobe und unsere Zuflucht zugleich, sie ist unsere natürliche Heimat. Bewahrt sie, so mahnten Sie, denn in der Wildnis liegt die Erhaltung der Welt.

Zum Schluss meines Briefes habe ich leider schlechte Nachrichten für Sie (ich habe sie bis zuletzt aufgeschoben). Überall auf der Welt verschwinden heute vor unseren Augen die natürlichen Lebensräume auf der Erde – sie werden abgeholzt, umgepflügt, abgemäht, überflutet oder durch menschliche Artefakte ersetzt.

Niemand hätte sich in Ihrem Zeitalter eine Katastrophe dieser Größenordnung vorstellen können. Um das Jahr 1840 bevölkerte rund eine Milliarde Menschen die Welt. Sie lebten überwiegend von der Landwirtschaft, und wenige Familien benötigten eine Fläche von mehr als einem Hektar, um zu überleben. Der amerikanische Westen war noch weitgehend menschenleer. Und in fernen südlichen Kontinenten, an den Ufern riesiger Flüsse, jenseits noch unbezwungener Gebirgsketten erstreckten sich unberührte tropische Wälder, in denen eine unvorstellbare Artenvielfalt existierte. Diese natürlichen Lebensräume schienen so unerreichbar und so zeitlos wie die Planeten und die Sterne. Doch dies konnte in Anbetracht der Grundhaltung der westlichen Zivilisation nicht so bleiben. Die Forscher und Siedler ließen sich von dem biblischen Wunsch leiten: Möge dieses Land, das Gott in unsere Hand gegeben hat, für alle Zeiten Milch und Honig für uns hervorbringen.[9] Heute bevölkern mehr als sechs Milliarden Menschen die Erde. Die große Mehrheit davon lebt in Armut, fast eine Milliarde Menschen fristet ein Leben am Rande des Hungers. Alle kämpfen darum, ihre Lebensqualität auf jede nur erdenkliche Weise zu verbessern. Dazu gehört leider auch die Ausbeutung der letzten natürlichen Lebensräume der Erde. Die Hälfte der riesigen tropischen Wälder ist bereits abgeholzt. Es gibt praktisch keine unerforschten Gebiete mehr auf der Erde. Die Pflanzen- und Tierarten verschwinden um mehr als das Hundertfache schneller als vor der Entstehung des Menschen. Die Hälfte der Arten wird möglicherweise bereits bis zum Ende dieses Jahrhunderts ausgerottet sein. Mit dem Beginn des dritten Jahrtausends zieht ein Armageddon herauf. Doch ist es nicht der in der Bibel vorhergesagte Untergang der Menschheit, sondern die Zerstörung der Erde durch eine im Übermaß verschwenderische und erfindungsreiche Menschheit.

Ein Wettlauf hat begonnen: zwischen den technischen und wissenschaftlichen Kräften, die die lebendige Umwelt vernichten, und jenen, die zu ihrer Rettung mobilisiert werden können. Wir durchlaufen einen ökologischen Engpass, den Übervölkerung und verschwenderischer Umgang mit den natürlichen Ressourcen herbeigeführt haben. Wenn wir den Wettlauf gewinnen, könnte die Menschheit gestärkt und in weit besserer Verfassung aus dieser Krise hervorgehen, als sie es zu dem Zeitpunkt war, da sie in diese Situation hineingeschlittert ist – und ein Großteil der natürlichen Vielfalt könnte noch intakt sein.

Die Lage ist verzweifelt, aber es gibt ermutigende Anzeichen dafür, dass der Wettlauf tatsächlich gewonnen werden kann. Das Bevölkerungswachstum hat sich verlangsamt und wird, wenn die gegenwärtige Wachstumstendenz anhält, gegen Ende des Jahrhunderts bei acht bis zehn Milliarden Menschen seinen Höhepunkt erreichen. Experten sind der Ansicht, dass so viele Menschen gerade noch versorgt werden können, allerdings nur knapp, denn die pro Kopf global zur Verfügung stehende Menge an Ackerland und Trinkwasser sinkt bereits. Eine Lösung des Bevölkerungsproblems sollte es uns auch ermöglichen, so versichern uns andere Experten, die meisten der vom Aussterben bedrohten Tier- und Pflanzenarten zu retten.

Um den gegenwärtigen ökologischen Engpass zu überwinden, bedarf es dringend einer Landethik[10] – und zwar nicht irgendeiner Landethik, die zufällig gerade Zustimmung genießt, sondern einer, die auf dem bestmöglichen Verständnis der komplexen Zusammenhänge zwischen Mensch und Umwelt beruht, das Wissenschaft und Technik zu bieten haben. Denn selbstverständlich ist die Natur wichtig. Und es ist auch klar, dass ihre einzige Chance in unserem verantwortungsbewussten Umgang mit ihr liegt. Wir sind gut beraten, wenn wir auf unser Herz hören und dann vernünftig und zielgerichtet mit allen uns zu Gebote stehenden Mitteln handeln.

Henry, mein Freund, ich danke Ihnen dafür, dass Sie die Grundlagen für eine solche Landethik geschaffen haben. Nun liegt es an uns, sie weise weiterzuentwickeln. Die Natur liegt im Sterben, das natürliche Gleichgewicht zerbröselt unter unseren eiligen Füßen. Wir waren zu sehr mit uns selbst beschäftigt, um die langfristigen Folgen unseres Tuns vorherzusehen. Aber wenn wir uns nicht rasch von unseren trügerischen Illusionen befreien und energisch nach einer Lösung suchen, werden wir einen beispiellosen Verlust erleiden. Wissenschaft und Technik haben uns in diese Krise hineinmanövriert. Nun müssen Wissenschaft und Technik uns dabei helfen, einen Ausweg zu finden.

Sie haben einmal gesagt, altes Tun sei für die Alten, neues für die Jungen. Ich glaube, dass es sich aus historischer Perspektive genau andersherum verhält. Sie gehörten zu den Neuen, und wir sind die Alten. Können wir heute die Weiseren sein? Für Sie hier am Walden-See waren der Klageruf der Carolinataube und das Quaken der grünen Frösche im Morgengrauen der wahre Grund, warum Sie diesen Ort schützen wollten. Für uns ist es ein genaues Verständnis dessen, was hinter diesem Grund steckt, was er bedeutet, und wie dieses Wissen möglichst nutzbringend eingesetzt werden kann. Es gibt also zwei Wahrheiten. Wir wollen nach beiden streben – Sie und ich und alle jene, die heute und in Zukunft bereit sind, die Verantwortung für die Natur zu übernehmen.

Herzlichst
Ihr Edward

Kapitel 1

Bis an die Grenzen des Lebens

Die Gesamtheit des Lebens – die in der Wissenschaft als Biosphäre, in der Theologie als Schöpfung bezeichnet wird – ist eine die Erde umhüllende Membran von Organismen, die so hauchdünn ist, dass ihre vertikale Ausdehnung aus dem Weltraum nicht wahrgenommen werden kann. Dennoch ist sie so komplex, dass die meisten Arten, aus denen sie besteht, unentdeckt bleiben. Die Hülle ist nahtlos. Vom Gipfel des Mount Everest bis zum Grund des Marianengrabens siedeln auf praktisch jedem Quadratzentimeter der Erdoberfläche die verschiedenartigsten Lebewesen. Sie alle gehorchen dem grundlegenden Prinzip der Biogeographie, wonach Leben überall dort entsteht, wo flüssiges Wasser, organische Moleküle und eine Energiequelle aufeinander treffen. Angesichts der nahezu universellen Verbreitung von organischem Material und Energie ist Wasser der ausschlaggebende Faktor auf unserem Planeten. Gleichgültig ob das Wasser nur in Form eines kurzlebigen Taufilms auf Sandkörnern vorliegt, ob es Sonnenlicht empfängt oder nicht, ob es kochend heiß oder eiskalt ist, unzweifelhaft werden in oder auf ihm Lebewesen siedeln, selbst wenn dies für das bloße Auge nicht erkennbar ist. Wenn die einzelligen Mikroorganismen nicht gerade wachsen und sich vermehren, existieren sie zumindest im Ruhezustand, aus dem sie durch den Kontakt mit flüssigem Wasser aktiviert werden.

Ein extremes Beispiel dafür sind die McMurdo-Trockentäler in der Antarktis, die zu den kältesten, trockensten und nährstoffärmsten Böden der Welt zählen. Bei oberflächlicher Erkundung erscheint dieser Lebensraum so keimfrei wie eine Vitrine sterilisierter Glasgefäße. Robert F. Scott, der das Gebiet als Erster erforschte, schrieb im Jahre 1903: »Wir haben nichts Lebendiges entdeckt, nicht einmal Moos oder Flechten. Das Einzige, was wir tief im Inneren zwischen den Moränenhaufen fanden, war das Skelett einer Wedellrobbe – und wie dies dorthin geraten ist, entzieht sich unserer Vorstellung.« Kein anderer Lebensraum auf der Erde erinnert so stark an die Geröllfelder auf dem Mars. Doch dem geübten Auge offenbart sich ein anderes Bild, besonders wenn man ein Mikroskop zu Hilfe nimmt. In den ausgetrockneten Flussläufen leben zwanzig Arten phototropher Bakterien (Bakterien, die Licht als Energiequelle für ihren Stoffwechsel nutzen), eine vergleichbare Anzahl vorwiegend einzelliger Algen und eine Schar mikroskopisch kleiner wirbelloser Tiere, die sich von diesen so genannten Primärproduzenten ernähren. Das Wachstum all dieser Arten setzt voraus, dass im Sommer die Gletscher und Eisfelder schmelzen und dass das Schmelzwasser durch die Flussläufe abfließt. Da sich der Verlauf der Schmelzwasserströme im Laufe der Zeit ändert, bleiben manche Populationen buchstäblich auf dem Trockenen sitzen und müssen über Jahre oder auch Jahrhunderte auf neues Schmelzwasser warten. Unter den noch härteren Lebensbedingungen auf den kahlen Böden abseits der Wasserläufe leben spärliche Ansammlungen von Mikroben und Pilzen neben Rädertierchen, Bärtierchen, Milben und Springschwänzen, wobei Erstere den Letzteren als Nahrung dienen. An der Spitze dieses ausgedünnten Nahrungssystems stehen vier Arten von Fadenwürmern (Nematoden), von denen sich jede darauf spezialisiert hat, bestimmte Arten der übrigen Flora und Fauna zu vertilgen. Zusammen mit den Milben und Springschwänzen gehören sie zu den größten Tieren dieses Lebensraumes – auch wenn sie mit bloßem Auge kaum zu erkennen sind. Sie stellen gewissermaßen die Elefanten und Tiger dieses Habitats dar.[1]

Die Organismen der McMurdo-Trockentäler zählen zu den so genannten Extremophilen, Arten also, die sich an ein Leben im Grenzbereich biologisch tolerierbarer Bedingungen angepasst haben. Viele siedeln an den entlegensten, unwirtlichsten Orten der Erde unter Umweltbedingungen, die einem so riesigen, fragilen Lebewesen wie dem Menschen lebensfeindlich erscheinen. Extremophile Organismen bilden, um ein zweites Beispiel zu nennen, auch die »Gärten« des antarktischen Meereises. Die dicken Eisschollen, die über einen Großteil des Jahres hinweg Millionen Quadratkilometer Ozean rund um den Kontinent bedecken, scheinen jedwedes Leben auszuschließen. Sie sind jedoch durchzogen von salzwasserhaltigen Kanälen, in denen das ganze Jahr über einzellige Algen gedeihen, die Kohlendioxid, Phosphate und andere Nährstoffe aus dem darunter liegenden Ozean aufnehmen. Die Photosynthese in diesen Gärten wird durch das Sonnenlicht angeregt, das die transparente Eisschicht durchdringt. Wenn das Eis im Verlauf des polaren Sommers schmilzt und erodiert, sinken die Algen in das darunter liegende Wasser, wo sie von Ruderfußkrebsen und Krill vertilgt werden. Diese winzigen Krustentiere wiederum dienen als Nahrungsquelle für Fische, deren Blut mit Hilfe von biochemischen Frostschutzmitteln flüssig gehalten wird.[2]

Der Inbegriff extremophiler Organismen sind bestimmte spezialisierte Mikroben, zu denen sowohl Bakterien als auch ihre Verwandten, die Archaebakterien, gehören. Trotz oberflächlicher Ähnlichkeit sind die genetischen Unterschiede zwischen ihnen groß. (An dieser Stelle ist es nötig, weiter auszuholen. In der Biologie unterscheidet man heute je nach Zellstruktur und DNA-Sequenzen drei große Urreiche des irdischen Lebens: die Bakterien, bei denen es sich um die herkömmlich bekannten Mikroben handelt, die Archaebakterien, die alle übrigen Mikroben umfassen, und die Eukaryonten, zu denen einzellige Protocyten oder Protozoen, Pilze, Pflanzen und alle übrigen Tiere, somit auch der Mensch, gehören. Die Bakterien und die Archaebakterien sind, was ihre Zellstruktur betrifft, primitiver aufgebaut als andere Organismen. Sie besitzen keine den Zellkern umgebende Hülle, und es fehlen ihnen Organellen wie zum Beispiel Chloroplasten oder Mitochondrien.) Einige spezialisierte Bakterien- und Archaebakterienarten leben in den Wänden vulkanischer Heißwasserschlote der Tiefsee, wo sie sich in Wasser vermehren, das eine Temperatur um den Siedepunkt aufweist. Ein dort anzutreffendes Bakterium, *Pyrolobus fumarii*, gilt als derzeitiger Spitzenreiter unter den Hyperthermophilen, den Liebhabern extremer Wärme. Es kann sich bis zu einer Temperatur von 113 Grad Celsius vermehren; am besten gedeiht es bei 105 Grad, und bei frostigen 90 Grad hört es auf zu wachsen. Diese außergewöhnliche Eigenschaft hat Mikrobiologen dazu veranlasst, nach ultrathermophilen Organismen zu suchen, die möglicherweise in geothermisch erwärmten Gewässern mit Temperaturen von 200 Grad Celsius oder höher überleben können. Solche Biotope existieren. So herrschen in den unterseeischen Heißwasserquellen in der Nähe der Bakterienkolonien von *Pyrolobus fumarii* Temperaturen von bis zu 350 Grad Celsius. Man nimmt an, dass die absolute Obergrenze für Leben jeglicher Art, Bakterien und Archaebakterien eingeschlossen, bei 150 Grad Celsius liegt. Bei höheren Temperaturen gelingt es den Organismen nicht mehr, das Aufbrechen der chemischen Bindungen zu verhindern, welche die Erbsubstanz DNA und andere lebensnotwendige Proteine zusammenhalten. Dennoch kann niemand mit Gewissheit behaupten, dass solche intrinsischen Grenzen existieren, bevor nicht die Suche nach möglichen ultrathermophilen – im Gegensatz zu bloß hyperthermophilen – Organismen abgeschlossen ist. Während der mehr als drei Milliarden Jahre dauernden Evolution haben die Bakterien und Archaebakterien die Grenzen physiologischer Anpassungsfähigkeit auch in andere Richtungen vorangetrieben. So gibt es eine acidophile (säureliebende) Art, die in den heißen Schwefelquellen des Yellowstone-Nationalparks gedeiht. Am entgegengesetzten Ende des pH-Spektrums befinden sich alkalophile Organismen, die die carbonatreichen Sodaseen der Welt besiedeln. Halophile sind auf das Leben in salzgesättigten Seen und Salzgärten (Salinen) spezialisiert.[3] Wieder andere Organismen, die Barophilen, bevorzugen sehr hohen Druck und sind nur in den größten Meerestiefen anzutreffen. 1996 entnahmen japanische Wissenschaftler mit Hilfe eines kleinen unbemannten U-Boots Bodenproben aus dem Schlamm des Challenger Deep im Marianengraben, der mit 10 896 Meter den tiefsten Punkt der Weltmeere darstellt. In den Proben entdeckten sie Hunderte von Bakterienarten, Archaebakterien und Pilzen. Im Labor gelang es, manche dieser Bakterien unter dem im Marianengraben herrschenden Druck zu züchten, ein Druck, der tausendmal größer ist als an der Meeresoberfläche.[4]

Die Obergrenze physiologischer Widerstandsfähigkeit hat vielleicht das Bakterium *Deinococcus radiodurans* erreicht. Es überlebt sogar Strahlendosen, die das Pyrex-Glasgefäß, in dem es sich befindet, matt und brüchig werden lassen. Menschen, die einer Strahlendosis von 1000 rad ausgesetzt sind – dies entspricht etwa der bei den Atombombenexplosionen über Hiroshima und Nagasaki freigesetzten Dosis –, sterben innerhalb von ein bis zwei Wochen. Bei einer 1000-fach höheren Dosis, 1 Million rad, verlangsamt sich zwar das Wachstum von *Deinococcus*, doch das Bakterium stirbt nicht. Bei 1,75 Millionen rad überleben immerhin 37 Prozent, und sogar bei 3 Millionen rad gibt es noch Überlebende. Das Geheimnis dieses Superbakteriums liegt in seiner außergewöhnlichen Fähigkeit, defekte DNA zu reparieren. Alle Organismen besitzen ein Enzym, das Chromosomenteile, die durch Strahlung, chemische Einwirkung oder zufällige Ursachen Schaden erlitten haben, erneuern kann. Das konventionellere Bakterium *Escherichia coli*, das den menschlichen Darm besiedelt, kann zwei bis drei solcher Reparaturen gleichzeitig ausführen, *Deinococcus* schafft 500. Welcher besonderen molekularen Techniken es sich dabei bedient, ist noch völlig unbekannt.[5]

Deinococcus radiodurans und seine engen Verwandten sind nicht nur Extremophile, sondern ausgesprochene Generalisten und Weltreisende. Man hat sie in Lamakot, antarktischem Gestein, in Gewebe von atlantischem Schellfisch und Konservenbüchsen mit zerkleinertem Schweine- und Rindfleisch gefunden, die von Wissenschaftlern in Oregon bestrahlt wurden. Zusammen mit Cyanobakterien der Art *Chroococcidiopsis* bilden sie eine ausgewählte Gruppe von Organismen, die unter Lebensbedingungen gedeihen, die nur den allerwenigsten zuträglich sind. Sie sind die Ausgestoßenen, die Nomaden dieser Erde, die an den unwirtlichsten Orten nach ökologischen Nischen suchen.[6]

Ihre Randstellung macht sie zu potenziellen Kandidaten für Weltraumreisen. So fragen sich Mikrobiologen inzwischen, ob vielleicht die widerstandsfähigsten Extremophilen – von stratosphärischen Winden ins Weltall getrieben – lebend den Mars erreichen könnten. Umgekehrt ist es denkbar, dass Mikroben vom Mars (oder anderen Himmelskörpern) die Erde besiedelt haben. Diese als Panspermie bekannte und einst belächelte Theorie vom Ursprung des Lebens ist eine Möglichkeit, die heute durchaus in Betracht gezogen werden muss.

Auch Exobiologen, die nach Spuren außerirdischen Lebens fahnden, haben durch die Superbakterien neue Hoffnung geschöpft. Dazu beigetragen haben ebenfalls die jüngst entdeckten so genannten SLIMEs (subsurface lithoautotrophic microbial ecosystems), einzigartige Ansammlungen von Bakterien und Pilzen im Tiefengestein der Erde. Diese unterirdischen Gesteinsmikroben gedeihen bis in einer Tiefe von 3000 Metern oder mehr und beziehen ihre Energie aus anorganischen chemischen Stoffen.[7] Da sie keine organischen Partikel, die von herkömmlichen sonnenlichtabhängigen Pflanzen und Tieren nach unten sickern, benötigen, sind sie vom Leben auf der Erdoberfläche völlig unabhängig (autotroph). Würde das Leben auf der Erde, so wie wir es kennen, aus irgendeinem Grund erlöschen, wären die mikroskopisch kleinen Höhlenbewohner davon völlig unberührt. Und vielleicht gelänge es ihnen ja sogar im Laufe von einer Milliarde Jahren, neue Lebensformen zu entwickeln, die die Erdoberfläche besiedeln und die ursprüngliche, von der Photosynthese beherrschte Welt wiederherstellen könnten.

Die größte Bedeutung der SLIMEs für die Exobiologie liegt darin, dass die Tatsache ihrer Existenz die Wahrscheinlichkeit erhöht, Leben auf anderen Planeten, insbesondere dem Mars, vorzufinden. SLIMEs oder ihre entsprechenden außerirdischen Vertreter sind vielleicht tief im Inneren des Roten Planeten verborgen. Während seiner frühen, aquatischen Periode gab es auf dem Mars Flüsse und Seen und vielleicht auch Zeit genug, um eigene Oberflächenorganismen zu entwickeln. Einer jüngeren Schätzung zufolge reichte das vorhandene Wasser aus, die gesamte Oberfläche des Planeten 500 Meter hoch zu bedecken. Ein Teil dieser Wassermenge, vielleicht sogar der größte Teil, existiert möglicherweise noch heute – entweder gebunden in einer von Staub bedeckten Perma- oder Dauerfrostschicht oder tief unter der Oberfläche in flüssiger Form. Aber wie tief unter der Oberfläche? Physiker glauben, dass der Mars noch genügend Wärme enthält, um Wasser zu verflüssigen. Diese Wärme speist sich aus Zerfallsprozessen radioaktiver Mineralien, aus Restgravitationswärme aus der Entstehungszeit des Planeten, der aus kleineren kosmischen Bruchstücken entstanden ist, sowie aus Gravitationsenergie, die durch das Herabsinken schwererer und das Emporsteigen leichterer Elemente entsteht. Nach jüngeren Modellrechnungen steigt die Temperatur in den oberen Schichten der Marskruste mit zunehmender Tiefe, und zwar mit einer Rate von 2 Grad Celsius pro Kilometer. Folglich könnte flüssiges Wasser in einer Tiefe von 29 Kilometern unter der Oberfläche vorliegen. Geringe Wassermengen steigen aber vielleicht sogar aus grundwasserleitenden Gesteinsschichten empor. Hoch auflösende Satellitenaufnahmen vom Mars haben im Jahr 2000 Rinnen gezeigt, die in den letzten Jahrhunderten oder Jahrzehnten durch fließendes Wasser entstanden sein könnten. Wenn sich auf dem Mars tatsächlich Leben entwickelt haben sollte oder durch winzige Mikroben von der Erde aus eingeführt wurde, dann müssen sich unter diesen Lebensformen extremophile Organismen befinden, von denen wiederum einige ökologisch unabhängige Einzeller sind (oder waren), die im Dauerfrostboden und darunter existieren können.

Ein weiterer Kandidat für außerirdisches Leben im Sonnensystem ist Europa, der (nach Io) zweitinnerste galileische Jupitermond. Langgezogene Risse und aufgefüllte Meteoritenkrater auf seiner eisbedeckten Oberfläche lassen vermuten, dass sich darunter ein Salzmeer oder ein matschiges Gemisch aus Eis und Wasser befindet. Diese Hinweise decken sich mit der Annahme, dass Europa auf Grund des zwischen Jupiter, Io und Kallisto wirkenden Spiels der Gravitationskraft in seinem Inneren dauerhaft erwärmt wird. Die Eiskruste ist möglicherweise etwa zehn Kilometer dick, könnte aber von Gebieten durchzogen sein, wo das Eis über aufsteigendem flüssigem Wasser viel dünner ist – so dünn, dass Platten entstehen, die sich wie Eisberge bewegen. Ist es denkbar, dass sich in dem darunter befindlichen Ozean SLIME-ähnliche Autotrophe tummeln? Planetenforscher und Biologen halten die Aussichten immerhin für gut genug, um der Frage experimentell nachgehen zu wollen, wobei die praktische Durchführbarkeit davon abhängt, ob es gelingt, Sonden unbeschadet auf der zerfurchten Oberfläche landen zu lassen und durch die Eisplatten zum Ozean hin vorzudringen. Ein weiterer, wenn auch weniger viel versprechender Kandidat ist Kallisto, der äußerste der galileischen Jupitermonde, auf dem es womöglich eine Eiskruste von hundert Kilometern Dicke und einen darunter liegenden Salzozean von bis zu zwanzig Kilometern Tiefe gibt.[8]

Der Lebensraum, der auf der Erde die größte Ähnlichkeit mit den mutmaßlichen Ozeanen von Europa und Kallisto besitzt, ist der Wostok-See in der Antarktis. Dieser See von der Größe des Lake Ontario mit einer Tiefe von über 450 Metern liegt drei Kilometer unter der ostantarktischen Eisplatte im entlegensten Teil des Kontinents. Er ist mindestens eine Million Jahre alt, vollkommen dunkel und völlig isoliert von anderen Ökosystemen. In ihm herrscht ein gewaltiger Druck. Wenn überhaupt ein Lebensraum auf der Erde steril ist, dann sollte man annehmen, dass es der Wostok-See ist. Dennoch leben in dieser verborgenen Welt Organismen. Wissenschaftler haben jüngst eine Bohrung durch das Gletschereis durchgeführt, die bis zur 180 Meter dicken Bodenschicht unmittelbar über dem See reicht. Die aus den tiefsten Bereichen stammenden Kernproben enthielten eine spärliche Auswahl an Bakterien und Pilzen, die mit großer Wahrscheinlichkeit aus dem darunter liegenden Wasser stammen.[9] Um nicht einen der letzten unberührt gebliebenen Lebensräume zu verunreinigen, wird die Bohrung bewusst nicht bis zum flüssigen Wasser fortgesetzt. Obwohl die Wostok-Bohrung noch sehr wenig Auskunft über die

Möglichkeit außerirdischen Lebens gibt, ist sie ein Vorläufer ähnlicher Bohrungen auf dem Mars und den Jupitermonden Europa und Kallisto, die mit großer Wahrscheinlichkeit noch in diesem Jahrhundert durchgeführt werden.

Nehmen wir einmal an, dass autotrophe Organismen entstanden sind, die ähnlich denen auf der Erde ohne Sonnenlicht auskommen. Könnten sich daraus in der absoluten Finsternis auch andere Lebewesen entwickelt haben? Krustentierähnliche Arten etwa, die sich von Mikroben ernähren, und größere fischartige Tiere, die die Krustentiere jagen? Eine Entdeckung, die jüngst auf der Erde gemacht wurde, stützt die Vermutung, dass sich komplexe Lebensformen durchaus unabhängig entwickeln können. Die Movile-Höhle in Rumänien wurde vor mehr als 5,5 Millionen Jahren von der Außenwelt abgeschnitten. Offenkundig strömte während dieser Zeit zwar durch winzige Gesteinsrisse Sauerstoff ein, aber es drangen keinerlei organische Stoffe der sonnenlichtabhängigen Flora und Fauna aus der darüber liegenden Welt in die Höhle. Obwohl die charakteristischen Lebensformen der meisten Höhlen der Welt zumindest einen Teil ihrer Energie von außen beziehen, trifft dies allem Anschein nach nicht auf die Movile-Höhle zu. Hier bilden die autotrophen Bakterien, die Schwefelwasserstoff aus den Felsen umwandeln, die Energiegrundlage. Von ihnen ernähren sich nicht weniger als 48 Tierarten, von denen 33 vollkommen unbekannt waren, als man mit der Erforschung der Höhle begann. Zu den Schwefel oxidierenden Mikroben, die den Pflanzenfressern in der Außenwelt entsprechen, gehören Rollasseln, Springschwänze, Tausendfüßer und Borstenschwänze. Zu den Fleischfressern, die auf sie Jagd machen, gehören Pseudoskorpione, Hundertfüßer und Spinnen. Diese komplexeren Organismen stammen von Vorfahren ab, die in der Höhle lebten, bevor sie von der Außenwelt abgeschnitten wurde. Ein zweites Beispiel für ein unabhängiges Höhlenökosystem ist die Cueva de Villa Luz, die sich am Rande des Chiapa-Hochlandes in Tabasco, im Süden Mexikos, befindet. Zwar ist diese Höhle nicht vollständig von der Außenwelt isoliert, aber auch hier stellt der Stoffwechsel autotropher Bakterien die Energiegrundlage dar. Die autotrophen Bakterien, die sich von Schwefelwasserstoff ernähren, bilden Schichten auf den Innenwänden der Höhle und sind die Nahrungsgrundlage für eine Vielzahl kleinerer Tiere.[10]

Untersuchungen zur Verbreitung von Leben haben einige

grundlegende Muster aufgezeigt, die verdeutlichen, wie sich Arten vermehren und wie sie in den weitläufigen Ökosystemen der Erde miteinander verknüpft sind. Das erste, grundlegendste Prinzip lautet, dass Bakterien und Archaebakterien überall dort vorkommen, wo es Leben gibt, auf der Erdoberfläche ebenso wie tief im Inneren der Erde. Das zweite besagt, dass, sobald eine Öffnung vorhanden ist – und sei sie noch so klein –, winzige Einzeller (Protisten) und Wirbellose durch sie hindurchkriechen oder -schwimmen und so in andere Lebensräume eindringen, wo sie beginnen, Mikroben und ihre eigenen Artgenossen zu jagen. Der dritte Grundsatz betrifft die Größe der Lebewesen. Je mehr Platz in einem Ökosystem zur Verfügung steht, desto größer sind die Tiere, die darin leben – man denke nur an die Savannen und Ozeane. Die größte Artenvielfalt schließlich findet sich in Lebensräumen mit ganzjährig hoher Sonneneinstrahlung, mit hohem Anteil an eisfreiem Land, vielseitigem Gelände und hoher klimatischer Stabilität über längere Zeiträume. Aus diesem Grund findet sich die mit Abstand größte Vielfalt an Pflanzen- und Tierarten in den äquatorialen Regenwäldern Asiens, Afrikas und Südamerikas.

Die biologische Vielfalt (oder Biodiversität) gliedert sich ungeachtet ihrer Größe stets in drei Ebenen. Die oberste Ebene bilden die Ökosysteme wie Regenwälder, Korallenriffe oder Seen. Als Nächstes kommen die Arten, die sich aus den Organismen in den Ökosystemen zusammensetzen, von den Algen angefangen über Schwalbenschwänze und Muränen bis hin zum Menschen. Die unterste Gliederungsebene bilden die Gene, die das Erbgut der einzelnen Individuen jeder Art ausmachen.

Jede Art ist auf einzigartige Weise mit ihrer Lebensgemeinschaft (Biozönose) vernetzt, und zwar durch ihre besondere Stellung in der Nahrungskette – »fressen und gefressen werden« – sowie dadurch, wie sie mit anderen Arten konkurriert oder kooperiert. Aber sie übt auch indirekt Einfluss auf die Lebensgemeinschaft aus, indem sie den Boden, das Wasser und die Luft verändert. In der Ökologie betrachtet man dies als einen kontinuierlichen Energie- und Stoffkreislauf zwischen den Lebewesen einer Gemeinschaft und der äußeren Umwelt, in den alle anderen Ökosysteme ebenfalls einbezogen sind und der die ökologischen Großzyklen entstehen lässt, von denen auch unsere Existenz abhängt.

Sich ein Ökosystem vorzustellen, fällt nicht schwer, besonders wenn es sich um einen physisch so abgegrenzten Lebensraum wie etwa eine Marsch oder eine Alpenwiese handelt. Doch ist dieses besondere Ökosystem wirklich durch sein dynamisches Netzwerk von Organismen, Stoffen und Energie mit anderen Ökosystemen verknüpft? Der britische Erfinder und Wissenschaftler James E. Lovelock erklärte 1972, dass jedes Ökosystem mit der gesamten Biosphäre in Wechselbeziehung stehe und dass man sich die Biosphäre als eine Art Superorganismus vorstellen könne, der die Erde umgibt. Diese singuläre Einheit nannte er Gaia, nach der altgriechischen Göttin Gäa oder Ge, der göttlichen Verkörperung der Erde und Mutter der Meere, Berge und der zwölf Titanen – mit anderen Worten: *groß*. Für eine solche ganzheitliche Betrachtungsweise sprechen gute Gründe. Als einziger der Sonnenplaneten besitzt die Erde eine Umwelt, die durch ihre Organismen in einem empfindlichen Gleichgewicht gehalten wird und die ohne diese Organismen völlig anders aussehen würde. Es gibt eine Fülle von Beweisen dafür, dass sogar einzelne Arten messbare Auswirkungen auf das globale Gleichgewicht haben. Das bemerkenswerteste Beispiel dafür ist das aus mikroskopisch kleinen phototrophen Bakterien, Archaebakterien und Algen bestehende Meeresphytoplankton, das bei der Steuerung des Weltklimas eine wichtige Rolle spielt. Man nimmt an, dass allein das von den Algen erzeugte Dimethylsulfid ein wesentlicher Faktor bei der Regulierung der Wolkenbildung ist.

Es gibt eine engere und eine weitere Auslegung dieser als Gaia-Hypothese bekannten Vorstellung von der Biosphäre. In der engeren Auslegung betrachtet man die Biosphäre als einen echten Superorganismus, in dem alle Arten optimal zusammenwirken, um die Umwelt in einem Zustand des Gleichgewichts zu halten, von dem jede Spezies profitiert, ähnlich den Zellen eines Körpers oder den Arbeitern einer Ameisenkolonie. Diese schöne Metapher enthält durchaus ein Körnchen Wahrheit, wenn man die Vorstellung des Superorganismus weit genug fasst. Als Arbeitshypothese wird diese enge Interpretation jedoch in der Regel von den Biologen, einschließlich Lovelock selbst, abgelehnt. Die weitere Auslegung dagegen, wonach manche Arten durchaus einen beträchtlichen Einfluss auf das globale Gleichgewicht ausüben, ist ausreichend untermauert und weithin anerkannt und hat bereits Anstoß zu wichtigen neuen Forschungsprogrammen gegeben.[11]

Die Gesamtheit des Lebens betrachtend, fragt der DICHTER:
»Wer sind Gaias Kinder?«

»Die Arten«, antwortet der ÖKOLOGE. »Um die Erde weise zu nutzen, müssen wir die Rolle verstehen, die jede Einzelne von ihnen im Ganzen spielt.« Der SYSTEMATIKER ergänzt: »Dann wollen wir beginnen. Wie viele Arten gibt es? Wo leben sie auf der Welt? Welches sind ihre genetischen Verwandten?«

Die Systematiker – Biologen, die sich auf die systematische Klassifizierung der Lebewesen spezialisiert haben – bevorzugen als Grundeinheit zur Bestimmung der biologischen Vielfalt den Begriff der Art. Sie bauen dabei auf einem System auf, das in der Mitte des achtzehnten Jahrhunderts von dem schwedischen Naturforscher Carolus Linnaeus (nach 1762 Carl von Linné) eingeführt wurde. Nach diesem Klassifikationsschema erhält jede Art einen zweiteiligen lateinischen Namen. So hat der Wolf zum Beispiel die wissenschaftliche Bezeichnung *Canis lupus,* wobei *lupus* die Art angibt und *Canis* die Gattung der Wölfe und Hunde. Analog gilt, dass der Mensch zur Art *Homo sapiens* gehört. Heute gibt es zwar nur noch einen Vertreter dieser ganz besonderen Gattung, doch noch bis vor 27 000 Jahren lebte im eiszeitlichen Europa der nahe Verwandte des *H. sapiens,* nämlich *Homo neanderthalensis.*

Die Art stellt die Grundlage des Linnéschen Systems und die Einheit dar, die Biologen traditionell benutzen, um den Reichtum des Lebens zu erfassen. Die höheren Kategorien von der Gattung bis zum Reich bilden das Instrumentarium, mit dessen Hilfe die Ähnlichkeit der verschiedenen Lebewesen subjektiv bewertet und beschrieben wird. Wenn wir vom *Homo neanderthalensis* sprechen, meinen wir eine Art, die eng mit dem *Homo sapiens* verwandt ist; wenn wir den Begriff *Australopithecus africanus* zur Bezeichnung unserer frühen Vorfahren, der Affenmenschen, verwenden, so drücken wir damit aus, dass sich diese Lebewesen hinreichend von der Gattung *Homo* unterscheiden, um einer anderen Gattung, der des *Australopithecus,* zugeteilt zu werden. Und wenn wir sagen, dass alle drei Arten, beziehungsweise beide Gattungen, der Familie der Hominiden zuzuordnen sind, so meinen wir damit, dass sie ausreichend eng miteinander verwandt sind, um Mitglieder derselben Familie zu sein. Die engsten lebenden Verwandten der Hominiden sind der Gemeine Schimpanse, *Pan troglodytes,* und der Zwergschimpanse oder Bonobo, *Pan paniscus.* Sie sind einander recht ähnlich und haben, evolutionsgeschichtlich gesehen, bis in die jüngste Zeit gemeinsame Vorfahren. Daher werden sie derselben Gattung – *Pan* – zugeordnet. Von den Hominiden hingegen, mit denen sie nur weit zurückliegende gemeinsame Vorfahren teilen, unterscheiden sich beide so stark, dass sie nicht nur eine eigene Gattung, sondern sogar eine eigene Familie bilden, die Pongiden. Zu den Pongiden gehören noch zwei weitere Gattungen, eine für den Orang-Utan und eine für die Gorillas, von denen es wiederum zwei Arten gibt.

Die Prinzipien der weiteren Klassifikation sind sehr leicht zu begreifen, wenn man sich einmal an die lateinischen Bezeichnungen gewöhnt hat. Das Linnésche System ist bis zu den höchsten Kategorien der biologischen Vielfalt hierarchisch aufgebaut – nach denselben Gliederungsprinzipien, nach denen zum Beispiel militärische Bodentruppen von der Kompanie über das Bataillon bis zur Division und Armee gestaffelt sind. Kehren wir zu unserem Beispiel des Wolfs zurück. Die Gattung *Canis*, die unter anderem den Haushund und den Wolf umfasst, gehört zusammen mit anderen Gattungen, die auch die Arten der Füchse einschließen, zur Familie der Caniden. Familien werden zu Ordnungen zusammengefasst. Die Ordnung der Fleischfresser (Carnivoren) enthält alle Caniden sowie die Familien der Bären, Katzen, Wiesel, Waschbären und Hyänen. Die Ordnung wiederum ist eine Unterkategorie der Klasse. So setzt sich die Klasse der Säugetiere aus den Fleischfressern und allen anderen Säugetieren zusammen. Die verschiedenen Klassen bilden Stämme, in unserem Beispiel den Stamm der Chordaten, wozu die Säugetiere, alle anderen Wirbeltiere (Vertebraten) sowie die wirbellosen Lanzettfischchen und Seescheiden gehören. Die den Stämmen übergeordnete Kategorie ist die Abteilung – so gibt es die Abteilungen der Bakterien, der Archaebakterien, der Protisten, der Pilze, der Tiere und der Pflanzen. An der Spitze schließlich stehen die drei allumfassenden Reiche der Bakterien, der Archaebakterien und der Eukaryonten, wobei die Letzteren aus den Protisten (auch Protozoen genannt), den Pilzen, den Tieren und den Pflanzen bestehen.[12]

Stets sind es jedoch die Arten, die als reale, greifbare Einheiten wahrgenommen und gezählt werden können. Wie Soldaten im Feld stehen sie zur Zählung bereit – ungeachtet ihrer willkürlichen Einteilung in Truppenverbände und deren Benennung. Wie viele verschiedene Arten gibt es auf der Welt? Zwischen 1,5 und 1,8 Millionen Arten sind entdeckt und mit wissenschaftlichen Namen erfasst worden. Aber eine exakte Bestandsaufnahme anhand der in den vergangenen 250 Jahren veröffentlichten taxonomischen Literatur hat bislang noch niemand vorgenommen. So viel ist jedoch gewiss: Ganz gleich, wie lang eine solche Liste aller bekannten Arten ausfallen mag, sie ist erst der Anfang. Schätzungen der wahren Anzahl lebender Arten reichen je nach zu Grunde liegender Methode von 3,6 Millionen bis zu mehr als 100 Millionen. Der Mittelwert dieser Schätzungen liegt bei etwas über 10 Millionen, doch nur wenige Experten würden ihren wissenschaftlichen Ruf aufs Spiel setzen und sich auf diese oder eine andere Zahl festlegen. Die Wahrheit ist, dass wir mit der Erforschung des Lebens auf der Erde eben erst begonnen haben. Wie wenig wir wissen, führen uns die Bakterien der Gattung *Prochlorococcus* eindringlich vor Augen. Diese zahlenmäßig wohl am weitesten verbreiteten Organismen der Erde sind für die Produktion eines Großteils der Biomasse im Meer verantwortlich – dennoch waren sie der Wissenschaft vor 1988 völlig unbekannt.[13] 70 000 bis 200 000 *Prochlorococcus*-Zellen tummeln sich in jedem Milliliter Meerwasser und vermehren sich mit Hilfe der Energie, die sie aus dem Sonnenlicht gewinnen. Ihre außerordentlich geringe Größe macht sie so schwer fassbar. Sie gehören zu einer besonderen Gruppe von Organismen, dem Picoplankton, deren Vertreter sogar noch kleiner sind als herkömmliche Bakterien und die selbst unter den stärksten Mikroskopen kaum wahrnehmbar sind.

Das Meer wimmelt nur so von anderen neuartigen und wenig bekannten Bakterien, Archaebakterien und Protozoen. Als man in den neunziger Jahren begann, diese Organismen näher zu erforschen, entdeckte man, dass sie weiter verbreitet und vielfältiger waren, als man sich je vorgestellt hatte. Ein großer Teil dieser Miniaturwelt existiert in der Nähe ehemals verborgener Materie, die aus fadenartigen Ansammlungen von Kolloiden, Zellfragmenten und Polymeren besteht, die einen Durchmesser von einem milliardstel bis zu einem hundertstel Meter besitzen. Ein Teil dieser Materie enthält nährstoffreiche »Hot Spots«, die Putzerbakterien und deren Jäger, winzige Bakterien und Protozoen, anziehen. Der Ozean vor unseren Augen, der bis auf einen gelegentlich vorbeiziehenden Fisch oder Wirbellosen so leer erscheint, ist ganz anders, als wir dachten. Die sichtbaren Organismen stellen nur die Spitze einer riesigen Pyramide aus Biomasse dar.[14]

Unter allen Vielzellern, die die Lebensräume der Erde bevölkern, sind es die kleinsten Arten, über die wir am wenigsten wissen. Von den Pilzen, die fast so allgegenwärtig sind wie die Mikroben, sind bislang 69 000 Arten identifiziert und benannt worden, doch man schätzt, dass bis zu 1,6 Millionen Arten existieren.[15] Von den Fadenwürmern, die achtzig Prozent der Tiere auf der Erde ausmachen und zu den am weitesten verbreiteten Arten überhaupt gehören, sind 15 000 Arten bekannt, aber Millionen weitere harren vielleicht noch ihrer Entdeckung.[16] Während die Molekularbiologie in der zweiten Hälfte des zwanzigsten Jahrhunderts in revolutionärer Weise weiterentwickelt wurde, galt die Systematik allgemein als überholte Disziplin. Sie führte ein kaum beachtetes Schattendasein und wurde nur noch auf Sparflamme betrieben. Mittlerweile betrachtet man die Erneuerung des Linnéschen Unterfangens jedoch wieder als große Herausforderung, und die Systematik hat ihren Platz im Mittelpunkt biologischer Forschung zurückerobert. Für diese Erneuerung gibt es vielfältige Gründe. Mit dem Instrumentarium der Molekularbiologie ist die Entdeckung mikroskopisch kleiner Organismen beschleunigt worden. Die Genetik und die Stammbaumtheorie haben neue Techniken zur Verfügung gestellt, um die Evolution des Lebens zügig und auf überzeugende Weise aufzuklären. All diese Entwicklungen sind gerade noch rechtzeitig eingetreten, denn vor dem Hintergrund der sich verschärfenden globalen Umweltkrise ist es dringend geboten, eine detaillierte und umfassende Bestandsaufnahme der Artenvielfalt vorzunehmen.

Eine der größten Herausforderungen stellt dabei der Meeresboden dar, der von der Brandung bis zur Tiefsee siebzig Prozent der Erdoberfläche ausmacht. Während im Meer alle 36 bekannten Tierstämme vertreten sind – die höchstrangigen und umfassendsten Gruppen in der taxonomischen Hierarchie –, sind es auf dem Land nur zehn Stämme. Zu den bekanntesten zählen die Arthropoden (Gliederfüßer), wie Insekten, Krustentiere, Spinnen und ihre vielen Verwandten, sowie die Mollusken (Weichtiere), zu denen Schnecken, Muscheln und Kraken gehören. In den vergangenen dreißig Jahren sind erstaunlicherweise gleich zwei neue Stämme mariner Lebewesen entdeckt worden: die 1983 erstmals beschriebenen Loriciferen (Korsetttierchen), winzige, länglich geformte Organismen mit einem gürtelähnlichen Band um ihre Mitte, und die 1996 beschriebenen Cycliophoren, rundliche, symbiotische Organismen, die sich an die Mäuler von Hummern heften, wo sie die Überreste der Mahlzeiten ihrer Wirte vertilgen.[17] Tief im Boden seichter Meeresgewässer und um die Loriciferen und Cycliophoren herum existieren noch weitere seltsame Kreaturen, die »Meiofauna«, die für das bloße Auge fast unsichtbar ist. Zu diesen merkwürdigen Geschöpfen gehören die Bauchhärlinge (Gastrotrichen), Kiefermündchen (Gnathostomuliden), Hakenrüssler (Kinorhynchen), Bärtierchen (Tardigraden), Pfeilwürmer (Chaetognathen), Geradeschwimmer (Orthonectiden) und Placozoen ebenso wie Fadenwürmer und wurmartige bewimperte Protozoen. Diese Organismen kann man überall auf der Welt am Strand oder im sandigen Boden flacher Gewässer finden. Wer also nach neuen Formen der Freizeitbeschäftigung sucht, sollte unbedingt einmal einen Tag am nächstgelegenen Strand verbringen. Bewaffnen Sie sich mit Schirm, Eimer, Schaufel, Mikroskop und einem bebilderten Lehrbuch über wirbellose Tiere.[18] Anstatt Sandburgen zu bauen, erforschen Sie doch den feuchten Mikrokosmos Ihrer Umgebung und denken dabei an das, was der große Physiker Michael Faraday im neunzehnten Jahrhundert einmal so treffend gesagt hat: »Nichts auf dieser Welt ist zu wunderbar, um wahr zu sein.«

Selbst die gewöhnlichsten Kleinlebewesen sind weitaus weniger erforscht, als man gemeinhin annehmen würde. Ungefähr 10 000 Ameisenarten sind bekannt und namentlich erfasst, doch kann sich diese Zahl leicht verdoppeln, wenn erst die tropischen Gebiete genauer untersucht sind. Als ich jüngst eine Untersuchung über *Pheidole*, eine der zwei artenreichsten Ameisengattungen der Welt, durchführte, entdeckte ich 340 neue Arten. Dadurch verdoppelte sich die Mitgliederzahl dieser Gattung mit einem Schlag, und die gesamte bekannte Ameisenfauna der westlichen Hemisphäre erfuhr einen Zuwachs von zehn Prozent. Als meine Monografie 2001 in Druck ging, erhielt ich ständig weitere Nachrichten über neu entdeckte Arten, zumeist von Kollegen, die in den Tropen sammeln.

Ein in den Medien und der modernen Unterhaltungsindustrie beliebtes Klischeebild ist das des Wissenschaftlers, der am Ende einer anstrengenden Forschungsreise, beispielsweise einen Nebenfluss des Orinoko hinauf, eine neue Tier- oder Pflanzenart entdeckt. Seine Mitarbeiter im Basislager feiern die Entdeckung mit einer Flasche Champagner und übermitteln die freudige Nachricht an das Heimatinstitut. Die Wahrheit, so versichere ich Ihnen, sieht meist anders aus. Die wenigen Experten, die sich auf die Klassifizierung einzelner Gruppen von Lebewesen spezialisiert haben, seien dies Bakterien, Pilze oder Insekten, können sich der Flut neu entdeckter Arten in der Regel nicht erwehren. Verzweifelt bemühen sie sich darum, in meist einsamer Kleinarbeit ihre Sammlungen zu ordnen und gleichzeitig genügend Zeit dafür aufzubringen, wenigstens einen Bruchteil der ihnen zur Identifizierung zugesandten Entdeckungen zu veröffentlichen.

Selbst die Blütenpflanzen, die traditionell ein bevorzugtes Arbeitsgebiet der Feldbiologen darstellen, sind noch immer nicht vollständig erforscht. Ungefähr 272 000 Arten sind weltweit beschrieben worden, doch die wahre Anzahl dürfte sich eher auf 300 000 oder mehr belaufen. Jedes Jahr finden circa 2000 neue Arten Eingang in das international anerkannte botanische Standardwerk, den *Index Kewensis*. Selbst in den Vereinigten Staaten und Kanada, die relativ gründlich erforscht sind, werden jährlich ungefähr sechzig neue Arten entdeckt. Manche Experten glauben, dass bis zu fünf Prozent der nordamerikanischen Flora unbekannt sind, darunter 300 oder mehr Spezies im artenreichen Bundesstaat Kalifornien. Die neu entdeckten Arten sind gewöhnlich selten, aber nicht notwendigerweise abgelegen und unauffällig. Manche, wie die jüngst beschriebene Blume *Neviusia cliftonii*, sind prächtig genug, um als Zierpflanzen zu dienen. Viele wachsen für alle sichtbar an leicht zugänglichen Orten. Eine 1972 erstmals beschriebene Lilienart, *Calochortus tiburonensis*, blüht nur knapp 20 Kilometer außerhalb von San Francisco. Und am Stadtrand von Huntsville im Bundesstaat Alabama entdeckte ein 21-jähriger Amateursammler namens James Morefield 1982 die neue Waldrebenart *Clematis morefieldii*.[19]

Immer gründlichere zoologische Bestandsaufnahmen, die angesichts verschwindender Lebensräume dringend geboten erscheinen, haben eine überraschende Vielzahl neuer Wirbeltiere ans Licht gebracht. Viele dieser Arten werden sofort vom Zeitpunkt ihrer Entdeckung an auf die Liste gefährdeter Arten gesetzt. Die Zahl der Amphibienarten, einschließlich aller Frösche, Kröten, Salamander und der weniger bekannten tropischen Blindwühlen, ist zwischen 1985 und 2001 um ungefähr ein Drittel gestiegen, von 4003 auf 5282 Arten. Bald dürfte sie auf 6000 Arten angewachsen sein.[20]

Auch die Entdeckung neuer Säugetiere schreitet mit unvermindertem Tempo voran. Weil Sammler in entlegene tropische Regionen vordringen und sich auf kleine, schwer fassbare Arten wie

Tanreks (Borstenigel) und Spitzmäuse konzentrieren, hat sich die Zahl der Säugetierarten in den letzten zwei Jahrzehnten von ungefähr vier- auf fast fünftausend erhöht. Die höchste Ausbeute im kürzesten Zeitraum erzielte dabei in den letzten fünfzig Jahren James L. Patton, der im Juli 1996 innerhalb von nur drei Wochen sechs neue Arten in den kolumbianischen Zentralanden entdeckte: vier Mäusearten, eine Spitzmaus und ein Beuteltier.[21] Sogar die Primaten, die mit den Menschenaffen, Affen und Halbaffen zu den in der Feldforschung meistgesuchten Säugetieren überhaupt gehören, halten noch Überraschungen bereit. In den neunziger Jahren fügten allein Russell Mittermeier und seine Kollegen den bis dahin bekannten 275 Arten neun Neuentdeckungen hinzu. Mittermeier, der im Rahmen seiner Forschungsarbeit und als Präsident der amerikanischen Umweltorganisation Conservation International Tropenwälder rund um die Welt bereist, schätzt, dass mindestens hundert weitere Primatenarten noch der Entdeckung harren.[22]

Sogar unbekannte größere Landsäugetiere werden gelegentlich aufgespürt. Das vielleicht größte Aufsehen in jüngerer Zeit erregte die Entdeckung von vier neuen Tierarten im Annam-Gebirge zwischen Vietnam und Laos Mitte der neunziger Jahre. Darunter befanden sich ein Streifenhase, ein rund 35 Kilogramm schwerer Riesenmuntjak und ein 18 Kilogramm schwerer kleinerer Muntjak. Die größte Sensation war jedoch ein rund 100 Kilogramm schweres Huftier, das von den Einheimischen Sao-La oder »Spindelhorn« und von Zoologen Vu-Quang-Rind genannt wird. Der Sao-La ist das erste Landsäugetier dieser Größe, das seit mehr als einem halben Jahrhundert entdeckt wurde. Er ist mit keinem anderen bekannten Huftier enger verwandt und bildet deshalb eine eigene Gattung namens *Pseudoryx*. Der Name ist eine Anspielung auf die oberflächliche Ähnlichkeit dieses Tieres mit der afrikanischen Oryxantilope und bedeutet »falsche Oryx«. Man geht davon aus, dass es nur noch wenige hundert Sao-Las gibt. Auf Grund ihrer Dezimierung durch einheimische Jäger und der Zerstörung ihrer Lebensräume durch Rodung der Bergwälder ist ihre Zahl vermutlich stark rückläufig. Kein Wissenschaftler hat bisher ein Exemplar in freier Wildbahn gesehen, doch gelang es 1998, mit Hilfe einer automatischen »Kamerafalle« ein Tier zu fotografieren. Für kurze Zeit wurde außerdem ein von Hmong-Jägern gefangenes weibliches Tier im Zoo von Lak Xao in Laos gehalten, doch überlebte es in Gefangenschaft nicht lange.[23]

Seit Jahrhunderten gehören Vögel zu den besterforschten Tieren überhaupt, doch auch hier werden ständig neue Arten entdeckt. Zwischen 1920 und 1934, dem goldenen Zeitalter der ornithologischen Feldforschung, wurden jährlich durchschnittlich zehn neue Arten beschrieben und durch spätere Forschungen bestätigt. Bis in die neunziger Jahre sank diese Zahl zwar, doch lag sie noch immer bei zwei bis drei Arten pro Jahr. Gegen Ende des zwanzigsten Jahrhunderts verzeichnete das internationale Artenregister ungefähr 10 000 gesicherte Vogelarten. Einige unerwartete revolutionäre Neuerungen in der ornithologischen Feldforschung könnten jedoch dazu führen, dass die Zahl der Arten in ungeahnte Höhen schnellt. So mussten die Wissenschaftler erkennen, dass es möglicherweise eine Vielzahl von Geschwisterarten gibt. Darunter versteht man Populationen, die sich zwar hinsichtlich der traditionell zur taxonomischen Klassifizierung verwendeten anatomischen Eigenschaften wie Größe, Gefieder und Schnabelform nicht wesentlich unterscheiden, im Hinblick auf andere, nicht minder wichtige Merkmale wie etwa bevorzugter Lebensraum oder Paarungsruf aber äußerst verschieden sind. Das wichtigste Kriterium zur Unterscheidung von Vogelarten – wie auch der meisten anderen Tierarten – ergibt sich aus dem Begriff der biologischen Spezies. Populationen gehören verschiedenen Arten an, wenn sie sich unter natürlichen Lebensbedingungen nicht miteinander paaren. Mit der zunehmenden Verfeinerung feldbiologischer Methoden ist eine Vielzahl solcher genetisch isolierten Populationen entdeckt worden. Zu den alten Arten, die jüngst weiter unterteilt wurden, gehören die bekannten *Phylloscopus*-Laubsängerarten Europas und Asiens und die Kreuzschnabelarten Nordamerikas, wobei das letztgenannte Beispiel nicht unumstritten ist. Eine neue analytische Methode von großer Bedeutung ist die Tonwiedergabe von Vogelgesang. Dabei nehmen Ornithologen den Gesang einer Population auf und spielen ihn in Gegenwart einer anderen Population ab. Wenn die Vögel wenig Interesse am Gesang der jeweils anderen Population zeigen, gibt es guten Grund zu der Annahme, dass sie verschiedenen Arten angehören, da sie sich vermutlich nicht miteinander paaren würden, wenn sie sich in freier Wildbahn begegneten. Diese Methode ermöglicht es erstmals, Populationen zu untersuchen, die nicht denselben Lebensraum besetzen, sondern die auf Grund ihrer unterschiedlichen geographischen Verbreitungsgebiete als Unterarten bezeichnet werden. Es ist also durchaus denkbar, dass sich die Zahl der bekannten lebenden Vogelarten auf 20 000 verdoppeln wird.[24]

Man nimmt an, dass mehr als die Hälfte aller Tier- und Pflanzenarten der Welt in tropischen Regenwäldern beheimatet ist. Diese natürlichen Gewächshäuser, die in puncto Artenvielfalt das genaue Gegenteil der McMurdo-Trockentäler darstellen, warten mit einer Fülle von Weltrekorden auf: So wachsen auf einem einzigen Hektar des brasilianischen Atlantikwaldes 425 verschiedene Baumarten, und in einem kleinen Teil des Manu-Nationalparks in Peru hat man rund 1300 Schmetterlingsarten nachgewiesen.[25] Die Artenvielfalt ist in beiden Fällen zehnmal größer als in vergleichbaren Gebieten Europas und Nordamerikas. Den Rekord bei den Ameisen hält ein zehn Hektar großes Waldgebiet am oberen Amazonas in Peru, wo 365 verschiedene Arten leben. Ich selbst habe einmal unter dem Kronendach eines einzigen Baumes in diesem Gebiet 43 Ameisenarten identifiziert, was ungefähr der gesamten Ameisenfauna der Britischen Inseln entspricht.

Diese beeindruckenden Zahlen schließen keinesfalls das Vorhandensein einer ähnlich großen Vielfalt anderer Organismen in anderen bedeutenden Lebensräumen der Welt aus. Ein einziger Korallenkopf in Indonesien kann Hunderte von Krustentierarten, Polychaeten (Borstenwürmer) und andere Wirbellose sowie vielleicht noch einige Fische beherbergen. 28 verschiedene Kraut- und Kletterpflanzen hat man auf einer riesigen *Podocarpus*-Yellowwood-Konifere im gemäßigten Regenwald Neuseelands gefunden – für das Wachstum vaskulärer Epiphyten (Luftpflanzen) auf einem einzigen Baum ist das der Weltrekord.[26] Bis zu 200 Milbenarten, winzige spinnenähnliche Lebewesen, gedeihen in manchen Hartholzwäldern Nordamerikas auf einem einzigen Quadratmeter. Ein Gramm dieser Erde – so viel, wie man mit Daumen und Zeigefinger greifen kann – enthält Tausende von Bakterienarten. Einige davon vermehren sich aktiv, die anderen verharren inaktiv im Ruhezustand und warten darauf, dass genau die besondere Kombination von Wachstumsbedingungen (Nährstoffe, Feuchtigkeit, Trockenheit und Temperatur) eintritt, auf die dieser Bakterienstamm eingestellt ist.

Man braucht nicht in die Ferne zu schweifen, ja noch nicht einmal vom Stuhl aufzustehen, um die verschwenderische Artenvielfalt der Natur zu erleben. Der Mensch selbst ist eine Art Regenwald. Die Chancen stehen hoch, dass sich winzige spinnenähnliche

Milben am Ansatz Ihrer Wimpern niedergelassen haben. Pilzsporen und Hyphen (Pilzfäden) auf unseren Zehennägeln warten nur auf die richtigen Lebensbedingungen, um sich zu einem richtigen kleinen Wald auszuwachsen. Die große Mehrheit der Zellen in unserem Körper gehört gar nicht uns, sondern Bakterien und anderen Mikroorganismen. Mehr als 400 solcher Mikrobenarten besiedeln unseren Mund.[27] Doch keine Sorge: Da mikrobische Zellen so klein sind, ist der größte Teil des Protoplasmas, das wir mit uns herumtragen, trotzdem menschlichen Ursprungs. Jedes Mal, wenn wir mit den Füßen in der Erde scharren oder durch Matschpfützen laufen, lässt sich auf unseren Schuhen eine Fülle von Bakterien nieder. Wer weiß, welche der Wissenschaft unbekannten Organismen sich noch darunter befinden mögen.

So ist also die Biosphäre beschaffen, die wie eine Membran die Erde und jeden Einzelnen von uns umgibt. Sie ist ein Wunder, das uns zuteil wurde. Und es ist eine Tragödie, dass fortwährend Teile von ihr unwiederbringlich verloren gehen, bevor wir überhaupt die Gelegenheit hatten, sie kennen zu lernen und darüber nachzudenken, wie man sich am besten an ihnen erfreuen oder sie nutzen kann.

Kapitel 2

Der Engpass

Das zwanzigste Jahrhundert war eine Epoche des exponentiellen wissenschaftlichen und technischen Fortschritts, der Befreiung der Künste durch einen überschäumenden Modernismus und der zunehmenden Verbreitung von Demokratie und Menschenrechten in der Welt. Gleichzeitig war es ein finsteres, unmenschliches Jahrhundert der Weltkriege, des Völkermords und totalitärer Ideologien, die der Weltherrschaft gefährlich nahe kamen. In all diesem Aufruhr gelang es der Menschheit gleichwohl, die natürliche Umwelt bedenklich zu dezimieren und die nicht erneuerbaren Ressourcen der Erde mit unbekümmerter Hemmungslosigkeit auszubeuten. Damit beschleunigten wir die Vernichtung ganzer Ökosysteme und die Ausrottung Tausender von Arten, die schon seit Jahrmillionen die Erde bevölkert hatten. Wenn es ökologische Grenzen für das wirtschaftliche Wachstum auf der Erde gibt – und dies ist zweifelsohne der Fall –, dann waren wir meistens zu beschäftigt, um dies zu bemerken.

Mit dem Beginn des neuen Jahrhunderts ist die Menschheit allmählich aus ihrem Delirium erwacht. In einer zunehmend postideologisch geprägten Atmosphäre sind wir vielleicht zur Umkehr bereit, bevor der Planet unwiderruflich zerstört ist. Es ist jedenfalls höchste Zeit, dass wir uns Klarheit über den Zustand der Erde verschaffen und analysieren, was erforderlich ist, um künftig allen Menschen auf Dauer ein befriedigendes Leben zu ermöglichen. Die Frage des Jahrhunderts ist: Wie finden wir am besten zu einer Kultur der Nachhaltigkeit – für uns selbst und für die uns am Leben erhaltende Biosphäre?

Unsere führenden Ökonomen und Gesellschaftsphilosophen ignorieren bei ihren Annahmen für gewöhnlich die Zahlen, auf die es ankommt. Angesichts einer Weltbevölkerung von mehr als sechs Milliarden Menschen und einer Zuwachsrate, die bis Mitte des Jahrhunderts eine Weltbevölkerung von acht Milliarden oder mehr erwarten lässt, verringern sich die pro Kopf zur Verfügung stehenden Mengen an Süßwasser und Ackerland auf ein Niveau, das von Experten als bedenklich eingestuft wird. Der ökologische Fußabdruck – der auf jeden Menschen entfallende durchschnittliche Anteil an fruchtbarem Land und Küstengewässern zur Befriedigung seiner grundlegenden Bedürfnisse wie Nahrung, Wasser, Wohnen, Energie, Transport, Handel und Abfallaufnahme – beträgt ungefähr 1 Hektar in den Entwicklungsländern und 9,6 Hektar in den Vereinigten Staaten. Über die gesamte Weltbevölkerung gemittelt, beträgt er 2,1 Hektar.[1] Wollten alle Menschen auf der Welt das derzeitige Konsumniveau in den Vereinigten Staaten erreichen, würde man beim heutigen Stand der Technik vier weitere Planeten wie die Erde benötigen, um diesem Wunsch gerecht werden zu können. Auch wenn die fünf Milliarden Menschen in den Entwicklungsländern vielleicht gar nicht dieses verschwenderische Niveau anstreben, haben sie sich doch in ihrem Bemühen, zumindest einen bescheidenen Lebensstandard zu erzielen, dem Angriff der industrialisierten Welt auf die letzten natürlichen Lebensräume dieser Erde angeschlossen. *Homo sapiens* ist zu einer geophysikalischen Kraft geworden und stellt damit die erste Spezies in der Geschichte des Planeten dar, die sich dieser zweifelhaften Auszeichnung rühmen kann. Wir haben den Kohlendioxidgehalt in der Atmosphäre auf den höchsten Stand seit mindestens 200 000 Jahren getrieben, wir haben den Stickstoffkreislauf aus dem Gleichgewicht gebracht und zu einer globalen Erwärmung beigetragen, die letztlich auf der ganzen Welt Unheil anrichten wird.

Um es auf den Punkt zu bringen: Das Jahrhundert der Umwelt hat begonnen – ein Jahrhundert, in dem die unmittelbare Zukunft als Engpass aufgefasst werden muss.[2] Wissenschaft und Technik, gepaart mit steinzeitlicher Sturheit und Mangel an Einsicht, haben uns in die heutige Situation hineinmanövriert. Wissenschaft und Technik, verbunden mit einer gehörigen Portion Weitblick und moralischem Mut, sind nun erforderlich, um uns zu helfen, den Engpass zu überwinden und einen Weg aus der Krise zu finden.

»Moment mal!« Dies ist die Stimme des wachstumsgläubigen Ökonomen. Hören wir ihm zu. Er schreibt für Wirtschaftsblätter wie *The Economist* und *The Wall Street Journal* und verfasst Weißbücher für das Competitive Enterprise Institute und andere politisch konservative Denkfabriken. Ich werde diese Quellen benut-

zen, um seine Haltung so ehrlich wie möglich zusammenzufassen, wobei ich mir der Gefahr der Stereotypisierung durchaus bewusst bin. Zur Verdeutlichung der verschiedenen Positionen treffen sich ein Ökonom und ein Ökologe zu einem konstruktiven Dialog. Konstruktiv deshalb, weil die Lage für ideologisches Geplänkel und Wortgefechte zu ernst ist. Wir gehen von der Annahme aus, dass sowohl der Ökonom als auch der Ökologe die Erhaltung des Lebens auf unserem Planeten als ihr gemeinsames Ziel verfolgen. Der Ökonom konzentriert sich in seiner Betrachtung auf Produktion und Konsum. Dies, so seine Argumentation, sind die Grundbedürfnisse der Welt. Er hat natürlich Recht. Jede Art lebt von Produktion und Verbrauch. Der Baum wächst und verbraucht Nährstoffe und Sonnenlicht. Der Leopard jagt und »verbraucht« Wild. Und der Landwirt rottet beide aus, um Getreide anzubauen – wiederum für den Verbrauch. Das Weltbild des Ökonomen beruht auf präzisen Modellen rationaler Entscheidung sowie auf relativ kurzfristigen Zeithorizonten. Seine Parameter sind das Bruttosozialprodukt, die Handelsbilanz und der Wettbewerbsindex. Er sitzt im Vorstand großer Unternehmen, reist nach Washington und tritt gelegentlich in Talkshows im Fernsehen auf. Die Erde, so behauptet er, sei unendlich fruchtbar und ihre Kapazitäten würden noch nicht voll ausgeschöpft.

Der Ökologe vertritt eine andere Auffassung. Er verweist auf unhaltbare Ernteerträge, sinkende Grundwasserspiegel und bedrohte Ökosysteme. Auch seine Stimme findet in Regierungskreisen und der Industrie Gehör, wenn auch nur in geringem Maße. Er sitzt im Vorstand gemeinnütziger Stiftungen, schreibt für Wissenschaftsmagazine wie *Scientific American* und wird manchmal nach Washington berufen. Die Erde, so behauptet er, sei erschöpft und stecke in einer tiefen Krise.

Der Ökonom
»Jetzt entspannen Sie sich erst einmal. Trotz der Weltuntergangsprophezeiungen der letzten beiden Jahrhunderte erfreut sich die Menschheit gegenwärtig eines beispiellosen Wohlstands. Gewiss gibt es Umweltprobleme, doch sind diese nicht unlösbar. Betrachten Sie sie als vorübergehende Begleiterscheinungen des Fortschritts, die beseitigt werden müssen. Die globale wirtschaftliche Situation ist positiv. Das Bruttosozialprodukt der Industrienationen ist weiter gestiegen. Trotz Rezession holen die aufstrebenden

asiatischen Volkswirtschaften Nordamerika und Europa gegenüber auf. Überall auf der Welt verzeichnen Industrie und Dienstleistungssektor kontinuierliche Zuwächse. Seit 1950 sind das Pro-Kopf-Einkommen und die Fleischproduktion gestiegen. Auch wenn die Weltbevölkerung in demselben Zeitraum mit einer Rate von 1,8 Prozent pro Jahr explosionsartig gewachsen ist, konnte die Getreideproduktion, die in den ärmeren Ländern der Welt über die Hälfte des Kalorienbedarfs deckt und die traditionell als Beispiel für weltweite Ernteerträge herangezogen wird, mit dieser Entwicklung mehr als Schritt halten. Sie ist zwischen 1950 und 1980 von 275 Kilogramm pro Kopf auf 370 Kilogramm gestiegen. Die Wälder der Industrieländer regenerieren sich heute fast ebenso schnell, wie sie abgeholzt werden. Und obwohl die Holzvorräte in der übrigen Welt stark zurückgehen – was zugegebenermaßen ein ernstes Problem darstellt –, ist in absehbarer Zukunft keine globale Knappheit zu erwarten. Als Retter in der Not ist hier die Forstwirtschaft eingesprungen: Mehr als zwanzig Prozent der für industrielle Zwecke benötigten Hölzer stammen heute aus Baumplantagen.

Mit dem Wirtschaftswachstum nimmt auch der soziale Fortschritt zu. Die Alphabetisierung schreitet voran und damit die Befreiung und Gleichstellung der Frau. Die Demokratie, der Goldstandard politischer Systeme, setzt sich in immer mehr Ländern durch. Die durch den Computer und das Internet angetriebene Revolution in der Kommunikation hat zu einer Globalisierung des Handels und einer friedlicheren internationalen Kultur beigetragen.

Seit zwei Jahrhunderten überschattet das von Malthus beschworene Schreckgespenst der Übervölkerung die Träume der Zukunftsforscher. Wenn die Bevölkerung weiterhin exponentiell wüchse, so mahnen die Weltuntergangspropheten, reichten die begrenzten Ressourcen der Welt nicht mehr aus, um die Menschheit zu ernähren. Hungersnöte, Chaos und Kriege wären die Folge. Regional begrenzt, trat dieses Szenarium in der Tat gelegentlich ein, doch war dies weniger ein Resultat der malthusischen Bevölkerungstheorie als vielmehr das Ergebnis politischer Misswirtschaft. Menschliche Erfindungsgabe hat schon immer Mittel und Wege gefunden, um die wachsende Bevölkerung ausreichend zu versorgen und der Bevölkerungsmehrheit einen angemessenen Lebensstandard zu ermöglichen. Ein Paradebeispiel dafür ist die ›grüne

Revolution‹, mit deren Hilfe es gelungen ist, die Ernteerträge in den Entwicklungsländern dramatisch zu erhöhen. Dieses Beispiel lässt sich mit den neuen Technologien wiederholen. Warum sollten wir daran zweifeln, dass menschlicher Unternehmungsgeist den gegenwärtigen Aufwärtstrend auch künftig fortsetzen kann? Mit schöpferischer Kraft und harter Arbeit haben wir die Umwelt zum Wohle der Menschheit umgestaltet. Wir haben eine ungezähmte, unwirtliche Natur in einen Garten verwandelt. Es ist das Schicksal der Erde, dem Menschen untertan zu sein. Die schädlichen Nebenwirkungen dieser Herrschaft können mit zunehmendem Fortschritt gemildert und rückgängig gemacht werden.«

Der Ökologe
»Es ist zwar richtig, dass sich die Lebensbedingungen des Menschen in vielerlei Hinsicht dramatisch gebessert haben, doch ist dies nur die eine Seite der Medaille. Die Ihrer Argumentation zu Grunde liegende Logik ist bei allem Respekt schlichtweg gefährlich. Sie gehen in Ihrem Weltbild davon aus, dass die Menschheit ein Paradies geschaffen habe, das sich durch die wirtschaftlichen Prozesse von selbst am Leben erhält. Dies mag zutreffend sein – aber nur, wenn man einen unendlich großen und beliebig formbaren Planeten voraussetzt. Sie werden jedoch zugeben müssen, dass die Erde endlich ist und die ökologischen Probleme zunehmend prekärer werden. Um qualifizierte Vorhersagen über die langfristige wirtschaftliche Zukunft der Welt machen zu können, darf man sich nicht allein auf Daten wie das Bruttosozialprodukt oder die Jahresberichte von Unternehmen verlassen. Wenn wir ein realistisches Bild vom Zustand der Welt gewinnen wollen, müssen wir auch die Berichte von Ressourcenexperten und Umweltökonomen heranziehen. Sie sind es, die eine objektive Bilanz erstellen, indem sie in ihre Rechnung auch die Kosten des Wirtschaftswachstums einbeziehen.

Diese neue Riege von Statistikern verweist darauf, dass wir es uns nicht länger leisten können, die Abhängigkeit der Wirtschaft und des sozialen Fortschritts von den ökologischen Ressourcen zu ignorieren. Es ist die *Qualität* des wirtschaftlichen Wachstums unter Berücksichtigung der verbrauchten natürlichen Ressourcen, die langfristig zählt, nicht der reine Ertrag in Form von Produkten und Geld. Ein Land, das seine Wälder abholzt, seine Grundwasserreserven ausbeutet und seinen Ackerboden der Erosion preisgibt, ohne die Folgekosten abzuschätzen, verschließt sich der Realität und geht einer ungewissen wirtschaftlichen Zukunft entgegen. Es lebt in demselben Wahn, der schon die Walfangindustrie in den Bankrott getrieben hat. Mit der zunehmenden Verbesserung der Walfang- und Verarbeitungsmethoden stiegen die jährlichen Fangquoten, und die Walfangindustrie gedieh prächtig. Die Walbestände gingen jedoch in demselben Maße zurück, bis sie praktisch erschöpft waren. Mehrere Arten, darunter der Blauwal, das größte Lebewesen in der Erdgeschichte, wurden nahezu ausgerottet. Erst daraufhin wurden dem Walfang gewisse Beschränkungen auferlegt. Übertragen Sie dieses Beispiel auf sinkende Grundwasserspiegel, versiegende Flüsse und verschwindendes Ackerland, und Sie werden verstehen, was ich meine.

Angenommen, das auf herkömmliche Weise errechnete weltweite Bruttosozialprodukt von derzeit ungefähr 31 Billionen US-Dollar stiege weiterhin jährlich um kräftige drei Prozent. Bis 2050 würde es theoretisch 138 Billionen Dollar betragen. Setzt man nur ein Mindestmaß an ausgleichender Umverteilung dieser Summe voraus, so wäre die gesamte Weltbevölkerung nach heutigem Maßstab wohlhabend. Eine wünschenswerte Entwicklung, so sollte man meinen. Was ist der Schwachpunkt dieser Rechnung? Dass die Umwelt zerstört wird. Wenn sich der Rückgang der natürlichen Ressourcen, insbesondere von Süßwasser und Ackerland, mit derselben Geschwindigkeit wie bisher fortsetzt, wird sich das Wirtschaftswachstum zwangsläufig verlangsamen. Die resultierenden Bemühungen um eine Ausdehnung der produktiven Flächen führen wiederum zur Ausrottung eines großen Teils der Flora und Fauna unserer Welt, was ich als sehr besorgniserregend empfinde, auch wenn Sie meine Sorge vielleicht nicht teilen.

Die für produktive Zwecke beanspruchte Landfläche – der ökologische Fußabdruck – ist bereits heute viel größer, als es eine nachhaltige Nutzung der Erde erlaubt, und der Trend ist noch immer steigend. Eine jüngere Studie zu diesem Thema kommt zu dem Ergebnis, dass die Weltbevölkerung wahrscheinlich bereits um das Jahr 1978 die Kapazitätsgrenze der Erde für ein nachhaltiges Wachstum erreicht hatte. Bis zum Jahr 2000 war diese Grenze bereits um das 1,4fache überschritten. Wenn zwölf Prozent der Landfläche zum Schutz der natürlichen Umwelt unangetastet bleiben sollen, wie es der Brundtland-Bericht 1987 empfahl, wäre die

Grenze für ein nachhaltiges Wachstum bereits um 1972 überschritten worden. Kurz gesagt: Die Erde hat ihre Fähigkeit zur Regeneration verloren – bis der globale Konsum gesenkt und/oder die globale Produktion gesteigert wird.[3]

Mit der Gegenüberstellung dieser zwei diametral entgegengesetzten Anschauungen zur wirtschaftlichen Zukunft möchte ich nicht andeuten, es gebe zwei Kulturen mit unterschiedlichen Wertvorstellungen. Alle, denen die Wirtschaft ebenso wie die Umwelt am Herzen liegt, und dies ist die große Mehrheit der Menschen, gehören derselben Kultur an. Der Blick unserer beiden Diskussionspartner ist nur auf verschiedene Punkte der menschlichen Raumzeitskala gerichtet. Sie unterscheiden sich in der Auswahl der Faktoren, die sie für ihre Zukunftsprognosen berücksichtigen, im Maß ihrer Wertschätzung der nichtmenschlichen Lebewesen sowie darin, wie weit sie in die Zukunft schauen. Die meisten Ökonomen und alle außer ihren politisch konservativsten öffentlichen Vertretern erkennen heute an, dass die Welt Grenzen hat und dass sich die Weltbevölkerung ein weiteres Wachstum kaum noch leisten kann. Aber obwohl sie wissen, dass der Mensch dabei ist, die biologische Vielfalt zu zerstören, wollen sie sich nicht damit auseinander setzen.

Glücklicherweise ist die ökologische Sichtweise auf dem Vormarsch. Vielleicht sollte man gar nicht mehr von »der ökologischen Sichtweise« sprechen – als ob es sich nicht um eine dem Allgemeinwohl verpflichtete Perspektive handelte –, sondern vielmehr von der realistischen Sichtweise. In einer realistisch geführten und bewerteten Volkswirtschaft ist eine ausgewogene Bilanzierung selbstverständlich. Das herkömmliche Bruttosozialprodukt wird dabei durch einen umfassenderen Indikator für tatsächlichen Fortschritt (Genuine Progress Indicator, GPI) ersetzt, der auch die ökologischen Kosten wirtschaftlicher Aktivität abzuschätzen versucht. Eine wachsende Zahl von Ökonomen, Wissenschaftlern, Politikern und anderen haben sich bereits aktiv für diese veränderte Sichtweise eingesetzt.

Welches sind nun also die wesentlichen Fakten zu Bevölkerung und Umwelt? Anhand der bekannten Daten können wir diese Frage beantworten und uns den Engpass, in dem die Menschheit und die gesamte Natur derzeit stecken, besser vorstellen. Am oder um den 12. Oktober 1999 hat die Weltbevölkerung die

Grenze von sechs Milliarden Menschen überschritten. Sie ist seitdem weiter gestiegen, und zwar mit einer Geschwindigkeit von 1,4 Prozent pro Jahr. Dies entspricht einem Zuwachs von 200 000 Menschen pro Tag und 1,4 Millionen pro Woche. Das kommt der Einwohnerzahl einer größeren Stadt gleich. Obwohl sich das Wachstum allmählich zu verlangsamen beginnt, steigt es noch immer im Wesentlichen exponentiell: je größer die Bevölkerung, desto schneller das Wachstum, und je schneller das Wachstum, desto größer die Bevölkerung. Diese Entwicklung setzt sich in astronomische Höhen fort, wenn nicht der Trend gestoppt und die Wachstumsrate auf Null oder darunter gesenkt wird. Was ein solches exponentielles Wachstum bedeutet, wird deutlich, wenn man sich Folgendes vor Augen hält: Menschen, die im Jahr 1950 geboren wurden, sind die ersten, zu deren Lebzeiten sich die Weltbevölkerung verdoppelt hat – von 2,5 auf über 6 Milliarden. Allein im zwanzigsten Jahrhundert wuchs die Bevölkerung um mehr Menschen als bis dahin in der gesamten Menschheitsgeschichte. So lebten um 1800 circa 1 Milliarde Menschen auf der Welt, und noch um 1900 waren es nicht mehr als 1,6 Milliarden.[4]

Das Muster des menschlichen Bevölkerungswachstums im zwanzigsten Jahrhundert entspricht eher dem von Bakterien als dem von Primaten. So hat *Homo sapiens* mit Erreichen der 6-Milliarden-Grenze die Biomasse jeder anderen großen Landtierart, die je auf der Erde gelebt hat, um ein Hundertfaches überflügelt. Eine Fortsetzung der Entwicklung wie in den letzten hundert Jahren können sich die Menschheit und die Natur nicht mehr leisten.

Gegen Ende des zwanzigsten Jahrhunderts zeichnete sich in weiten Teilen der Welt eine gewisse Entspannung ab. In Nord- und Südamerika, in Europa, Australien und in einem Großteil Asiens traten die Menschen allmählich auf die Bremse. Die Fruchtbarkeitsrate, das heißt die durchschnittliche Anzahl der Kinder pro Frau, sank von 4,3 im Jahr 1960 auf 2,6 im Jahre 2000. Die für ein Nullwachstum erforderliche Fruchtbarkeitsrate, bei der sich Geburtenrate und Sterberate die Waage halten und die Bevölkerungszahl konstant bleibt, liegt bei 2,1 (das zusätzliche Zehntelprozent ist der Ausgleich für die Säuglings- und Kindersterblichkeit). Liegt die Fruchtbarkeitsrate auch nur geringfügig über 2,1, so nimmt die Bevölkerung dennoch exponentiell zu. Dies bedeutet: Auch wenn das Bevölkerungswachstum mit zunehmender Annäherung der Fruchtbarkeitsrate an den Wert 2,1 immer weniger steil ansteigt,

52

wird die Menschheit irgendwann, zumindest theoretisch, mehr wiegen als die Erde und schließlich sogar die Masse des sichtbaren Universums übertreffen – vorausgesetzt, die Entwicklung dauert lange genug an. Dieses Gedankenspiel ist der Versuch des Mathematikers, auf anschauliche Weise auszudrücken, dass jede über dem Nullwachstum liegende Bevölkerungsentwicklung auf Dauer nicht tragbar ist. Wenn dagegen die Fruchtbarkeitsrate unter den Wert von 2,1 sinkt, nimmt die Bevölkerungszahl ab, und es ergibt sich eine negative exponentielle Wachstumskurve. Natürlich ist es eine grobe Vereinfachung, 2,1 als den kritischen Wert für ein Erreichen des Nullwachstums anzusetzen. Fortschritte in der medizinischen Versorgung können ihn durch Reduzierung oder Beseitigung der Säuglings- und Kindersterblichkeit auf den idealen Wert von 2,0 senken, während Hungersnöte, Epidemien und Kriege ihn durch eine Erhöhung der Sterblichkeit anheben. Über einen längeren Zeitraum und weltweit gemittelt, heben sich lokale Unterschiede und statistische Fluktuationen jedoch auf, und die ehernen demographischen Gesetze verschaffen sich unbarmherzig Geltung. Sie vermitteln uns stets die gleiche Botschaft: dass ein exzessives Bevölkerungswachstum die Erde überfordert.

Bis zum Jahr 2000 war die Fruchtbarkeitsrate in allen Ländern Westeuropas unter den Wert von 2,1 gesunken. An der Spitze stand dabei Italien mit durchschnittlich 1,2 Kindern pro Frau (so viel zum Einfluss kirchlicher Doktrin in Fragen der Geburtenkontrolle). Auch Thailand hat die magische Zahl unterschritten, ebenso der nicht zugewanderte Bevölkerungsanteil in den USA.

Wenn ein Land seine jeweilige Geburtenrate für ein Nullwachstum erreicht oder gar unterschritten hat, kommt sein Bevölkerungswachstum nicht sofort zum Stillstand. Durch das positive Wachstum kurz vor Erreichen des kritischen Wertes gibt es eine unverhältnismäßig hohe Anzahl junger Menschen, die den größten Teil ihres Lebens und damit ihre fruchtbaren Jahre noch vor sich haben. Erst wenn diese Gruppe älter wird und der Anteil von Menschen, die Kinder bekommen, abnimmt, stabilisiert sich die Altersverteilung auf dem Niveau des Nullwachstums, und die Bevölkerung wächst nicht weiter. Selbst wenn ein Land den kritischen Wert unterschreitet, vergeht eine gewisse Zeit, bevor die absolute Wachstumsrate negativ wird und die Bevölkerung tatsächlich zurückgeht. Italien und Deutschland beispielsweise haben eine solche Phase des absoluten negativen Bevölkerungswachstums erreicht.

Der Rückgang des globalen Bevölkerungswachstums ist auf drei miteinander verknüpfte soziale Einflussfaktoren zurückzuführen: die Globalisierung einer von Wissenschaft und Technik angetriebenen Wirtschaft, die damit einhergehende Landflucht der Bevölkerung und, daraus resultierend, die zunehmende Gleichstellung der Frau. Die soziale und wirtschaftliche Befreiung der Frau schlägt sich in einem Rückgang der Geburten nieder. Die bewusste Entscheidung der Frauen für weniger Kinder kann als ein Geschenk, ja geradezu als ein Segen für künftige Generationen betrachtet werden. Denn es könnte auch genau umgekehrt sein, dass sich nämlich Frauen – durch zunehmenden Wohlstand von wirtschaftlichen Zwängen befreit – für mehr Nachkommen entscheiden. Das Gegenteil ist der Fall. Statt größere Familien zu haben, ziehen sie es vor, eine kleinere Zahl von Kindern aufzuziehen, die gesünder und mit besseren Ausbildungschancen aufwachsen. Dadurch verbessern sich gleichzeitig ihre eigenen Lebensbedingungen. Dieser Trend scheint weit verbreitet, wenn nicht gar allgemeingültig zu sein. Seine Bedeutung kann gar nicht überschätzt werden. Gesellschaftskritiker behaupten oft, die Menschheit gefährde sich durch ihre natürlichen Instinkte – etwa Stammesdenken, Aggression und Habgier – selbst in ihrer Existenz. Meines Erachtens werden künftige Demographen darauf verweisen, dass die Rettung der Menschheit eben einem dieser Instinkte zu verdanken ist, dem Mutterinstinkt.

Wenn der weltweite Trend zu kleineren Familien weiter anhält, wird das Bevölkerungswachstum irgendwann zum Stillstand kommen und schließlich sogar rückläufig sein. Die Weltbevölkerung wird einen Höhepunkt erreichen und danach wieder abfallen. Doch um wie viel wird sie noch wachsen, und wann wird sie ihren Höhepunkt erreichen? Wie wirkt sich das Bevölkerungswachstum bis dahin auf die Umwelt aus? Im September 1999 veröffentlichte das Referat für Bevölkerung der Hauptabteilung für Wirtschaftliche und Soziale Angelegenheiten der Vereinten Nationen auf der Grundlage vier verschiedener Annahmen für die weibliche Fruchtbarkeitsrate eine Reihe möglicher Zukunftsszenarien bis zum Jahr 2050. Wenn die Anzahl der Kinder pro Frau sofort, also ab dem Jahr 2000, auf zwei sänke, so würde sich die Weltbevölkerung um das Jahr 2050 auf ungefähr 7,3 Milliarden Menschen einpendeln. Ein so starker Wachstumsrückgang ist natürlich nicht eingetreten und wird sicherlich auch in den nächsten Jahrzehnten nicht erreicht werden. Der Wert von 7,3 Milliarden Menschen ist somit also extrem unwahrscheinlich. Wenn andererseits die Fruchtbarkeitsrate weiterhin in dem Maße abnimmt wie bisher, wird die Weltbevölkerung bis zum Jahr 2050 auf ungefähr 10,7 Milliarden Menschen anwachsen und noch einige Jahrzehnte einen steilen Anstieg verzeichnen, bis der Höhepunkt erreicht ist. Hält dagegen der gegenwärtige Wachstumstrend an, so werden bis zum Jahr 2050 14,4 Milliarden Menschen die Erde bevölkern. Wenn schließlich die globale Fruchtbarkeitsrate schneller auf einen Wert von 2,1 oder darunter sinkt, als der gegenwärtige Trend erwarten lässt, so wird die Weltbevölkerung bis 2050 8,9 Milliarden Menschen betragen. Auch in diesem Fall würde sie zwar noch eine Weile weiter wachsen, doch die Kurve wäre weniger steil. Das zuletzt beschriebene Szenarium dürfte das wahrscheinlichste sein. Man kann also, um es grob zusammenzufassen, mit einiger Wahrscheinlichkeit davon ausgehen, dass die Weltbevölkerung im ausgehenden 21. Jahrhundert bei neun bis zehn Milliarden Menschen ihren Höhepunkt erreichen wird. Sollten die Bemühungen um eine Geburtenkontrolle verstärkt werden, liegt die Zahl vielleicht eher bei neun als bei zehn Milliarden.

Es ist also noch genügend Entwicklungsspielraum vorhanden, um einen vorsichtigen Optimismus zu rechtfertigen. Wenn erschwingliche Methoden der Empfängnisverhütung zur Verfügung stehen und Frauen die Wahlmöglichkeit haben, machen sie von diesem Angebot in der Regel Gebrauch. Der Prozentsatz von Frauen, die Geburtenkontrolle praktizieren, variiert dabei noch stark von Land zu Land. In Europa und den Vereinigten Staaten liegt ihr Anteil bei mehr als 70 Prozent, dicht gefolgt von Thailand und Kolumbien. In Indonesien sind es ungefähr 50 Prozent; in Bangladesch und Kenia 30 Prozent, während es in Pakistan nach wie vor nicht mehr als 10 Prozent sind. Viele nationale Regierungen wollen die Geburtenkontrolle weiter ausbauen oder dulden sie zumindest stillschweigend. Dies lässt hoffen, dass sich die Familienplanung global weiter durchsetzen wird. Bis 1996 gab es bereits in 130 Ländern staatlich geförderte Programme zur Familienplanung. Darüber hinaus verfolgten mehr als die Hälfte aller Entwicklungsländer neben ihrer Wirtschafts- und Verteidigungspolitik eine gezielte Bevölkerungspolitik. Über 90 Prozent der übrigen Entwicklungsländer erklärten ihre Absicht, diesem Beispiel folgen zu wollen. Eine verblüffende Ausnahme bilden die Vereinigten

Staaten, für die das Thema praktisch noch immer ein Tabu darstellt.

Die Förderung bevölkerungspolitischer Maßnahmen seitens der Entwicklungsländer hätte nicht einen Augenblick später einsetzen dürfen, denn das ökologische Schicksal der Welt liegt letztlich in ihren Händen. Praktisch das gesamte Bevölkerungswachstum der Welt findet heute in den Entwicklungsländern statt, und diese werden unerbittlich nach einem höheren Pro-Kopf-Verbrauch streben.

Die Folgen des Bevölkerungswachstums sind weit gefächert und tief greifend. Die Menschen in den Entwicklungsländern sind im Durchschnitt weitaus jünger als in den Industrieländern, und diese Kluft wird sich noch vergrößern. In den Straßen von Lagos, Manaus, Karatschi und anderen Städten der Dritten Welt drängen sich die Kinder. In mindestens 68 Ländern machen Kinder und Jugendliche unter fünfzehn Jahren mehr als 40 Prozent der Bevölkerung aus. Hier einige typische Zahlen aus dem Jahr 1999: Afghanistan 42,9 Prozent, Benin 47,9 Prozent, Kambodscha 45,4 Prozent, Äthiopien 46,0 Prozent, Grenada 43,1 Prozent, Haiti 42,6 Prozent, Irak 44,1 Prozent, Libyen 48,3 Prozent, Nicaragua 44,0 Prozent, Pakistan 41,8 Prozent, Sudan 45,4 Prozent, Syrien 46,1 Prozent und Simbabwe 43,8 Prozent.[5]

Ein armes Land mit einem hohen Bevölkerungsanteil von Kindern und Jugendlichen steht vor fast unlösbaren Problemen, wenn es seiner Bevölkerung auch nur ein Mindestmaß an Gesundheitsversorgung und Ausbildung bieten will. Zwar kann das Überangebot an ungelernten, billigen Arbeitskräften einen gewissen marktwirtschaftlichen Vorteil bedeuten; aber gerade diese Menschen werden auch als Kanonenfutter in ethnischen Konflikten und Kriegen eingesetzt. Mit steigender Weltbevölkerung und zunehmender Verknappung von Wasser und Ackerland sind die Industrieländer wachsendem Druck seitens der Entwicklungsländer ausgesetzt: durch den Zustrom verzweifelter Einwanderungswilliger und die Gefahr sich ausbreitenden internationalen Terrorismus. Inzwischen habe ich begriffen, was mir der wissenschaftliche Berater des amerikanischen Präsidenten vor vielen Jahren riet, als ich ihn für den Umweltschutz zu gewinnen suchte. Er sagte mir damals:»Ihr Verbündeter ist die Außenpolitik.«

Wie viele Menschen kann die Erde versorgen, bis die Grenzen ihrer Belastbarkeit erreicht sind? Diese Frage lässt sich grob beantworten, doch hängt die Antwort von drei Rahmenbedingungen ab: Über welchen Zeitraum soll die Erde in der Lage sein, die Menschheit zu versorgen? Wie gleichmäßig sollen die Ressourcen verteilt werden? Welchen Lebensstandard strebt man für die Mehrheit der Menschen an? Betrachten wir die Ernährung, die Ökonomen gewöhnlich stellvertretend als Maßstab für die Tragfähigkeit der Erde benutzen. Die Weltgetreideproduktion, die den Hauptkalorienanteil der menschlichen Ernährung bereitstellt, beträgt heute ungefähr zwei Milliarden Tonnen jährlich. Dieser Ertrag reicht theoretisch aus, um den Bedarf von rund zehn Milliarden Indern zu decken, die sich hauptsächlich von Getreide ernähren und nach westlichem Maßstab nur sehr wenig Fleisch konsumieren. Derselbe Ertrag würde jedoch nur für ungefähr 2,5 Milliarden Amerikaner ausreichen, da diese einen großen Teil ihres Getreides für die Vieh- und Geflügelzucht benötigen.[6] Problematisch wird es, sobald auch Indien und andere Entwicklungsländer mehr Fleisch in ihre Ernährung einbeziehen. Wenn sich die Bodenerosion und der Rückgang des Grundwassers im gleichen Maße wie bisher fortsetzen, erscheint es unvermeidlich, dass bei einem Anstieg der Weltbevölkerung auf neun bis zehn Milliarden Menschen Nahrungsmittelengpässe eintreten. Es gibt zwei Möglichkeiten, um diesem Notstand vorzubeugen: Entweder steigen die Industrieländer auf eine stärker vegetarisch ausgerichtete Ernährung um, oder die landwirtschaftlichen Erträge werden weltweit um mehr als 50 Prozent gesteigert.

Die Grenzen der Biosphäre stehen unumstößlich fest. Der Engpass, in dem wir uns befinden, ist real. Jeder, der nicht gerade in blindem Fortschrittsglauben befangen ist, muss erkennen, dass die Belastbarkeit der Erde allmählich ausgeschöpft ist. Schon heute nimmt der Mensch rund 40 Prozent der von Grünpflanzen produzierten organischen Materie auf diesem Planeten in Besitz. Wenn alle Menschen übereinkämen, sich vegetarisch zu ernähren und so gut wie kein Getreide mehr für die Viehzucht zu verwenden, dann würde die derzeit für landwirtschaftliche Zwecke genutzte Fläche von 1,4 Milliarden Hektar rund zehn Milliarden Menschen ernähren. Wenn die Menschheit sogar die gesamte durch Pflanzenphotosynthese gewonnene Energie auf dem Lande und im Meer – insgesamt ungefähr 40 Billionen Watt – für die Ernährung verwenden würde, könnte der Planet etwa 17 Milliarden Menschen versorgen.[7] Doch schon lange bevor diese letzten Reserven erschöpft wären, dürfte das Leben auf der Erde zur Hölle geworden sein. Natürlich mag es hier und da noch Möglichkeiten geben, die Nahrungsmittelproduktion zu steigern. So könnte man versuchen, die letzten Erdölreserven in Nahrung zu verwandeln. Möglicherweise gelingt es auch, mit Hilfe der Kernfusion Energie für die Erzeugung von Licht zu gewinnen, das zur Photosynthese und zur Erzeugung eines von Sonnenlicht unabhängigen Pflanzenwachstums benutzt werden kann. Vielleicht lernt es die Menschheit auch eines fernen Tages, die gesamte Sonnenenergie für die Erhaltung des menschlichen Lebens auf der Erde nutzbar zu machen und Kolonien auf anderen Planeten des Sonnensystems zu gründen, womit sie zu einer in der Astrobiologie als Typ II bezeichneten Zivilisation aufsteigen würde.[8] (Dass in der Milchstraße derartig hochentwickelte Lebensformen existieren, ist unwahrscheinlich, da sie von Forschungsprogrammen wie SETI, die nach extraterrestrischen intelligenten Lebensformen suchen, mit großer Wahrscheinlichkeit entdeckt worden wären.) Aber gewiss wird niemand von uns bis an diese Grenzen vorstoßen wollen, nur damit die Menschheit ihre reproduktive Torheit weiter fortsetzen kann.

Das Epizentrum der ökologischen Veränderungen, das Sinnbild für Bevölkerungsdruck, ist die Volksrepublik China. Im Jahr 2000 zählte die chinesische Bevölkerung 1,2 Milliarden Menschen, ein Fünftel der Weltbevölkerung. Demographen vermuten, dass bis zum Jahr 2030 rund 1,6 Milliarden Menschen in China leben werden. Zwischen 1950 und 2000 wuchs die Bevölkerung Chinas um 700 Millionen Menschen. Das sind mehr Menschen, als zu Beginn der Industriellen Revolution auf der ganzen Welt lebten. Der größte Teil dieses Bevölkerungszuwachses drängt sich in den Einzugsgebieten des Jangtse und des Gelben Flusses, die ungefähr eine Fläche von der Größe der amerikanischen Oststaaten einnehmen. Als sich die Amerikaner in der Vergangenheit in einer ähnlichen Situation befanden, hatten sie allerdings das große Glück, sich geographisch ausdehnen zu können. Zur Zeit der Gründung der Republik 1776 zählte die amerikanische Bevölkerung zwei Millionen Menschen. Bis zum Jahr 2000 wuchs sie explosionsartig auf 270 Millionen an. Während dieser Phase konnten sich die Amerikaner jedoch ungehindert über einen fruchtbaren und im Wesentlichen leeren Kontinent ausbreiten. Wie eine Flutwelle ergoss sich der Menschenstrom westwärts in das Ohio-Tal, die Große Ebene und schließlich bis in die Täler der Pazifikküste. Die Chinesen konnten dagegen nirgendwohin ausweichen. Im Westen bildeten Wüsten und Berge eine unüberwindliche Grenze, und im Süden stießen sie auf den Widerstand anderer Völker. So blieb der Bevölkerung nichts anderes übrig, als auf dem Land, das schon ihre Vorfahren seit Jahrtausenden bewirtschafteten, immer dichter zusammenzurücken. China entwickelte sich somit zu einer riesigen übervölkerten Insel – vergleichbar mit Jamaika oder Haiti, nur eben viel größer.

Als hoch intelligentes, innovatives Volk haben die Chinesen das Beste aus ihrer Situation gemacht. Heute sind China und die USA die zwei führenden Getreideproduzenten der Welt. Gemeinsam bauen sie einen überdurchschnittlich hohen Anteil des Grundnahrungsmittels an, das den Kalorienbedarf der Weltbevölkerung zu einem großen Teil deckt. Chinas riesige Bevölkerung steht jedoch kurz davor, mehr zu konsumieren, als sie produzieren kann. 1997 prognostizierte ein Wissenschaftlerteam in einem Bericht für den US-amerikanischen National Intelligence Council (NIC), dass China bis zum Jahre 2025 jährlich 175 Millionen Tonnen Getreide einführen müsse. Extrapoliert man diese Schätzung bis zum Jahr 2030, so steigt der jährliche Bedarf auf 200 Millionen Tonnen an, was der gesamten derzeitigen weltweiten Exportmenge entspricht. Ändern sich die Parameter dieses Modells, können diese Zahlen nach oben oder unten abweichen, doch wäre es leichtfertig, sich beim Entwurf einer langfristigen Planungsstrategie von einer optimistischen Haltung leiten zu lassen, wenn so viel auf dem Spiel steht. In der Tat führten die Chinesen nach 1997 auf Provinzebene ein Sofortprogramm zur Steigerung der Getreideproduktion auf Exportniveau ein. Die Bemühungen waren erfolgreich, doch möglicherweise nur auf kurze Sicht, wie auch die Regierung selbst anerkennt. Um dieses Ziel zu erreichen, müssen nämlich unrentable Böden kultiviert werden, der ökologische Schaden pro Hektar bewirtschafteter Fläche steigt, und die kostbaren Grundwasserreserven des Landes werden noch schneller erschöpft, als dies ohnehin schon der Fall ist.

Dem Bericht des National Intelligence Council zufolge könnte ein Rückgang der chinesischen Getreideproduktion möglicherweise von den fünf großen Getreide-Exporteuren – USA, Kanada, Argentinien, Australien und der Europäischen Union – aufgefangen werden. Die Exporte dieser führenden Getreideproduzenten haben jedoch nach einem anfänglich steilen Anstieg in den sechziger und siebziger Jahren nicht mehr nennenswert zugenommen und bewegen sich seit den achtziger Jahren auf ungefähr konstantem Niveau. Mit den derzeitigen landwirtschaftlichen Kapazitäten und Methoden kann dieser Ertrag wahrscheinlich nicht mehr signifikant gesteigert werden. So haben die USA und die Europäische Union sogar schon begonnen, die im Rahmen früherer Flächenstilllegungsprogramme vernachlässigten Produktionsflächen wieder zu bewirtschaften. In Australien und Kanada, die im Wesentlichen von Trockenfarmsystemen abhängen, ist der limitierende Faktor für Produktionssteigerungen der geringe Niederschlag. Und in Argentinien gibt es zwar noch Spielraum für eine Produktionssteigerung, aber das Land ist nicht besonders groß, und so ist nicht anzunehmen, dass Argentiniens Getreideüberschüsse zehn Millionen Tonnen pro Jahr überschreiten werden.

China selbst hängt in starkem Maße von künstlicher Bewässerung ab, wobei das Wasser zum Teil aus Flüssen und zum Teil aus Grundwasser führenden Gesteinsschichten (Aquifers) entnommen wird. Das größte Problem sind hier abermals die geographischen Rahmenbedingungen: Zwei Drittel der landwirtschaftlichen Produktion werden im Norden erzeugt, während die Wasservorräte zu 80 Prozent im Süden, hauptsächlich im Gebiet des Jangtse, lokalisiert sind. Künstliche Bewässerung und die Wasserentnahme für industrielle und private Nutzung haben die Wasservorräte der nördlichen Becken, in denen der Gelbe Fluss, der Haie-, der Huaihe- und Liaohe-Fluss entspringen, praktisch erschöpft. In diesen Regionen und im Jangtse-Becken leben insgesamt 900 Millionen Menschen; 75 Prozent der Nahrungsmittel Chinas werden dort produziert. Seit 1972 trocknet der Gelbe Fluss fast jährlich auf einem Teil seines Laufs durch die Provinz Shandong bis zum Meer aus. 1997 versiegte er über einen Zeitraum von 130 Tagen ganz, dann floss er wieder für kurze Zeit, bis er erneut für den Rest des Jahres austrocknete. Insgesamt führte er in jenem Jahr über einen Zeitraum von 226 Tagen kein Wasser, was einen neuen traurigen Rekord darstellte. Da die Provinz Shandong normalerweise ein Fünftel der chinesischen Weizenernte und ein Siebentel der Maisernte einfährt, hat das Versiegen des Gelben Flusses nicht unerhebliche Auswirkungen. Allein der Ernteausfall im Jahr 1997 belief sich auf 1,7 Milliarden Dollar.

Der Grundwasserspiegel der nördlichen Ebenen ist inzwischen bedenklich gefallen. Mitte der neunziger Jahre sank er durchschnittlich um 1,5 Meter pro Jahr. In Peking selbst fiel er zwischen 1965 und 1995 um 37 Meter.

Im Hinblick auf den chronischen Wassermangel im Einzugsgebiet des Gelben Flusses hat die chinesische Regierung den Bau des Xiaolangdi-Staudamms beschlossen, der an Größe nur noch von dem Drei-Schluchten-Staudamm am Jangtse übertroffen wird. Der Xiaolangdi-Staudamm soll die Probleme saisonaler Überschwemmung wie auch periodischer Dürre lösen. Darüber hinaus werden Pläne für den Bau von Kanälen erarbeitet, um Wasser aus dem nie versiegenden Jangtse in den Gelben Fluss und nach Peking umzuleiten.

Ob diese Maßnahmen das landwirtschaftliche und wirtschaftliche Wachstum Chinas nachhaltig zu stützen vermögen, lässt sich zurzeit nicht abschätzen. Fest steht jedoch, dass solche Maßnahmen mit Nebenwirkungen einhergehen, die große Komplikationen hervorrufen können. An erster Stelle ist hier die Gefahr der Versandung durch den von stromaufwärts mitgeschwemmten Lössböden zu nennen. Der Gelbe Fluss ist das schlammhaltigste fließende Gewässer der Welt, und einer Studie zufolge könnte er den Xiaolangdi-Stausee schon dreißig Jahre nach Fertigstellung komplett versanden.

Die Volksrepublik China hat sich selbst in eine Situation hineinmanövriert, in der sie gezwungen ist, die Wasserversorgung ihrer Flachlandgebiete ständig neu zu konzipieren und umzugestalten. Das ist jedoch nicht das Hauptproblem. Der wesentliche Punkt ist, dass China eine zu große Bevölkerung hat. Diese Bevölkerung ist außerdem bewundernswert fleißig und drängt energisch nach sozialem Aufstieg und Erfolg. Der ohnehin hohe Wasserbedarf wird dadurch weiter in die Höhe schnellen. Hochrechnungen zufolge wird sich allein die private Nachfrage bis zum Jahr 2030 auf 134 Milliarden Tonnen vervierfachen, während sich die industrielle Nachfrage auf 269 Milliarden Tonnen verfünffachen wird. Dies wird drastische Auswirkungen haben. Schon heute sind 300 von 617 chinesischen Städten von Wassermangel bedroht.

Der Druck auf die Landwirtschaft wird in China zusätzlich durch ein Dilemma verschärft, das in unterschiedlich starker Ausprägung alle Länder betrifft. Mit zunehmender Industrialisierung steigt das Pro-Kopf-Einkommen, und die Menschen konsumieren mehr Nahrung. Sie bewegen sich außerdem durch stärkeren Konsum von Fleisch- und Milchprodukten in der Energiepyramide nach oben. Da die Kalorienzahl, die aus einem Kilogramm Getreide gewonnen wird, abnimmt, wenn es über den Umweg von Geflügel oder Fleisch Eingang in die menschliche Ernährung findet, steigt der Getreidekonsum pro Kopf zwangsläufig an. Die zur Verfügung stehenden Wasserreserven bleiben dagegen mehr oder weniger konstant. Auf einem freien Markt kann die landwirtschaftliche Nutzung von Wasser nicht mit der industriellen Nutzung konkurrieren. Tausend Tonnen Süßwasser ergeben eine Tonne Weizen mit einem Wert von 200 Dollar. Dieselbe Wassermenge wirft in der Industrie einen Ertrag von 14 000 Dollar ab. Mit zunehmendem Wohlstand durch Industrie und Handel wird das ohnehin knappe Wasser in China also immer teurer werden. Die Kosten der landwirtschaftlichen Produktion werden entsprechend steigen und damit auch die Nahrungsmittelpreise, wenn nicht der Staat die Bereitstellung von Wasser subventioniert. Das ist zum Teil der Beweggrund für die mit enormen öffentlichen Mitteln gebauten Staudämme der Drei Schluchten und von Xiaolangdi.[9]

Theoretisch muss eine wohlhabende industrialisierte Volkswirtschaft nicht unbedingt landwirtschaftlich unabhängig sein. China könnte also seinen zusätzlichen Getreidebedarf durch Zukäufe von den fünf großen Getreideproduzenten decken – theoretisch. Unglücklicherweise ist die chinesische Bevölkerung jedoch so groß und der Weltgetreideüberschuss so gering, dass eine solche Lösung nicht ohne Auswirkung auf den Weltmarkt bliebe. Durch seine Nachfrage wird China unweigerlich den Preis für Getreide in die Höhe treiben, was es wiederum den ärmeren Entwicklungsländern erschwert, ihren eigenen Bedarf zu decken. Gegenwärtig sinkt der Getreidepreis zwar noch, doch ist anzunehmen, dass sich dies mit wachsender Bevölkerungszahl ändern wird.

Ressourcenexperten stimmen darin überein, dass dieses Problem nicht ausschließlich mit den Methoden des Wasserbaus gelöst werden kann. Erforderlich ist unter anderem der Übergang zu einem verstärkten Anbau von Obst und Gemüse, der zwar arbeitsintensiver ist als die Getreideerzeugung, dadurch aber China einen Wettbewerbsvorteil verschafft. Strenge Wassersparmaßnahmen in Industrie und Haushalten sind ebenso vonnöten wie der landwirtschaftliche Einsatz von Tropfbewässerungssystemen und optimierten Beregnungsanlagen statt der herkömmlichen, verschwenderischen Überflutungs- und Furchenbewässerung. Auch die Privatisierung von Landbesitz kann in Verbindung mit Subventionen und Preisliberalisierung verstärkt Anreize für Bauern bieten, Wasser zu sparen.

Die Kosten, die China der Umwelt zur Erhaltung seines Wachstums aufbürdet – und die in der volkswirtschaftlichen Gesamtrechnung selten auftauchen –, erreichen unterdessen ein verheerendes Ausmaß. Zu den aufschlussreichsten Indikatoren zählt die Verschmutzung des Wassers. Die größeren Flüsse Chinas erstrecken sich über eine Gesamtlänge von rund 50 000 Kilometer. Nach Berichten der Ernährungs- und Landwirtschaftsorganisation der Vereinten Nationen (FAO) sind achtzig Prozent dieser Wasserläufe so verseucht, dass in ihnen keine Fische mehr leben. Der Gelbe Fluss zum Beispiel ist über weite Strecken tot. Sein Wasser – vergiftet durch Chrom, Cadmium und andere Giftstoffe, die aus Ölraffinerien, Papierfabriken und Chemieanlagen stammen – ist ungenießbar und taugt noch nicht einmal zur Bewässerung. Krankheiten infolge bakterieller Verseuchung oder toxischer Belastung sind weit verbreitet.

China kann sich vermutlich noch bis mindestens Mitte dieses Jahrhunderts selbst ernähren, doch geht aus seinen eigenen statistischen Daten hervor, dass es sich dabei am Rande des Abgrunds bewegt – ungeachtet seiner lebensrettenden Bemühungen um zunehmende Industrialisierung und verstärkten Bau von Megastaudämmen. Die extrem kritische Situation, in der sich China befindet, macht es verwundbar gegenüber den Wechselfällen der Geschichte. Kriege, innere Unruhen, ausgedehnte Dürreperioden oder Missernten können die Wirtschaft ins Schleudern bringen. Eine Rettung von außen dürfte angesichts seiner gewaltigen Bevölkerung aussichtslos sein.

China verdient höchste Aufmerksamkeit, nicht nur weil ein Fehltritt dieses schwankenden Riesen die Welt erschüttern könnte, sondern auch weil es auf dem Weg, den die gesamte Menschheit allem Anschein nach unweigerlich einschlagen wird, bereits ein weites Stück zurückgelegt hat. Wenn China seine Probleme in den Griff bekommt, können die dabei gemachten Erfahrungen auf andere Länder übertragen werden. Zum Beispiel auf die Vereinigten Staaten, wo das Bevölkerungswachstum rapide zunimmt und die natürlichen Umweltressourcen bedenkenlos dezimiert werden.

Die Umweltschutzbewegung wird besonders in den Vereinigten Staaten noch immer weithin als Interessengruppe einiger weniger betrachtet. Ihre Mitglieder, so das Klischeebild, ereifern sich über Umweltverschmutzung und bedrohte Arten und übertreiben dabei maßlos. Uneinsichtig drängen sie auf Naturschutz und restriktive Vorschriften für die Industrie, selbst um den Preis eines geringeren Wirtschaftswachstums oder des Verlustes von Arbeitsplätzen.

Die Ökologie, auf der der Umweltschutzgedanke basiert, ist aber etwas weitaus Grundlegenderes und Wichtigeres. Im Wesentlichen besagt sie Folgendes: Anders als die anderen Sonnenplaneten befindet sich die Erde nicht in einem physikalischen Gleichgewicht. Sie ist auf ihre lebendige Hülle angewiesen, um die besonderen Bedingungen erzeugen zu können, unter denen Leben gedeiht. Der Boden, das Wasser und die Atmosphäre der Erdoberfläche haben sich über viele Jahrmillionen entwickelt. Sie sind geprägt von den Prozessen in der Biosphäre, einer erstaunlich komplexen Schicht lebendiger Organismen, die in genau aufeinander abgestimmten, empfindlichen Stoff- und Energiekreisläufen miteinander in Wechselwirkung stehen. Jeden Tag und jede Minute erschafft die Biosphäre unsere besondere Welt aufs Neue und erhält sie in einem einzigartigen Zustand des Ungleichgewichts. Von der Bewahrung dieses physikalischen Zustands hängt die Menschheit in essenzieller Weise ab. Wenn wir die Biosphäre verändern, greifen wir in das empfindliche biologische Kräftespiel der natürlichen Umwelt ein. Wenn wir Ökosysteme vernichten und Arten ausrotten, zerstören wir für alle Zukunft das größte Vermächtnis, das uns dieser Planet zu bieten hat. Und wir gefährden dadurch unsere eigene Existenz.

Wir Menschen sind weder Engel, die auf die Erde herabgestiegen sind, noch sind wir Außerirdische, die die Erde besiedelten. Wir haben uns hier als eine von vielen Arten über Jahrmillionen entwickelt – ein biologisches Wunder, das mit den anderen verknüpft ist. Die natürliche Umwelt, die wir mit so unnötiger Ignoranz und Rücksichtslosigkeit behandeln, war unsere Wiege und unsere Schule. Sie ist und bleibt unsere einzige Heimat. An ihre besonderen Lebensbedingungen haben wir uns mit jeder Faser und bis in die letzten biochemischen Vorgänge unseres Körpers angepasst.

Dies ist der Kerngedanke der Ökologie – das Leitprinzip jener, die sich dem Wohle des Planeten verpflichtet fühlen. Aber noch hat sich diese Denkweise nicht allgemein durchgesetzt. Noch vermag sie es allem Anschein nach nicht, die Mehrheit der Menschen von ihren Hauptzerstreuungen wie Sport, Politik, Religion und Streben nach persönlichem Wohlstand abzulenken.

Die relative Gleichgültigkeit gegenüber der Umwelt ist meines Erachtens tief in der menschlichen Natur verankert. Das menschliche Gehirn ist offenbar evolutionsbedingt darauf ausgelegt, sich nur für ein begrenztes geographisches Gebiet, für eine beschränkte Zahl von Angehörigen und für höchstens zwei bis drei Generationen in die Zukunft verantwortlich zu fühlen. Mangelnder Weitblick, was die zeitliche wie auch die räumliche Dimension betrifft, ist im Darwinschen Sinne lebenswichtig. Von Natur aus neigen wir dazu, keine Gedanken an Möglichkeiten oder Gefahren zu verschwenden, die noch in weiter Ferne liegen – eine Haltung, die man gemeinhin als gesunden Menschenverstand bezeichnet. Warum verhalten sich die Menschen so kurzsichtig? Der Grund ist einfach: Es ist ein Stück unseres steinzeitlichen Erbes, das sich im Laufe der Evolution tief eingeprägt hat. Über Jahrtausende hinweg zahlte es sich aus, innerhalb eines kleinen Kreises von Verwandten und Freunden kurzfristige Ziele zu verfolgen. Die Menschen lebten länger und hinterließen mehr Nachkommen, selbst wenn ihre kollektiven Bestrebungen den Niedergang ihrer Stämme und Reiche zur Folge hatten. Die langfristige Perspektive, die vielleicht auch ihren entfernten Nachfahren das Überleben ermöglicht hätte, erforderte eine Vision und einen über die nächsten Angehörigen hinausgehenden Altruismus, die instinktiv schwer aufzubringen sind.

Der Grund, warum sich die ökologische Denkart so schwer durchsetzt, beruht auf genau diesem Konflikt zwischen kurz- und langfristigen Werten. Werte für die nahe Zukunft des eigenen Stammes oder des eigenen Landes auszuwählen, ist relativ einfach. Werte für die ferne Zukunft des gesamten Planeten zu definieren, ist ebenfalls relativ einfach – zumindest in der Theorie. Beide Visionen miteinander in Einklang zu bringen, um eine allgemein gültige Umweltethik zu entwickeln, ist dagegen äußerst schwierig. Dennoch bleibt uns nichts anderes übrig, denn nur eine universelle Umweltethik kann uns den Engpass überwinden helfen, den wir so töricht selbst herbeigeführt haben.

Kapitel 3

Die Natur auf dem Rückzug

Gemessen am Inlandsprodukt und am Pro-Kopf-Verbrauch, nimmt der Wohlstand auf der Erde zu. Gemessen am Zustand der Biosphäre, sinkt er jedoch. Die Umweltökonomie bezieht im Gegensatz zur Marktwirtschaft auch den Zustand der globalen Wald-, Süßwasser- und Meeresökosysteme in ihre Rechnung mit ein. Wertet man die entsprechenden Daten der Weltbank und der Vereinten Nationen unter diesen Gesichtspunkten aus, so ergibt sich der so genannte Living Planet Index, der ein bedeutendes Gegengewicht zu den bekannteren Bezugsgrößen wie Bruttosozialprodukt oder Aktienindizes darstellt. Zwischen 1970 und 1995 sank der Living Planet Index nach Berechnungen der Umweltstiftung World Wide Fund for Nature um 30 Prozent, wobei sich der Abwärtstrend seit Anfang der neunziger Jahre auf drei Prozent pro Jahr beschleunigt hat. Eine Verlangsamung dieses Trends ist nicht in Sicht.[1]

Ökologische Bezugsgrößen spielen auf internationalen Wirtschaftskonferenzen selten eine Rolle. In den klimatisierten Hotelzimmern und Tagungsräumen der Konferenzteilnehmer fällt es leicht, das Abholzen weit entfernter Wälder und die Ausrottung von Arten als »Nebensächlichkeiten« abzutun. Staatsoberhäupter und Finanzminister wissen, dass ihnen die Unterzeichnung internationaler Vereinbarungen zum Umweltschutz innenpolitisch wenig Pluspunkte einbringt.

Auch die Kirchen haben sich in der Vergangenheit eher wenig für den Umweltschutz eingesetzt. Obwohl das Schicksal der Schöpfung auf dem Spiel steht, engagieren sich nur wenige Geistliche für den Naturschutz. Aus historischer Perspektive betrachtet, ist diese zögerliche Haltung der Mehrheit sogar verständlich. Die heiligen Schriften der abrahamischen Religionen – Judentum, Christentum und Islam – enthalten so gut wie keine Maßregeln zum Umgang mit der Natur. Die frühen Schriftgelehrten der Eisenzeit, die sie niederschrieben, kannten Krieg, Liebe und Mitgefühl, auch Reinheit des Geistes. Aber sie kannten keinen Umweltschutz. Eine realistischere Betrachtung der menschlichen Zukunftsperspektiven ist notwendig. Überbevölkerung und Entwicklung ohne Rücksicht auf die Ökologie lassen überall auf der Welt natürliche Lebensräume und die biologische Vielfalt schrumpfen. In der realen Welt, die gleichermaßen von der Marktwirtschaft wie von der Umweltökonomie bestimmt wird, ist die Menschheit in einen selbstmörderischen Kampf mit der übrigen Natur verstrickt. Wenn wir so weitermachen wie bisher, werden wir einen Pyrrhussieg erringen, bei dem zuerst die Biosphäre und dann die Menschheit zu Grunde gehen werden.

Ein typischer Schauplatz dieses Kampfes ist Hawaii, der auf trügerische Weise schönste Bundesstaat Amerikas. Für die meisten Einwohner und Besucher sind die Inseln von Hawaii ein unverdorbenes Paradies. In Wirklichkeit sind sie ein Schlachtfeld des Artensterbens. Als die ersten polynesischen Seefahrer um ungefähr 400 v. Chr. die Inseln erreichten, glich der Archipel einem Garten Eden. In seinen üppigen Wäldern und fruchtbaren Tälern gab es keine Moskitos, Ameisen, Stechwespen, giftige Schlangen oder Spinnen und nur wenige giftige Pflanzen oder Pflanzen mit Dornen. Heutzutage sind alle diese Plagen weit verbreitet, beabsichtigte und unbeabsichtigte Folgen des Handels.

Vor der menschlichen Besiedelung besaß Hawaii eine einzigartige und vielfältige Flora und Fauna, darunter allein 125 bis 145 Vogelarten, die nirgendwo sonst vorkamen. Einheimische Adler schwebten über dichten Wäldern, in denen seltsame langbeinige Eulen und eine glitzernde Vielfalt bunter Kleidervögel lebten. Auf dem Boden suchten flugunfähige Vögel nach Futter, so zum Beispiel eine flügellose Ibisart und der Moa Nalo, ein Vogel von der Größe einer Gans und mit einem Kiefer, der vage an den einer Schildkröte erinnert – die hawaiische Version der mauritischen Dronte (meist Dodo genannt). Fast alle diese endemischen Formen sind mittlerweile ausgestorben. Nur 35 der über 125 ursprünglichen Vogelarten existieren noch; davon sind 24 in ihrem Bestand gefährdet und 12 sogar so selten, dass für sie möglicherweise jede Hilfe zu spät kommt. Einige der Überlebenden, hauptsächlich kleinere Kleidervögel, können noch gelegentlich in Flachlandhabitaten beobachtet werden. Die Mehrheit jedoch hat sich in dicht bewaldete, regenreiche Hochtäler geflüchtet, die so weit vom Lebensraum der Menschen entfernt liegen, wie dies auf den Inseln möglich ist. »Wer hawaiische Vögel beobachten möchte«, so resümierte der Ornithologe Stuart L. Pimm nach einer Reihe von Feldexkursionen, »muss bereit sein, Kälte, Nässe und Müdigkeit zu ertragen.«

Hawaii kann noch immer auf eine hohe Artenvielfalt verweisen. Allerdings ist diese weitgehend künstlich: Die überwiegende Mehrheit der häufig anzutreffenden Pflanzen und Tiere stammt von woanders. Die eingeführte Vegetation in der Umgebung der Urlaubsorte und bewaldeten Hügel bietet Lebensraum für eine Fülle von Feldlerchen, Sperbertäubchen, Perlhalstauben, Rotkehlchen, Spottdrosseln, Buschsängern, Mainas, Tigerfinken, Reisfinken und Graukardinälen, die jedoch alle nicht zu den einheimischen Arten zählen. Wie die sie bewundernden Touristen sind sie per Schiff oder Flugzeug von fernen Kontinenten gekommen. Dieselben Arten können mit monotoner Häufigkeit überall in den gemäßigt warmen und tropischen Zonen der Welt beobachtet werden.

Auch die Pflanzenwelt Hawaiis ist schön, stellenweise sogar verschwenderisch schön. Aber nur wenige der Arten, die heute die Vegetation im Flachland beherrschen, gehörten schon zum ursprünglichen Bewuchs, durch den sich die polynesischen Siedler mühsam ihren Weg bahnen mussten. Von den 1935 wild lebenden blühenden Pflanzenarten, die heute auf Hawaii bekannt sind, wurden 902 importiert. Diese eingeführten Pflanzenarten beherrschen heute alle Lebensräume bis auf die entlegensten. Selbst die Vegetation höchst natürlich wirkender Habitate des küstennahen Flachlandes und der tief gelegenen Berghänge ist vornehmlich fremden Ursprungs. Die grünen Täler Hawaiis sind eine biogeographische Fassade – sie sind überwiegend oder sogar ausschließlich von fremden Arten bewachsen. Und auch die Leis, die Blumenketten, die den ankommenden Besuchern zur Begrüßung um den Hals gehängt werden, sind – was nur folgerichtig ist – aus nicht einheimischen Blumen gemacht.

Ursprünglich gab es auf Hawaii mehr als zehntausend einheimische Tier- und Pflanzenarten. Viele zählten zu den einmaligsten und schönsten der Welt. Sie stammten von mehreren hundert Pionierarten ab, die es im Laufe von Jahrmillionen irgendwie geschafft hatten, diesen entlegensten Archipel der Erde zu erreichen. Ihre Zahl hat sich seither drastisch reduziert. Das ursprüngliche Hawaii ist nur mehr ein geisterhaftes Phantom, und sein Verlust ist für die Erde schmerzlich.

Der Niedergang begann mit dem Eintreffen der ersten polynesischen Siedler, die die leicht zu erbeutenden flugunfähigen Vögel bis zur Ausrottung jagten. Weitere Pflanzen- und Tierarten wurden ausgelöscht, als die Siedler begannen, Wälder und Grasland für die Landwirtschaft zu roden. Als Kapitän James Cook im Jahr 1778 mit seinem Schiff H.M.S. Resolution die Inselgruppe für Europa entdeckte, fand er in den flachen Küstengebieten und an den Berghängen im Landesinneren ausgedehnte Bananen-, Brotfrucht- und Zuckerrohrpflanzungen vor. In den folgenden zwei Jahrhunderten eigneten sich amerikanische und andere Siedler diese und weitere Landstriche an, um den Anbau von Zuckerrohr und Ananas in großem Maßstab voranzutreiben – für den Export. Nur die steilsten und unzugänglichsten Berghänge im Inneren, kaum 25 Prozent der gesamten Landfläche, sind von den Eingriffen des Menschen verschont geblieben. Wäre Hawaii flach wie Barbados und die Atolle im Pazifik, so wäre von seiner ursprünglichen Natur praktisch nichts erhalten geblieben.

Zunächst war die Zerstörung der natürlichen Lebensräume die Hauptursache für den Rückgang der hawaiischen Flora und Fauna, doch heute geht die größte Gefahr von den nicht einheimischen Organismen aus. Die Flora und Fauna des prähistorischen Hawaii waren relativ klein und anfällig. Mit der Besiedelung der Inseln und besonders mit ihrem Aufstieg zur Drehscheibe des Handels und des Verkehrs im Pazifik zu Beginn des zwanzigsten Jahrhunderts strömten aus den gemäßigt warmen und tropischen Regionen von überall auf der Erde her fremde Pflanzen, Tiere und Mikroben nach Hawaii und verdrängten die einheimischen Arten.

Diese Invasion fremder Arten kann als eine abnorme Beschleunigung des Darwinschen Prozesses betrachtet werden. Vor dem Erscheinen des Menschen gelang es vielleicht alle tausend Jahre einer Art, den Pazifik zu überqueren. Manche der einwandernden Arten ließen sich von Luftströmungen in der oberen Atmosphäre tragen. Flügel waren für die Reise nicht unbedingt erforderlich. Eine große Zahl flugunfähiger Organismen wird regelmäßig von Aufwinden erfasst und als Teil eines passiv in der Luft treibenden Aeroplanktons mit dem Wind davongeweht. Viele Spinnenarten lassen sich sogar absichtlich davontragen. Sie sitzen auf einem Blatt oder einem Zweig und spinnen einen Faden in den vorüberziehenden Windhauch. Dieser Faden wird immer länger, bis er wie ein anschwellender Ballon kräftig an dem Körper der Spinne zerrt. Die Spinne lässt ihren Halt los und schwebt nach oben. Wenn sie die richtige Aufwärtsströmung und einen stetigen Wind erwischt, kann sie weite Entfernungen zurücklegen, bevor sie wieder auf dem Boden oder – mit tödlichem Ausgang – im Wasser landet. Manche Spinnen leiten sogar ihre Landung ein, indem sie ihren Spinnfaden einholen und verspeisen. Es verwundert daher kaum, dass Spinnen eine weit verbreitete und stark aufgefächerte einheimische Artengruppe auf Hawaii sind.

Reisende mit weniger hoch entwickelten Methoden der Fortbewegung werden von Stürmen auf die Inseln geweht oder klammern sich an Treibholz und andere Pflanzenabfälle, die ins Meer hinausgeschwemmt werden.

Die Erfolgsaussichten einer solchen Reise ins Ungewisse waren verschwindend gering. Über viele Millionen von Jahren machten sich zwar unzählige Arten auf den Weg, aber nur wenigen gelang es, das vorgeschichtliche Hawaii zu erreichen. Und selbst mit Erreichen des Archipels waren die Schwierigkeiten noch keineswegs vorbei. Um überleben zu können, mussten die Neuankömmlinge sofort eine Nische besetzen: Sie mussten einen geeigneten Lebensraum und geeignete Nahrung finden, es durfte keine oder nur wenige natürliche Feinde geben, und es mussten potenzielle Paarungspartner mitreisen oder vorhanden sein. Die Arten, die diese Hürden erfolgreich überwanden, waren dann Kandidaten für eine evolutionäre Anpassung an die besonderen Lebens- und Umweltbedingungen auf Hawaii. Mit der Zeit entwickelten sie sich zu endemischen Arten, das heißt zu genetisch einmaligen Lebensformen, die nirgendwo sonst auf der Erde vorkamen. Einige dieser Arten wie zum Beispiel die *Dubautia*-Pflanze, die Kleidervögel und die Fruchtfliegen erschlossen sich so verschiedenartige Lebensräume, dass sie sich in zahlreiche Folgearten auffächerten – ein Vorgang, den man als adaptive Radiation bezeichnet und der für die Naturgeschichte auf Hawaii so bezeichnend ist.

Die polynesischen Seefahrer, die von den Gesellschafts- und Marquesas-Inseln kamen, störten diesen evolutionären Prozess. Indem sie Schweine, Ratten, Nutzpflanzen und andere häufige Organismen von bereits zuvor besiedelten Inseln des Zentralpazifiks mitbrachten, erhöhten sie die biologische Besiedelungsrate um ein Tausendfaches. Zu einer regelrechten Invasion kam es, als amerikanische und andere Siedler weitere Arten in Massen einführten, und zwar nicht nur von den benachbarten Inselgruppen, sondern von überall auf der Welt. Dabei wurden Vögel, Säugetiere und Pflanzen um ihres vermeintlichen Nutzens willen absichtlich importiert. Die Folge davon ist, dass heute die Mehrheit der auf Hawaii vorkommenden Landvögel und nahezu die Hälfte der Pflanzenarten fremden Ursprungs sind. Insekten, Spinnen, Milben und andere Gliederfüßer indes wurden als ungebetene blinde Passagiere mit eingeschleppt. Zwanzig solcher Arten werden im Durchschnitt jedes Jahr in der Quarantäne aufgestöbert; einige bleiben unentdeckt und schaffen es, sich anzusiedeln. Von den insgesamt 8790 auf Hawaii lebenden Insekten- und anderen Gliederfüßerarten waren gegen Ende des zwanzigsten Jahrhunderts 3055 Arten oder 35 Prozent fremden Ursprungs. Von den insgesamt 22 070 Organismenarten, die bislang auf dem Land und im flachen Küstengewässer um Hawaii bekannt sind – darunter Pflanzen, Tiere und Mikroben –, wurden 4373 eingeführt. Dies entspricht ungefähr der Hälfte der 8805 ausschließlich auf Hawaii heimischen Arten. Die fremden Organismen sind den einheimischen besonders in geschädigten Lebensräumen zahlenmäßig überlegen. Das Ergebnis ist: Hawaii gehört zum größten Teil den Einwanderern.

Die meisten Eindringlinge sind vergleichsweise harmlos. Nur ein kleiner Bruchteil entwickelt so große Populationen, dass sie die Landwirtschaft oder die natürliche Umwelt schädigen. Dafür bergen die wenigen, die dies tun, ein enormes Gefahrenpotenzial. Biologen können noch nicht vorhersagen, welche Immigranten sich nach ihrer Ankunft zu »invasiven Arten« entwickeln – so die offizielle Bezeichnung dieser schädlichen Eindringlinge. In ihren ursprünglichen Lebensräumen auf fernen Kontinenten sind sie fast immer unauffällig; sie werden von Räubern und anderen natürlichen Feinden in Schach gehalten, mit denen sie sich gemeinsam entwickelt haben. Befreit von diesen Restriktionen, unter den angenehmen Lebensbedingungen des lange Zeit völlig abgeschiedenen hawaiischen Archipels vermehren sie sich plötzlich sprunghaft und verdrängen, ersticken, vertilgen oder benachteiligen auf andere Weise die ursprünglichen Spezies, die zu schwach sind, um Widerstand zu leisten.

Zu den Hauptzerstörern der hawaiischen Flora und Fauna unter den nicht-menschlichen Immigranten gehören die Afrikanische Großkopfameise, *Pheidole megacephala,* und verwilderte Hausschweine, *Sus scrofa.* Die Ameisen leben in grenzenlosen Superkolonien mit Millionen von Arbeiterinnen und brütenden Königinnen. Wie ein einziger wimmelnder Teppich verbreiten sie sich vom Ort ihrer Ankunft über die Inseln und vertilgen oder vertreiben auf ihrem Weg einen großen Teil der Insekten, die vorher dort gelebt haben. Die Arbeiterinnen werden in zwei Kasten unterteilt: feingliedrige, kleinere Ameisen, die einzeln oder in Kolonnen auf Futtersuche gehen, und Soldatenameisen, die ihre gewaltigen Kopfmuskeln und scharfen Oberkiefer dazu benutzen, Feinde und Beute zu zerstückeln. *Pheidole megacephala* ist verantwortlich für die Ausrottung der meisten einheimischen Insekten im hawaiischen Flachland, darunter auch jener Insekten, die als Blütenbesucher der Bestäubung der einheimischen Flora dienten. Dies ist nicht ohne Auswirkungen auf die Nahrungskette geblieben. Durch die Verringerung des Nahrungsangebots für einige der kleineren insektenvertilgenden einheimischen Vögel haben die Ameisen auch zu deren Verschwinden beigetragen. In vereinzelten Gebieten, die nicht von *Pheidole* besetzt sind, haben sich Superkolonien einer anderen fremden Art niedergelassen, der Argentinischen Ameise, *Linepithema humile*, die ähnlich dominant ist wie *Pheidole*. Die Argentinische Ameise besitzt Giftdrüsen und überwältigt ihre Gegner durch Massenangriffe. Dort, wo die beiden Ameisenarten aufeinander treffen, liefern sich ihre Armeen heftige Machtkämpfe um das Revier, die meist damit enden, dass sie das Land untereinander aufteilen. Bei den wenigen Insektenarten, die diesen geballten Ansturm überleben, stellt sich meist heraus, dass sie selbst eingewanderte Arten sind. Die Ameisen ebenso wie die Menschen Hawaiis sind also Fremde, die über das verarmte Reich anderer Fremder herrschen.

Die Anfälligkeit der hawaiischen Fauna gegenüber den eindringenden Ameisen steht in Übereinstimmung mit einem altbekannten evolutionären Prinzip. Fast überall auf der Welt sind Ameisen seit Jahrmillionen die Hauptfeinde von Insekten und anderen Kleinlebewesen. Sie gehören außerdem zu den wichtigsten Aasfressern, und als Bodenlockerer können sie sich sogar mit den Regenwürmern messen, wenn sie sie nicht gar übertreffen. Auf Hawaii waren sie jedoch vor der Besiedelung durch den Menschen wegen der extremen Abgeschiedenheit des Archipels nicht vertreten. In der Tat ist im gesamten zentralpazifischen Raum östlich von Tonga keine einzige einheimische Ameisenart bekannt. Die Pflanzen- und Tiergesellschaften auf Hawaii passten sich daher an die Umweltbe-

dingungen einer ameisenlosen Natur an. Der Invasion eines gesell-
schaftlich so hoch entwickelten sozialen Räubers hatten sie folglich nichts entgegenzusetzen, und so fiel ein großer, aber quantitativ noch immer nicht genau erfasster Teil der einheimischen Arten
Hawaiis den eindringenden Ameisenscharen zum Opfer.

Auch die Einwanderung von Landsäugetieren traf Hawaii völlig
unvorbereitet. Bevor die Menschen kamen, lebten auf den Inseln
nur zwei Säugetierarten: eine einheimische bewimperte Fledermaus
und die Hawaiische Mönchsrobbe. Seither haben sich 42 fremde
Säugetierarten auf Hawaii niedergelassen, die allesamt auf die eine
oder andere Weise eine Bedrohung für die einheimische Flora und
Fauna darstellen. Als besonders schädlich hat sich das gemeine
Hausschwein erwiesen, das von den frühen Polynesiern mitge-
bracht wurde. Einzelne Schweine konnten vielleicht entlaufen oder
wurden absichtlich ausgesetzt. Jedenfalls waren sie die ersten großen Säugetiere, die in die ursprünglichen Wälder eindrangen.
Heute ähneln ihre wild lebenden Nachfahren eher den europäischen Wildschweinen als der domestizierten, zahmen Rasse, von
der sie abstammen. Ungefähr 100 000 Exemplare durchstreifen
heute die Wälder, wo sie sich von Baumrinde und Pflanzenwurzeln
ernähren und bei ihrer Futtersuche zahllose Baumfarne entwurzeln
und umstürzen. Durch das Umstürzen dieser kleinen Bäume lichtet
sich das Blätterdach, so dass mehr Sonnenlicht als früher den
Waldboden erreicht und die Bodenökosysteme verändert. Mit
ihren Exkrementen verteilen die Schweine außerdem die Samen
fremder Pflanzen, die wiederum heranwachsen und die einheimischen Arten verdrängen. Nicht zuletzt suhlen sich die Schweine im
Boden und hinterlassen dabei kleine Mulden, in denen sich Wasser
sammelt. Die einzigen einheimischen Insekten, die von den stehenden Gewässern profitieren, sind Kleinlibellen, deren Larven im
Wasser leben. Aber selbst dieser kleine Vorteil wird teuer bezahlt,
denn die Tümpel sind auch Brutplätze für Moskitos, die die Vogel-
malaria übertragen, eine Krankheit, der die einheimische Vogelwelt genetisch schutzlos ausgeliefert ist.

Die Menschen haben die Schweine auf Hawaii eingeführt, und
nur die Menschen können der Zerstörung, die sie verursachen,
entgegenwirken. Jägertrupps mit speziell ausgebildeten Hunden
haben die Populationen der wild lebenden Schweine in den Naturschutzgebieten beträchtlich reduziert, doch sind sie bei weitem noch nicht ausgerottet. Im Jahr 2000 lebten allein im Hawaii

Volcanoes National Park auf Big Island noch bis zu 4000 Exemplare. Andere eingeführte Säugetiere potenzieren den Schaden noch. Ratten, Mungos und verwilderte Hauskatzen dezimieren die hawaiische Vogelwelt. Grasende Ziegen und Rinder vernichten die letzten Reste einheimischer Wiesenvegetation. Manche Pflanzenarten überleben nur noch in wenigen Exemplaren an unzugängliche Steilklippen geklammert, und selbst dort sind sie durch herabfallende Gesteins- und Erdbrocken gefährdet, die weidende Tiere lostreten.[2]

Dank der vergleichsweise einfachen Beschaffenheit der natürlichen Umwelt Hawaiis können an ihr – wie in einem Labor – die Kräfte studiert werden, die überall auf der Welt die Natur formen. Zu den Ergebnissen dieser Beobachtungen zählt die Erkenntnis, dass der Niedergang einer Art selten auf eine einzelne Ursache zurückzuführen ist. Typischerweise verstärken sich die vielfältigen, durch menschliche Aktivität ausgelösten schädlichen Einflüsse gegenseitig in ihrer Wirkung und führen so – entweder gleichzeitig oder aufeinander aufbauend – den Rückgang der Art herbei. Die Faktoren, die dabei eine Rolle spielen, werden von Naturschutzbiologen unter dem Akronym HIPPO zusammengefasst:

- Habitatzerstörung (Habitat destruction). Die Wälder Hawaiis beispielsweise wurden zu 75 Prozent abgeholzt, was unvermeidlich zur Dezimierung und Ausrottung vieler Arten führte.
- Invasive Arten (Invasive species). Ameisen, Schweine und andere fremde Arten verdrängten die natürliche Tier- und Pflanzenwelt Hawaiis.
- Umweltverschmutzung (Pollution). Durch die Verschmutzung des Süßwassers, der Böden und der flachen Küstengewässer werden weitere Arten geschwächt und dezimiert.
- Überbevölkerung (Population). Eine große Zahl von Menschen verstärkt automatisch die übrigen Effekte.
- Übernutzung (Overharvesting). Manche Arten, insbesondere Vögel, wurden schon während der polynesischen Besiedelung durch übermäßige Jagd stark dezimiert oder gar ausgerottet.

Die Triebfeder aller schädlichen Faktoren ist die Überbevölkerung: Zu viele Menschen verbrauchen zu viel Land, zu viel Wasser und zu viele Ressourcen. Bis heute sind ungefähr 205 000 frei lebende

Tier-, Pflanzen- und Mikrobenarten in den USA bekannt. Neuere Studien über die am besten erforschten Gruppen, darunter Wirbeltiere und Blütenpflanzen, haben gezeigt, dass die Auflistung der schädlichen Faktoren in dem Akronym HIPPO mit Ausnahme des menschlichen Bevölkerungswachstums bereits ihrer Rangfolge entspricht: Die Habitatzerstörung ist heute nach der Überbevölkerung der wichtigste, die Übernutzung der unbedeutendste Faktor. In der Altsteinzeit, als geschickte menschliche Jäger Unmengen großer Säugetiere und flugunfähiger Vögel abschlachteten, war die Reihenfolge eher umgekehrt (OPPIH) – von Übernutzung als wichtigstem Faktor bis zu einem noch verhältnismäßig geringen Maß an Habitatzerstörung. Die Umweltverschmutzung war vernachlässigbar, und invasive Arten spielten vermutlich nur auf kleinen Inseln eine Rolle. Mit der Verbreitung neusteinzeitlicher Kulturen und der Landwirtschaft kehrte sich diese Reihenfolge allmählich um. Das neu strukturierte HIPPO wurde zum Schrecken des Landes und schließlich auch des Meeres.

Die Naturschutzbiologie, die den globalen Niedergang der natürlichen Umwelt untersucht, hat begonnen, die unendlich vielen Möglichkeiten zu untersuchen, wie die umweltschädigenden Faktoren bei der Schwächung und Auslöschung der biologischen Vielfalt zusammenwirken.[3] Jeder Fall ergibt sich dabei aus den spezifischen Eigenschaften der bedrohten Art sowie aus der besonderen Notlage, in die sie durch den Einfluss des Menschen geraten ist. Nur durch zielgerichtete differenzierte Forschung sind die Wissenschaftler in der Lage, die Ursache für die Gefährdung einer Art festzustellen und Wege zu ihrer Gesundung aufzuzeigen.

Kaum eine Tierart ist besser geeignet, die merkwürdigen, ja geradezu bizarren Ursachen eines Artenrückgangs aufzuzeigen, als das auf Vancouver Island heimische Murmeltier, *Marmota vancouverensis*. Zwar war diese hübsche Murmeltierart niemals sehr stark verbreitet, doch gegen Ende des zwanzigsten Jahrhunderts sanken seine Bestandszahlen plötzlich bedenklich. Bis zum Jahr 2000 gab es nur noch siebzig frei lebende Individuen. Damit gehörte *Marmota vancouverensis* zu den seltensten Tierarten weltweit und rückte an die erste Stelle der vom Aussterben bedrohten Arten in Kanada. Mit seinem braunweißen weichen Fell und seiner Angewohnheit, auf den Hinterbeinen aufrecht stehend seine Umwelt zu sondieren, ist es zu einer charismatischen Art geworden – das kanadische Gegenstück zum chinesischen Panda und zum australischen Koalabären. Sein ansprechendes Erscheinungsbild und die Aufmerksamkeit der Medien haben in den neunziger Jahren die öffentliche Meinung mobilisiert. Das hat zur Einleitung von Maßnahmen geführt, die vielleicht seine Rettung bedeuten.

Die Feldbiologen, die die Ursachen für den Rückgang des Vancouver-Island-Murmeltiers zu ergründen suchten, waren zunächst ratlos. In seiner unmittelbaren Umgebung konnten sie keine offensichtlichen Veränderungen feststellen, die eine Bedrohung der Art erklärt hätten. Die Murmeltiere leben in den Hochlagen der Vancouver-Island-Bergkette, die gekennzeichnet ist durch steile Felshänge, sommerliche Schneefelder und subalpine Wiesen, auf denen vereinzelt Felsengebirgstannen stehen. Angesichts der Abgelegenheit des Habitats werden die Murmeltiere selten von Menschen gestört und auch nicht gejagt. Keine Krankheit scheint die Population in jüngerer Vergangenheit dezimiert zu haben, obwohl sich das als ein Begleitfaktor nicht vollkommen ausschließen lässt. Die wichtigsten Feinde des Murmeltiers – Wölfe, Pumas und Steinadler – spielen zwar auch eine Rolle, aber sie leben seit Jahrtausenden in demselben Lebensraum, ohne die Art auszurotten.

Wie sich herausgestellt hat, liegt das Problem darin, dass die Wälder *unterhalb* der subalpinen Lebensräume des Murmeltiers abgeholzt wurden. Dieser Eingriff hat dazu geführt, dass ein Instinkt, der früher das Überleben des Vancouver-Island-Murmeltiers gesichert hat, heute genau das Gegenteil bewirkt. Unter natürlichen Bedingungen kommt es häufig vor, dass die kleinen lokalen Populationen, aus denen sich die Art zusammensetzt, so stark zurückgehen, dass sie aussterben. Die von ihnen zurückgelassenen Habitate werden jedoch bald wieder von jungen Murmeltieren aus anderen Populationen in Besitz genommen, die mit Erreichen der Geschlechtsreife instinktiv ein neues Revier suchen. Auf der Suche nach einer neuen subalpinen Wiese wandern sie die Berghänge hinab und streifen kreuz und quer durch die Nadelwälder, die die unteren Berghänge bedecken. Wenn sie eine passende Wiese gefunden haben, lassen sie sich nieder und legen ihren Bau an. Unter gestörten Umweltbedingungen gefährdet die Unabänderlichkeit dieses Instinkts das Überleben der jungen Murmeltiere. Wenn sie nämlich auf die freien Flächen abgeholzter Nadelwälder stoßen, akzeptieren sie diese automatisch als natürliche Wiese und lassen sich dort nieder. Dieser Irrtum hat jedoch fatale Auswirkungen, denn entweder sind sie dort eine leichte Beute für die gefährlicheren Räuber der unteren Berghänge, oder aber sie verenden langsam, weil es ihnen nicht gelingt, ihren biologischen Überwinterungszyklus auf die veränderten Temperatur- und Schneefallbedingungen einzustellen. Die Menschen haben genügend dieser falschen subalpinen Wiesen geschaffen, um die abgelegeneren Populationen des Vancouver-Island-Murmeltiers fast völlig auszurotten. Es ist anzunehmen, dass die hohe Konzentration der Auswanderer in den gerodeten Gebieten auch die Populationszyklen der Ursprungspopulationen aus dem Gleichgewicht gebracht hat. Die einzige Möglichkeit, die Art zu retten, besteht nun allem Anschein nach darin, einige der überlebenden Individuen zu fangen und sie in Gefangenschaft zu züchten. Diese Rettungsaktion hat in der Tat begonnen und scheint sich bislang zu bewähren. Man hofft, dass die gezüchteten Exemplare später auf natürlichen subalpinen Wiesen, die von unter Naturschutz stehenden Nadelwäldern umgeben sind, wieder angesiedelt werden können.[4]

Eine ähnlich unvorhersehbare Verkettung unglücklicher Umstände führte auf den Inseln des Pazifiks und des Indischen Ozeans zum Niedergang der Landschneckenfauna. Anfang des zwanzigsten Jahrhunderts wurde die in Afrika beheimatete Große Achatschnecke *(Achatina fulica)* als Gartenzierde auf den Inseln eingeführt. Die riesigen Mollusken vermehrten sich jedoch unkontrolliert, fraßen die heimischen Schnecken und bedrohten die Landwirtschaft. In den fünfziger Jahren unternahm man daher den Versuch, die *Achatina* durch Einführung der *Euglandina rosea* einzudämmen, einer Raubschnecke, die im Südosten der USA und in tropischen Gebieten Lateinamerikas heimisch ist. Das Experiment sollte als Musterbeispiel biologischer Schädlingsbekämpfung dienen, bei der eine unschädliche Art eingeführt wird, um eine schädliche in Schach zu halten. Doch stattdessen kam es zu einer Massenausrottung. *Euglandina rosea*, die auf Hawaii bald den Spitznamen »Kannibalenschnecke« erhielt, interessierte sich herzlich wenig für die Riesenschnecken, die sie eigentlich vertilgen sollte, sondern stürzte sich viel lieber auf die kleineren und anfälligeren heimischen Schnecken. Bis heute haben sie mehr als die Hälfte der wunderschön gemusterten hawaiischen *Achatinella*-Baumschneckenarten sowie der damit eng verwandten *Partulina*-Baumschneckenarten vernichtet. Zwischen 50 und 75 Prozent der 800 hawaiischen Bodenschneckenarten sind bis heute dem geballten Angriff von Schnecken, Ratten und Muschelsammlern sowie der Entwaldung zum Opfer gefallen. *Euglandina* ist außerdem mitverantwortlich für die Ausrottung von 24 der 106 heimischen Schneckenarten des Inselstaates Mauritius im Indischen Ozean. Auf Moorea in Französisch-Polynesien war sie die Hauptursache für das Aussterben aller sieben wild lebenden endemischen *Partulina*-Arten, deren eichelgroße, farbenfrohe Gehäuse früher von den Einheimischen für die Herstellung von Halsketten benutzt wurden.

In dem Bemühen, die bedrohten Baumschneckenarten doch noch in letzter Minute vor dem Untergang zu retten, sammelten die Biologen James Murray und Bryan Clarke einige lebende Exemplare und schickten sie an verschiedene Universitäten und zoologische Gärten in den USA und England. Zum Glück gewöhnten sich die kleinen Schnecken, die problemlos in Plastikkäfigen gehalten und mit Salat ernährt werden können, gut an das Leben in Gefangenschaft. Bis Mitte der neunziger Jahre hatten sich drei Arten in Gefangenschaft so gut erholt, dass einzelne Exemplare in kleinen Gehegen in den Regenwäldern von Moorea wieder ausgesetzt werden konnten. Elektrische Zäune und Gräben mit Schneckenabwehrmitteln schützen sie vor den Übergriffen der räuberischen *Euglandina*. Eine der sieben Arten, *Partulina turgida*, überlebte jedoch auch in Gefangenschaft nicht. Das letzte Exemplar, das von seinen Haltern im Londoner Zoo »Turgie« genannt wurde, starb an einer Protozoen-Infektion, genau zehn Jahre nach dem Verschwinden der Letzten seiner Art auf Moorea. Die Halter von Turgie errichteten zum Gedenken an die Spezies einen kleinen Grabstein mit folgender Inschrift:

1,5 Millionen Jahre v. Chr. bis Januar 1996.[5]

Zu den größten Artenverlusten der letzten Jahrzehnte zählt jedoch das Froschsterben. Um das Jahr 1980 herum stellten Zoologen fest, dass die Bestände der Amphibien, hauptsächlich der Frösche, aber auch der Salamander, weltweit drastisch zurückgingen. Ein frühes Warnzeichen war das Verschwinden des einzigartigen nordaustralischen Magenbrüterfrosches, *Rheobatrachus vitellinus*, der seine Eier im Magen ausbrütet und seine Jungen durch das Maul entlässt. Entdeckt wurde die Art erst im Januar 1984 im Eungella National Park von Queensland, und schon im März des darauf folgenden Jahres konnte kein einziges Exemplar mehr gefunden werden. Auch andere lokale australische Froschpopulationen verschwanden plötzlich, nachdem ihre Bestände über einen Zeitraum von nur vier Monaten dramatisch zurückgegangen waren. Auf der anderen Seite des Globus traf es die spektakulär gefärbte costaricanische Goldkröte, *Bufo periglenes*. In der Brutzeit sahen die Männchen aus, als hätte man sie komplett in orange Leuchtfarbe getaucht. Diese Färbung und ihr massenhaftes Auftreten während der Brutzeit im Frühjahr machten sie zu einer zoologischen Berühmtheit und einer bedeutenden Naturattraktion in dem kleinen mittelamerikanischen Land. Im Frühjahr 1987 erschienen pünktlich wie jedes Jahr Hunderttausende brütender Kröten am einzigen Ort ihres Vorkommens, im Bergwald von Monteverde. Im darauf folgenden Jahr konnte ein Team unter Führung von David Wake von der University of California in Berkeley nur noch fünf Exemplare finden. Seitdem hat man nie wieder auch nur eine einzige Goldkröte gesehen, und man vermutet, dass die Art ausgestorben ist.

Aus anderen Teilen der Welt trafen ebenfalls Nachrichten über den Niedergang von Amphibien ein. Besonders beunruhigend war das lokale Verschwinden vieler Arten, die weit verstreut in Mittel- und Südamerika vorkamen. Die Amphibienforscher reagierten darauf mit Feldstudien und Konferenzen. Im Jahr 2000 analysierte ein Wissenschaftlerteam unter Führung von Jeff E. Houlahan von der Universität von Ottawa die über Jahrzehnte gesammelten Daten von 936 Amphibienpopulationen aus 37 Ländern, die meisten davon aus Europa und Nordamerika. Die Forscher kamen zu dem Schluss, dass die Zahl der Amphibien weltweit jährlich um ungefähr 2 Prozent zurückgeht – und das schon seit mindestens 1960. Der Rückgang ist geographisch nicht gleichmäßig verteilt. Innerhalb bestimmter Regionen betrifft er manche Arten und andere nicht. So hat sich zum Beispiel in Kanada das Verbreitungsgebiet des Leopardfrosches *(Rana pipiens)* insgesamt um 60 Prozent verringert, während er aus British Columbia völlig verschwunden ist. In Kalifornien sind alle Froscharten des Yosemite-Nationalparks vom Rückgang der Bestände betroffen. Der Gebirgsgelbschenkelfrosch *(Rana muscosa)* ist an den westlichen Hängen der Sierra Nevada nicht mehr anzutreffen, während er auf der Ostseite immer noch recht stark vertreten ist. Im Südosten der USA, traditionell ein Gebiet mit hohem Amphibienreichtum, haben sich die Frösche und Salamander bisher noch relativ gut gehalten.

Die Forscher, die sich mit dem Phänomen des Artenrückgangs bei Amphibien beschäftigen, stimmen darin überein, dass die Hauptursache in der Zerstörung der natürlichen Lebensräume zu sehen ist. Doch eine Fülle anderer schädlicher Faktoren spielt ebenfalls eine Rolle, manche davon eine direkte Folge des Habitatverlustes, andere völlig unabhängig davon. Diese Einflüsse variieren je nach Umweltbedingungen von Ort zu Ort und wirken sich daher unterschiedlich aus. In der Sierra Nevada ist offenkundig die Luftverschmutzung an der Küste von Bedeutung. Im Norden, in den Cascade Mountains von Oregon, trägt die Zunahme der ultravioletten B-Strahlung, die die zellschädigende Komponente des Sonnenlichts enthält, die Hauptschuld am Amphibienrückgang. Dass diese Strahlung zunimmt, ist wiederum eine Folge der dünner werdenden Ozonschicht der Erde, auch dies eine durch menschlichen Einfluss bedingte Schädigung der Umwelt, die sich besonders in hohen Breiten auswirkt. In anderen Gegenden im Westen der USA haben die in Flüssen und Bächen ausgesetzten Forellen und Ochsenfrösche viele der kleineren Froscharten dezimiert und zum Teil ausgerottet. In Minnesota gibt es unter den Leopard- und Grillenfröschen viele Individuen mit überzähligen oder fehlenden Gliedmaßen. Diese Missbildungen werden auf chemische Schadstoffe zurückgeführt, insbesondere Methopren, das in Wasser gesprüht wird, um das Wachstum der Moskitolarven zu verhindern. In Mittelamerika geht die tödliche Bedrohung mit großer Wahrscheinlichkeit von einem mikroskopisch kleinen Flagellaten-Pilz aus, der die weiche Haut der Frösche befällt. Da die Frösche über ihre Haut atmen, führt die Infektion zum Erstickungstod. Mit großer Wahrscheinlichkeit ist der Pilz, zumindest teilweise, durch Aquarien verbreitet worden, die von einem Land zum anderen transportiert wurden.

Das Leiden der Frösche ist ein deutliches Warnzeichen für die tödliche Bedrohung der Biosphäre durch die HIPPO-Faktoren. Die ausgewachsenen Tiere fast aller Arten reagieren ungewöhnlich sensibel auf kleine Veränderungen der Umwelt, da sie – ständig oder zeitweise – im Wasser oder in Feuchtgebieten im Wald leben. Ihre Larven, die Kaulquappen, finden ihre Nahrung auf dem Grund von Seen und Flüssen. Sowohl bei den Larven als auch bei den Erwachsenen dient die feuchte, poröse Haut dem Luftaustausch. Diese Eigenschaft prädestiniert sie aber auch für die Aufnahme von Giftstoffen und Parasiten. Wir selbst hätten kein besseres Frühwarnsystem für die allgemeine Umweltzerstörung erfinden können als den Frosch.[6]

Die Amphibien verdeutlichen noch ein weiteres Prinzip im Hinblick auf eine intakte Artenvielfalt: Arten, die den HIPPO-Faktoren ausgesetzt sind, sterben schneller. Besonders heimtückisch ist in diesem Zusammenhang die so genannte Inzuchtdepression. Je kleiner eine Population ist, desto höher ist auch ihre Inzuchtrate, das heißt, desto häufiger paaren sich Geschwister und andere enge Verwandte. Je höher jedoch die Inzuchtrate, desto höher ist der Prozentsatz von Nachkommen mit einer doppelten Dosis defekter Gene, was zu Unfruchtbarkeit und frühem Tod führen kann. Die Inzuchtdepression wurde nicht nur im Labor an Fruchtfliegen und Mäusen genau erforscht, sondern auch in den Populationen wild lebender Tiere dokumentiert, zum Beispiel beim Präriehuhn *(Tympanuchus cupido)* in Illinois oder beim Gemeinen Scheckenfalter *(Melitaea cinxia)* in Finnland. Sie ist unzweifelhaft ein allgemeines Phänomen, das seltene Pflanzen- und Tierarten auf der ganzen Welt trifft. In der Regel setzt die Inzuchtdepression ein und bremst das Populationswachstum, wenn die Zahl der fortpflanzungsfähigen Individuen unter fünfhundert sinkt. Sie wird zu einem schwerwiegenden Faktor, wenn diese Zahl unter fünfzig sinkt; und sinkt sie unter zehn, kann die Inzuchtdepression für eine Art leicht den Todesstoß bedeuten.

Die Inzuchtdepression ist jedoch keine zwangsläufige Folge geringer Populationsgröße. Wenn es einer Art gelingt, ihren Populationsengpass zu überwinden, kann die Inzuchtdepression sogar im Laufe der Zeit dazu beitragen, defekte Gene herauszufiltern. Eine solche genetische »Säuberung« vollzog sich allem Anschein nach beim Geparden. Diese anmutige afrikanische Wildkatze, das schnellste Landsäugetier der Welt, zählt zu den gefährdeten Arten, vor allem deshalb, weil die Überlebensquote der Jungen gering ist. Einer Studie zufolge überlebten 95 Prozent der Jungtiere einer Gepardenpopulation in der Serengeti das erste Lebensjahr nicht. Sie starben jedoch nicht an genetischen Defekten, wie man leicht vermuten könnte. Die Hauptursachen waren vielmehr räuberische Angriffe von Löwen und Hyänen sowie der Umstand, dass die Mütter ihre Jungen in Zeiten von Nahrungsknappheit verließen.[7]

Eine geringe Populationsgröße ist auch in anderer Hinsicht schädlich. Bei einem Bestand von weniger als fünfzig Exemplaren können die zufälligen Fluktuationen der Populationsgröße leicht die so genannte »Absorptionsgrenze« erreichen, das heißt jenen Punkt Null, von dem es kein Zurück mehr gibt.

Eine sehr kleine oder lokal sehr begrenzte Population läuft außerdem Gefahr, durch eine einzige Naturkatastrophe wie zum Beispiel Sturm, Überflutung, Feuer oder Dürre von einem Augenblick zum nächsten ausgelöscht zu werden. Um ein Haar wäre dies mit einem der schönsten Schmetterlinge Amerikas geschehen, dem Schaus-Schwalbenschwanz, *Heraclides aristodemus ponceanus*. Dieser große Sommerfalter mit den schön gezeichneten kastanien- und bernsteinfarbenen Flügeln war früher auf dem Festland von Südflorida und den nördlichen Inseln der Florida Keys weit verbreitet. Durch die Abholzung seiner natürlichen Lebensräume und die Verwendung von Insektiziden zur Moskitobekämpfung wurde er jedoch immer weiter zurückgedrängt. Um das Jahr 1992 kam er schließlich nur noch auf vier Inseln der Florida Keys im Biscayne-Nationalpark sowie auf der Nordspitze von Key Largo vor. Am 24. August 1992 fegte dann Hurrikan Andrew, einer der verheerendsten Wirbelstürme in der jüngeren amerikanischen Geschichte, über das Gebiet hinweg und brachte den Schmetterling durch die Zerstörung seiner letzten Lebensräume an den Rand des Aussterbens. Eine kleine Population wird von dem Entomologen Thomas Emmel an der Universität von Florida in Gainesville gezüchtet – ein schwacher Puffer gegen die völlige Ausrottung dieser Unterart.[8]

Wenn die Auslöschung einer Art dem Schuss eines Heckenschützen gleicht, dann ist die Zerstörung eines Lebensraumes, der ja eine Fülle einzigartiger Tier- und Pflanzenarten enthält, ein Krieg gegen die Natur. Die Abholzung der letzten verbliebenen Reste eines Bergregenwaldes kann Dutzende von Arten mit einem Schlag vernichten, so geschehen zum Beispiel in Ecuador, als Bauern zwischen 1978 und 1986 den gesamten Centinela-Bergkamm abholzten und bis zu 90 Pflanzenarten ausrotteten, die nirgendwo sonst vorkamen.[9] Den Lebensraum Wasser betreffen solche Massaker besonders häufig. Die Süßwassermuschel-Fauna in den USA ist mit 305 einheimischen Arten eine der vielfältigsten der Welt. Durch die Eindämmung von Flüssen und die zunehmende Verschmutzung der Gewässer sind die Arten jedoch um mehr als 10 Prozent zurückgegangen. Von den Überlebenden ist die Hälfte gefährdet und ein Viertel sogar vom Aussterben bedroht.[10]

Die folgenreichste aller derzeitigen Formen von Habitatzerstörung ist die Entwaldung. Die größte Ausdehnung erlebten die Wälder vor ungefähr sechs- bis achttausend Jahren nach dem Rückzug der kontinentalen Gletscher, etwa um die Zeit, als der Mensch die Landwirtschaft erfand. Heute gibt es auf Grund der weltweiten Ausbreitung der Landwirtschaft nur noch etwa die Hälfte der ursprünglichen Waldflächen, und auch die verbliebenen Wälder werden mit zunehmender Geschwindigkeit abgeholzt. Über 60 Prozent der Laub- und Mischwälder in gemäßigten Klimazonen sind verschwunden, ebenso wie 30 Prozent der Nadelwälder, 45 Prozent der tropischen Regenwälder und 70 Prozent der tropischen Trockenwälder. Noch im Jahr 1950 bedeckten die ursprünglichen Primärwälder der Erde 50 Millionen Quadratkilometer oder fast 40 Prozent der eisfreien Landfläche. Heute machen sie nur noch 34 Millionen Quadratkilometer aus und schrumpfen rasant. Die Hälfte der noch erhaltenen Waldgebiete ist bereits ökologisch geschädigt, viele davon schwer.[11]

Der rapide Waldverlust der letzten fünfzig Jahre gehört zu den einschneidendsten Umweltveränderungen in der Geschichte des Planeten. Seine Auswirkungen auf die Artenvielfalt sind unvermeidlich und schwer wiegend. Die Fläche eines Lebensraumes zu verringern heißt, die Anzahl der Arten zu verringern, die nachhaltig in diesem Gebiet leben können. Präziser ausgedrückt: Mit der Verkleinerung der Habitatfläche sinkt die Zahl der überlebensfähigen Arten mit der sechsten bis dritten Wurzel der Fläche. Ein Mittelwert, der häufig in der Natur vorkommt, ist die vierte Wurzel. Um ein Zahlenbeispiel zu nennen: Wenn ein Lebensraum auf ein Zehntel seiner ursprünglichen Fläche verkleinert wird, verringert sich der Artenbestand an Flora und Fauna um ungefähr die Hälfte. Ein geradezu klassisches Beispiel für dieses Prinzip liefern die Westindischen Inseln, auf denen die Zahl der Reptilien- und Amphibienarten mit der Inselgröße sinkt: Kuba (114 384 Quadratkilometer, ungefähr 100 Arten), Puerto Rico (8896 Quadratkilometer, 40 Arten), Montserrat (85 Quadratkilometer, 25 Arten), Saba (13 Quadratkilometer, 10 Arten) und Redonda (2,6 Quadratkilometer, 5 Arten).

Dieselbe Regel gilt auch für die Nationalparks im Westen der USA und Kanadas. Obwohl es sich dabei im Gegensatz zu den Westindischen Inseln nicht um tatsächliche Inseln im Ozean handelt, sind es dennoch »Habitatinseln« in einem »Ozean« von Feldern, Viehweiden und abgeholztem Waldland. In den rund hundert Jahren, seit Nationalparks bestehen, hat die Zahl der darin lebenden Säugetierarten gemäß den mathematischen Vorhersagen der biogeographischen Inseltheorie abgenommen. Ebenfalls in Übereinstimmung mit der Theorie hat sie umso steiler abgenommen, je kleiner der Nationalpark ist. Die größten Naturschutzgebiete wie etwa der zusammenhängende Glacier National Park und der Waterton-Glacier International Peace Park in Montana und Alberta haben bislang noch keine einzige Art verloren.[12]

Ein erschreckender Aspekt dieses Zusammenhangs zwischen Habitatgröße und Artenzahl (kurz Arten-Areal-Prinzip genannt) ist die Tatsache, dass bei einer Verkleinerung des Lebensraumes um 90 Prozent zwar noch die Hälfte der Arten überlebt, dass jedoch bei einer Vernichtung der letzten 10 Prozent die verbleibende Hälfte der Arten mit einem Schlag ausgelöscht werden kann. Und tatsächlich nimmt die Zahl der natürlichen Lebensräume, die auf 10 Prozent ihrer ursprünglichen Größe oder weniger beschnitten werden, überall auf der Welt rapide zu.

Die Zentren der globalen Artenvielfalt sind die tropischen Regenwälder. Obwohl sie nur 6 Prozent der Landfläche bedecken, beherbergen ihre Land- und Wasserhabitate mehr als die Hälfte aller bekannten Organismenarten. Allerdings sind die tropischen Regenwälder auch das größte Schlachtfeld des Artensterbens, weil sie zerstückelt, ausgeplündert, geschädigt und schließlich einer nach dem anderen ausgelöscht werden. Kein anderes Ökosystem außer den gemäßigten Regenwäldern und den tropischen Trockenwäldern ist einer ähnlich schnell fortschreitenden Dezimierung ausgesetzt. Seit den achtziger Jahren beträgt die Entwaldungsrate (die Dezimierung lokaler Waldgebiete auf 10 Prozent oder weniger ihrer ursprünglichen Ausdehnung) nach Schätzung der Ernährungs- und Landwirtschaftsorganisation der Vereinten Nationen (FAO) annähernd ein Prozent pro Jahr. Zusammengenommen bedecken die tropischen Regenwälder ungefähr eine Fläche von der Größe der 48 zusammenhängenden Bundesstaaten der USA (ohne Alaska und Hawaii), und jedes Jahr verschwindet eine Fläche, die der Hälfte Floridas entspricht. Die folgende Aufstellung nach Erhebungen der FAO gibt einen Überblick über den Verlust an Tropenwäldern in ausgewählten Ländern Südamerikas im Zeitraum zwischen 1980 und 1990.

Tropenwaldfläche 1990		Jährlicher Rückgang der Waldfläche 1980 – 1990	
Land	km²	km²	Prozent
Bolivien	459 000	5 320	1,16
Brasilien	4 093 000	36 710	0,90
Kolumbien	541 000	3 670	0,68
Ecuador	120 000	2 380	1,98
Peru	674 000	2 710	0,40
Venezuela	457 000	5 990	1,31

Einige Experten, darunter der britische Botaniker und Artenschutz-biologe Norman Myers, glauben, dass die Schädigung der Tropen-wälder von der FAO unterschätzt wurde und der wahre Verlust eher bei zwei Prozent pro Jahr liegt, was der Gesamtfläche Floridas entspräche. Die Auswertungen jüngerer Satellitenaufnahmen las-sen dagegen vermuten, dass die Schätzungen der FAO zumindest für Südamerika um etwa einen Faktor zwei zu hoch liegen. So ver-ringerte sich diesen Studien zufolge die Fläche des Tropenwaldes in Bolivien zwischen 1986 und 1992 um 0,52 Prozent jährlich, wäh-rend sich in Brasilien die jährliche Verlustrate im Zeitraum von 1988 bis 1998 zwischen 0,30 und 0,81 Prozent bewegte.[13]

Von 25 »Hot Spots« – bedrohten Gebieten mit hoher Artenviel-falt – sind allein 15 hauptsächlich von tropischen Regenwäldern be-deckt. Zu diesen bedrohten Ökosystemen gehören die tropischen Feuchtwälder der brasilianischen Atlantikküste, Südmexikos und Mittelamerikas, der tropischen Anden, der Großen Antillen, West-afrikas, Madagaskars, der indischen Westghats, Indochinas, Indo-nesiens, der Philippinen und Neukaledoniens. Zusammen mit den übrigen auf dem Land gelegenen Hot Spots, die hauptsächlich von Savanne und Küstenbeifuß bedeckt sind, beanspruchen sie zwar nur 1,4 Prozent der gesamten Landfläche der Welt, dennoch beher-bergen sie 44 Prozent aller Pflanzenarten und mehr als ein Drittel aller Wirbeltierarten der Welt, darunter Vögel, Säugetiere, Repti-lien und Amphibien. Fast alle diese Ökosysteme sind einer Vielzahl zerstörerischer Einflüsse ausgesetzt. So sind die Regenwälder der Westindischen Inseln, der brasilianischen Atlantikküste, Madagas-kars und der Philippinen bereits auf weniger als 10 Prozent ihrer ursprünglichen Fläche geschrumpft.[14]

Unzählige Arten sind unwiderruflich aus diesen einmaligen Lebensräumen verschwunden. Viele weitere sind bedroht. Es ist ein Albtraum, sich vorzustellen, dass Bataillone von Holzfällern, mit Planierraupen und Kettensägen bewaffnet, diese Lebensräume innerhalb weniger Monate auslöschen könnten – und mit ihnen einen beträchtlichen Teil der biologischen Vielfalt auf der Welt. Umgekehrt ist es in gewisser Weise ermutigend, sich vor Augen zu halten, dass Millionen von Arten für die Nachwelt gerettet werden können, wenn es gelingt, diesen kleinen Teil der Erdoberfläche zu schützen.

Auf dem Spiel stehen auch die letzten unberührten Wildnisgebiete dieser Erde, die Urwälder, wie sie häufig genannt werden. Dazu zählen die riesigen Regenwälder Amazoniens, Zentralafrikas, insbesondere des Kongobeckens, und Neuguineas sowie die Nadelwälder Kanadas und der Russischen Föderation. Auch die legendären Urwälder Malaysias, Sumatras und Borneos gehörten einst in diese Gruppe, doch sind sie in den vergangenen Jahrzehnten so stark geschädigt worden, dass sie nicht mehr als Wildnisgebiete gelten können.

Obwohl zerstückelt, von Straßen durchschnitten, von Narben gezeichnet, haben die Urwälder dennoch vergleichsweise intakt bis in das 21. Jahrhundert überlebt. Das größte zusammenhängende Urwaldgebiet dieser Erde ist der Amazonaswald, der größer ist als die Urwälder des Kongos und Neuguineas zusammen. Auf einer Fläche von zehn Quadratkilometern sind dort mehr Pflanzen- und Tierarten zu finden als in ganz Europa. Über dieses Naturwunder hinwegzufliegen, den endlosen grünen Teppich, der nur vom Horizont begrenzt wird, unter sich vorbeigleiten zu sehen, die Oberfläche glitzernd von der Reflexion der Sonnenstrahlen in den zahllosen Flusswindungen, heißt, neue Hoffnung zu schöpfen, dass es für eine Rettung der Natur vielleicht noch nicht zu spät ist. Diesen Urwald zu Fuß zu erkunden – wie es schon Humboldt, Darwin, Bates und, Jahrtausende vor ihnen, indianische Jäger taten –, ist eine Erfahrung, die, wie ich aus ganzem Herzen hoffe, auch künftigen Generationen vergönnt sein wird.

So gewaltig der Amazonasregenwald auch scheinen mag, so ist er doch keineswegs unverletzlich. Die Länder, die ihn unter sich aufteilen, neigen dazu, ihn als Holzreservoir und gelobtes Land für die verarmte Landbevölkerung zu betrachten, während die Strategen großer Unternehmen die immensen Profite vor Augen haben, die mit der Rodung des Urwalds und seiner Umwandlung in landwirtschaftliche Nutzfläche zu erzielen sind. Da die Urwaldbäume nur mit einem flachen Wurzelsystem in der Erde verankert sind und leicht mit einer Planierraupe niedergewalzt und anschließend zersägt, zerhäckselt oder verbrannt werden können, ist es ein Leichtes, den gesamten Amazonaswald innerhalb weniger Jahrzehnte zu vernichten. Rund 14 Prozent seiner Fläche wurden bereits gerodet und in Nutzfläche verwandelt. Brasilien, dem zwei Drittel des Amazonasregenwalds und andere tropische Regenwälder Südamerikas gehören, hat bislang nur 3 bis 5 Prozent dieser Fläche als Naturschutzgebiete ausgewiesen. Langfristig, so eine Absichtserklärung der Regierung, sollen bis zu 10 Prozent geschützt werden.

Zehn Prozent reichen jedoch nicht aus, um das Amazonasgebiet, so wie wir es kennen, zu retten. Ein so kleines Gebiet ist unmöglich in der Lage, die gewaltige Ansammlung von Pflanzen und Tieren aufzunehmen, die Brasilien, was die biologische Vielfalt angeht, zur führenden Nation der Welt machen. Theoretisch kann zwar die Hälfte der Arten auf dieser Fläche überleben, aber trotz ihrer viel gerühmten Üppigkeit sind tropische Regenwälder verletzlicher und weniger widerstandsfähig als die meisten anderen Ökosysteme. Das Problem sind die nährstoffarmen Böden, die der erodierenden Wirkung heftiger Regenfälle weitgehend schutzlos ausgeliefert sind. Die Laub- und Nadelwälder der nördlichen gemäßigten Zone wachsen in tiefen Humusböden, wo die Samen über Jahre inaktiv schlummern können. Wenn der Boden bei einem Kahlschlag weitgehend intakt geblieben ist, wächst die ursprüngliche Baumvegetation schnell wieder heran. Selbst Böden, die über Generationen hinweg gepflügt wurden, können sich oft binnen kurzer Zeit fast vollständig regenerieren. Ganz anders verhält es sich im überwiegenden Teil des Amazonasgebietes. Stellen wir uns vor, wir betreten mit der Schaufel in der Hand einen typischen Amazonaswald – kein Schwemmgebiet, sondern ein Waldstück mit festem Boden. Behutsam bahnen wir uns einen Weg um dichtes Kletterpflanzengestrüpp, halbhohe Palmen und die ausladenden Stämme gewaltiger Urwaldriesen herum, bis wir tief im Schatten des undurchdringlichen Blätterdachs eine freie Fläche finden und zu graben beginnen. Mit einem Spatenstich haben wir die Streu- und Humusschicht durchstoßen. Das organische Material erschöpft sich schon nach wenigen Zentimetern. Vereinzelte Stellen weisen überhaupt keine Streu und keinen Humus auf. Betrachten wir nun die Bäume und ihr dichtes Blätterdach. Hier handelt es sich um ein Ökosystem, in dem die Biomasse in den lebenden Organismen gespeichert ist. Abgestorbene Vegetation, die zu Boden fällt, hat keine Chance, sich anzusammeln. Heerscharen von Gliederfüßern, Pilzen und Bakterien zersetzen sie sofort. Die verbleibenden Nährstoffe werden von den flachwurzeligen Bäumen und Unterholzsträuchern rasch absorbiert. Wenn kleine Bereiche des Waldes durch natürlichen Baumsturz oder kleinräumige Wanderlandwirtschaft geöffnet werden, bleibt die dünne Humusschicht erhalten, und die Lücke schließt sich rasch durch die nachwachsende Vegetation aus den umliegenden Waldbereichen. Wenn jedoch weiträumige Flächen des Waldes gerodet und verbrannt werden, wie dies gängige Praxis ist, kann die Humusdecke nicht rasch genug von neuer Vegetation befestigt werden und wird deshalb von den heftigen Regenfällen weggeschwemmt.

Die Vernichtung eines tropischen Regenwaldes folgt einem typischen Muster. Zunächst wird eine Schneise in den Wald geschlagen, um eine Straße für die Holzfäller und Siedler zu bauen. Entlang dieser Schneise entstehen Wege und Camps, und Jäger schwärmen aus, um die Arbeiterkolonnen mit Wild – »Buschfleisch« – zu versorgen. Das geschädigte und seiner wertvollsten Hölzer beraubte Land wird dann in Parzellen aufgeteilt und an Viehzüchter und Kleinbauern verkauft. Diese bauen kleinere Querstraßen, die von der Hauptverkehrsader nach links und rechts abzweigen und das typische Fischgrätenmuster erzeugen, das zum Beispiel entlang den Fernstraßen westlich von Rondônia und nördlich von Manaus nach Boa Vista nahe der guyanischen Grenze beobachtet werden kann. Die Siedler roden den größten Teil der verbliebenen Bäume, verwenden manche als Nutzholz und lassen den Rest austrocknen. Nach einem Jahr werden die Abfälle verbrannt. Die Asche, die sich auf den unproduktiven Boden senkt, beschert für einige Jahre gute Ernten. Im Laufe der Zeit werden jedoch immer mehr Nährstoffe aus dem Boden weggeschwemmt, und irgendwann stehen die Siedler vor der Wahl, sich entweder mit der immer schwieriger werdenden Situation zu arrangieren oder weiterzuziehen und ein neues Stück Urwald zu besetzen. In einem nicht endenden Kreislauf der Zerstörung wird der Amazonaswald wie ein riesiger Teppich von dem unaufhaltsamen Strom der Siedler aufgerollt.

In den von Straßen durchschnittenen Urwaldabschnitten wird

der Wald nicht sofort völlig zerstört. Während die Siedler tiefer in den Urwald vordringen, lassen sie vereinzelte Waldstücke an Flussufern, steilen Hängen oder sumpfigen Stellen unberührt stehen. Diese winzigen Refugien sind jedoch völlig ungeeignet, der großen Mehrheit der amazonischen Tier- und Pflanzenwelt einen sicheren Zufluchtsort zu bieten. Die größeren Saugetiere und wohlschmeckenden Vögel fallen rasch der Jagd zum Opfer. Es entsteht das, was Naturschutzbiologen das »Syndrom der stillen Wälder« nennen. Bei einer Feldexkursion nahe Manaus verbrachte ich längere Zeit in einem solchen ein Hektar großen Refugium und war recht zufrieden mit der noch immer beeindruckenden Ameisenvielfalt. Allerdings war mir vollkommen klar, dass keine Hoffnung bestand, Jaguare, Brüllaffen oder Pekaris zu beobachten. Selbst wenn man solche isolierten Waldstücke unberührt lässt, entwickeln sie sich nicht als kleine Mikrokosmen des ursprünglichen Urwalds weiter. In Ermangelung einer schützenden Randvegetation sind diese wie mit der Backform ausgestochenen Waldexklaven zerstörerischen Randeffekten, einer Form von Waldkrankheit, ausgesetzt. Der Wind kann stärker von den Seiten eindringen und die Luftfeuchtigkeit im Inneren bis in eine Entfernung von hundert Metern oder mehr senken. In den Randzonen sterben die Bodenpflanzen aus, die an ein Leben im Waldesinneren angepasst sind. Dadurch werden die Urwaldriesen über ihnen geschwächt. Bei den heftigen Stürmen, die in diesen Gegenden verbreitet sind, können Zweige oder ganze Baumkronen durch Windstöße abgeknickt werden. Manche der Bäume stürzen ganz um und beschädigen dabei andere auf ihrem Weg, indem sie sie entweder mitreißen oder durch die trossenähnlichen Schlingpflanzen, die von einer Krone zur nächsten wachsen, enthaupten. Auch in unberührten Wäldern stürzen Bäume um; den Lärm kann man an ruhigen Tagen kilometerweit hören. Dadurch entstehen Baumlücken, die Teil des normalen Wachstumszyklus sind und von der umgebenden Vegetation rasch gefüllt werden. Die Schösslinge und die krautartige Bodenvegetation, die in den Lücken heranwachsen, können sogar die Artenvielfalt des Primärwaldes erhöhen. In den Randzonen eines durch extensiven Holzeinschlag isolierten Waldstücks läuft dieser Prozess hingegen in einem gefährlich beschleunigten Tempo ab. Immer größere Schneisen entstehen, durch die die Baumstämme einer stärkeren Sonneneinstrahlung ausgesetzt werden. Die schattenliebenden Epiphyten (Luftpflanzen) sterben ab, der Waldboden trocknet aus und bietet einer Vielzahl neuer unkrautartiger Pflanzen und Tiere Lebensraum. Die Folge ist, dass sich sogar Waldstücke mit einer Fläche von 1000 Hektar im Laufe der Zeit in völlig andersartige Lebensräume verwandeln können.

In den geschädigten Teilen des noch erhaltenen Waldes sind nun die Voraussetzungen für das Auftreten noch bedrohlicherer Gefahren geschaffen. Brände, die entweder durch Blitzschlag oder durch Brandrodung entstehen, fegen durch die ausgetrockneten Randzonen, und je weiter sie in das Innere vordringen, desto zerstörerischer werden sie.

Straßen und kleine Siedlungen, die in einen unberührten Urwald hineingebaut werden und ihn zerstückeln, leiten diesen Wandel ein, lange bevor der eigentliche Holzschlag beginnt. Dieser frühe Schaden ist aus der Luft und vielleicht auch auf Satellitenaufnahmen schwer zu erkennen. Am besten lässt er sich am Boden ermessen. Schätzungen zufolge waren mehr als 40 Prozent des Amazonaswaldes im Jahr 2000 mehr oder weniger stark geschädigt.

Im Laufe der Zeit erreicht diese Transformation einen kritischen Punkt und beginnt sich zu verselbstständigen. Der anfängliche Schaden breitet sich immer weiter aus; neue Störungen erhöhen den Schaden und verstärken sich gegenseitig in ihrer Wirkung – ein Prozess, der von Umweltbiologen als Synergismus bezeichnet wird. So kommt es während ausgeprägter Dürreperioden im El-Niño-Zyklus zu heftigeren Waldbränden als in anderen Jahren. 1998 verdichteten sich die Rauchwolken von Abertausenden von Waldbränden so stark, dass die Flughäfen von Manaus und anderen Städten des Amazonasgebiets geschlossen werden mussten. Erreicht der Qualm eine gewisse Dichte, kann er Sämlinge abtöten und sogar Regenfälle verhindern. Die feinen Rußpartikel, die in die Luft aufsteigen, erzeugen so viele Kondensationskerne, dass das atmosphärische Wasser als Nebel in der Luft verbleibt und sich keine Regentropfen bilden können, die groß genug sind, um zu Boden zu fallen.

Ein ebenso schädlicher Synergismus ist der Rückgang desjenigen atmosphärischen Wassers über dem Amazonasgebiet, das von den Bäumen selbst stammt. Es besteht die Gefahr einer klimatischen Abwärtsspirale: Je mehr Bäume gefällt werden, desto weniger regnet es, wodurch weitere Bäume verloren gehen. Ungefähr die Hälfte der Regenfälle über dem Amazonasbecken wird – im Gegensatz zu den von Flüssen und dem Atlantik heranströmenden

Wolken – durch den Urwald selbst ausgelöst. Das Wasser wird in den Gefäßen der Pflanzen transportiert und verdunstet von Blättern und Ästen. In dem Maße, in dem das Amazonasgebiet durch Rodung und Brände dezimiert wird, gehen auch die jährlichen Regenfälle zurück, wodurch die verbleibenden Wildnisgebiete einem noch größeren Druck ausgesetzt werden. Mathematische Modelle dieses Prozesses lassen vermuten, dass es eine kritische Grenze gibt, bei deren Überschreitung es zum Zusammenbruch des gesamten Waldökosystems und zur Verwüstung eines Großteils seiner Fläche kommen könnte. Dieselben Prinzipien gelten auch für Tropenwälder in anderen Teilen der Welt. So stehen die Urwälder Indonesiens möglicherweise kurz vor Erreichung der von der Theorie vorhergesagten kritischen Schadensgrenze. Achtzig Prozent der Wälder sind zur Abholzung und Bepflanzung mit Ölpalmen und anderen Nutzpflanzen bestimmt, und die Entwaldung schreitet rasch voran. Als Folge davon ist es in der jüngeren Vergangenheit – verstärkt durch ohnehin verheerende Dürreperioden – zu einigen der schwersten Waldbrände in der Geschichte Asiens gekommen. Allein in den Jahren 1997 und 1998 sind 10 Millionen Hektar Wald in Flammen aufgegangen. Sogar Teile des inneren Regenwaldes, die früher immer zu feucht waren, um zu verbrennen, fielen den Flammen zum Opfer. Die meisten Wälder dieser Region, darunter 10 Millionen Hektar Urwald auf Borneo, sind schon von Natur aus ökologisch anfällig, wodurch der Schaden noch verschlimmert wird. Sie bestehen nämlich zum größten Teil aus *Dipterocarpus*-Bäumen (Zweiflügelfrüchtler), die nur in den El-Niño-Jahren blühen und sich fortpflanzen und die ihre Samen nur während eines kurzen Zeitraums von ungefähr sechs Wochen verbreiten. Die meisten Samen, die zu Boden fallen, sind ein gefundenes Fressen für Tapire, Stachelschweine, Orang-Utans, Vögel, Insekten und viele andere Tiere. Doch bleiben immer genügend Samen übrig, damit sich die nächste Generation von *Dipterocarpus*-Schösslingen entwickeln kann. Im indonesischen Teil Borneos haben jedoch viele der *Dipterocarpus*-Arten seit 1991 überhaupt keine Samen mehr produziert, noch nicht einmal in vollständig geschützten Gebieten.

Die durch menschliche Einflüsse verursachten Schäden an den asiatischen Urwäldern haben also das ursprünglich produktive Phänomen des El Niño in ein zerstörerisches Ereignis umschlagen lassen. El Niño ist Teil eines natürlichen Klimazyklus, der unter dem Begriff El Niño Southern Oscillation (kurz ENSO) bekannt ist. Dabei werden die Oberflächenströmungen des gesamten tropischen Pazifiks abwechselnd erwärmt (El-Niño-Phase) und abgekühlt (La-Niña-Phase). Die Auswirkungen auf das Klima sind von Region zu Region unterschiedlich, doch global gesehen kommt es zunächst zu einem Anstieg der Temperaturen und der Regenfälle und anschließend zu einem Rückgang, während sich die Häufigkeit und Intensität von Stürmen erhöhen. Die Schäden, die ENSO einer durch menschliche Einwirkung ohnehin schon geschwächten Umwelt zufügt, können verheerende Ausmaße annehmen.

In den letzten Jahren haben die ENSO-Phänomene an Häufigkeit und Intensität zugenommen. Die Versuchung ist groß, diesen Trend mit der globalen Erwärmung in Zusammenhang zu bringen, wie dies einige Experten getan haben. Allerdings ist diese Schlussfolgerung nicht gesichert. Die derzeit benutzten mathematischen Modelle des Klimawandels können diese Annahme weder erhärten noch entkräften, da sie sich nicht auf ausreichend kleinräumige Abschnitte der Ozeanoberfläche beziehen. Aber selbst wenn die ENSO-Phänomene nicht oder nur in geringem Maß durch die globale Erwärmung verstärkt werden, prognostizieren die Klimamodelle dennoch für das 21. Jahrhundert, dass mit einer Wahrscheinlichkeit von 66 bis 90 Prozent weltweit ENSO-bedingte schwere Überschwemmungen und Dürren auftreten.

Unterdessen kann kein ernsthafter Zweifel mehr an der globalen Erwärmung selbst und ihren weitgehend schädlichen Auswirkungen auf Umwelt und Wirtschaft bestehen. Schätzungen anhand von Baumringen und in Gletschereis eingeschlossenen fossilen Luftproben legen die Vermutung nahe, dass die mittlere Oberflächentemperatur der Erde in den 10 000 Jahren seit Beendigung der letzten Eiszeit Schwankungen von weniger als einem Grad Celsius unterworfen war. Zwischen 1500 und 1900 erhöhte sie sich dann um ungefähr 0,5 Grad Celsius, und von 1900 bis heute stieg sie noch einmal um 0,5 Grad Celsius an. Die weltweit führenden Untersuchungen auf diesem Gebiet wurden vom Intergovernmental Panel on Climate Change (IPCC) durchgeführt, dem mehr als tausend Experten aus aller Welt angehören, die sich auf die verschiedenen Aspekte dieses Phänomens spezialisiert haben. Im Jahr 2000 bestätigten sie, dass die globale Erwärmung, wie schon früher vermutet, hauptsächlich von den Wärmestrahlung absorbierenden Treibhausgasen Kohlendioxid, Methan und Distickstoffoxid verursacht wird. In den vergangenen 400 000 Jahren – dies entspricht dem Zeitraum, für den zuverlässige Schätzungen aus der chemischen Analyse in Gletschereis eingeschlossener Luftblasen abgeleitet werden können – korrelierten die Schwankungen der Kohlendioxidkonzentrationen in der Tat eng mit Schwankungen der Oberflächentemperatur. Wie man aus diesen Analysen ferner ableiten kann, hat die Kohlendioxidkonzentration heute ihr höchstes Niveau seit 400 000 Jahren erreicht, und ein Rückgang ist nicht abzusehen. Dasselbe gilt auch für Methan und Distickstoffoxid. Es ist außerdem mit großer Wahrscheinlichkeit davon auszugehen, dass die Zunahme der Treibhausgase in wesentlichem Maße auf industrielle Aktivität und Waldbrände zurückzuführen ist.

1995 prognostizierten Wissenschaftler des IPCC unter Verwendung modernster Computertechnologie, dass sich der Anstieg der durchschnittlichen Oberflächentemperatur auf der Erde weiter beschleunigen wird und bis zum Jahr 2100 zu einer nochmaligen Erhöhung um 1 bis 3,5 Grad Celsius führen dürfte. Ihre Schlussfolgerungen und Empfehlungen wurden 1997 im Kyoto-Protokoll niedergelegt, einem internationalen Vertragswerk, das darauf zielt, die Emission von Treibhausgasen innerhalb der nächsten zehn Jahre um 5,2 Prozent zu senken. Die jüngsten Modellrechnungen, die Anfang 2001 veröffentlicht wurden, sagen voraus, dass die mittlere Oberflächentemperatur der Erde in diesem Jahrhundert um mindestens 1,4 Grad Celsius und bis zu 5,8 Grad Celsius ansteigen wird. (Die Schwankungsbreite reflektiert die Unsicherheiten hinsichtlich der künftigen Entwicklung von Bevölkerungswachstum, Verbrauch und Energieeinsparung.) Selbst wenn die im Kyoto-Protokoll formulierten Ziele vollständig erfüllt würden, ließe sich die Temperaturzunahme nur um weniger als 0,1 Grad Celsius senken. Können diese Vorhersagen falsch sein? Natürlich hoffen wir dies inständig, aber mit jedem Jahr, das vergeht, erscheinen sie fundierter, und es wäre sträflicher Leichtsinn, wollte man sie einfach ignorieren. In der Ökologie wie in der Medizin kann eine falsche Diagnose viel mehr Schaden anrichten, wenn sie negativ ist, als wenn sie positiv ist.

Die Folgen dieses in der Geschichte beispiellos raschen Klimawandels sind eine Zunahme von Hitzewellen, Stürmen, Waldbränden, Dürren und Überschwemmungen. Die polaren Eiskappen drohen zu schmelzen: Einem Eisbrecher gelang es im Sommer 2000, durch eine verschwindend dünne Eisschicht bis zum Nordpol vorzudringen, wo er eine eisfreie Fläche von ungefähr 1,5 Kilometern Durchmesser vorfand. Wenn der gegenwärtige Trend anhält, wird der Meeresspiegel um zehn bis neunzig Zentimeter ansteigen. Flachen Küstengebieten überall auf der Welt droht die Überflutung. Im Pazifik und im Indischen Ozean werden viele Atolle, darunter auch die kleinen Inselstaaten von Kiribati, Tuvalu und den Malediven, teilweise verschwinden. In Grundstücke und Immobilien auf den Florida Keys oder in New Orleans zu investieren, von den Bahamas und New York City ganz zu schweigen, dürfte sich langfristig wohl als riskant erweisen.

Während sich die Klimazonen durch den Treibhauseffekt allmählich polwärts verschieben, stehen die Pflanzen- und Tierarten unter einem hohen Anpassungsdruck. Vor 9000 Jahren, als sich die kontinentale Eisdecke über Nordamerika mit einer Geschwindigkeit von 200 Kilometern pro Jahrhundert zurückzog, folgten zwei kälteliebende Fichtenarten rasch nach. Heute machen sie einen Großteil der riesigen Nadelwälder im gletscherfreien Teil Kanadas und Alaskas aus. Die meisten anderen Baumarten zogen jedoch nur mit einer Geschwindigkeit von acht bis vierzig Kilometern pro Jahrhundert hinterher. Angesichts der für das 21. Jahrhundert vorhergesagten noch schneller fortschreitenden Verschiebung der Klimazonen nach Norden ist die Zukunft der langsameren Pflanzen- und Tierarten in den gemäßigten Klimazonen fraglich. Viele einheimische Arten kommen ohnehin nur noch in isolierten Naturschutzgebieten vor, die umgeben sind von Ackerland und zersiedelten Ballungsräumen. Wieder andere Arten stehen, wie in Florida, vor dem Problem, dass sie sich genetisch an Lebensräume angepasst haben, die infolge des steigenden Meeresspiegels wahrscheinlich überflutet werden.

Manche der vom Klimawandel bedrohten nordamerikanischen Arten können nach Norden und ins Landesinnere umgesiedelt werden. In anderen Gebieten der Welt gibt es jedoch Ökosysteme, die nirgendwohin mehr ausweichen können. Zu den ausgedehntesten betroffenen Ökosystemen gehören die Tundren und Meere der höheren Breiten. Selbst bei einem nur bescheidenen globalen Temperaturanstieg werden sie unweigerlich in Richtung der Pole gedrängt, wo sie dem Untergang preisgegeben sind. Tausende von Arten, von Flechten und Moosen über Pinguine bis zu Eisbären und Rentieren, könnten unwiederbringlich verloren gehen. Dasselbe Schicksal droht den Floren und Faunen der arktisch-alpinen

Hochgebirge und der höher gelegenen Bergtropenwälder in anderen Teilen der Welt. Mit dem Rücken zur Wand stehen auch die Faunen und Floren des Gondwanalands. Diese biologisch einzigartigen Lebenswelten bilden einen durchbrochenen Ring, der aus den eisfreien Gebieten der Südhalbkugel besteht. Sie umfassen die kühl-gemäßigten Ausläufer des südlichen Südamerikas, die Südspitze Afrikas, Madagaskar, die Antarktis, die subantarktischen Schelfinseln, den indischen Subkontinent mit Sri Lanka, Australien sowie die Inselgruppen von Neuseeland und Neukaledonien. Das ursprüngliche Gondwana, neben Laurasia im Norden einer der zwei Urkontinente der prähistorischen Welt, zerbrach vor ungefähr 100 Millionen Jahren, gegen Ende der Kreidezeit, als auch das Dinosaurierzeitalter seinem Ende entgegenging, in seine heutigen Bestandteile. Einst eine der größten Landmassen der Welt, war das alte Gondwana Schauplatz einiger der frühesten Ereignisse terrestrischer Evolution. So wurden mit den Paläosolen in Südafrika allem Anschein nach chemische Spuren von rund zwei Milliarden Jahre alten, auf dem Land lebenden Bakterien zu Tage gefördert. Wenn sich diese Funde bestätigen, verdreifacht sich mit einem Schlag das bekannte Alter terrestrischen Lebens auf der Erde. Gondwana beheimatete außerdem die erste bekannte Landgefäßpflanze, die sich vor ungefähr 425 Millionen Jahren während des Silurzeitalters entwickelte.

Die gegenwärtigen Lebensformen Gondwanas, von denen sich manche bis in die Zeit des Urkontinents zurückverfolgen lassen, gehören zu den schützenswertesten Naturschätzen der Erde. Mit der zunehmenden Klimaerwärmung und der nach Süden fortschreitenden Verschiebung der subtropischen und tropischen Klimazonen stehen jedoch etliche der kühl-gemäßigten Floren und Faunen vor dem Untergang, da ihnen der Indische Ozean jede Ausweichmöglichkeit versperrt. Besonders bedrohlich ist die Situation im Süden Afrikas südlich der Flüsse Sambesi und Kunene, einem Gebiet, in dem 30 000 Arten von Blütenpflanzen beheimatet sind, von denen mehr als 60 Prozent nur dort vorkommen. In dieser Region zählen sogar die trockenen Lebensräume zu den reichsten auf der Erde. So beherbergt zum Beispiel der natürliche Garten des Succulent Karroo 46 Prozent oder mehr der weltweit vorkommenden Sukkulentenarten.[15]
Der durch Zerstörung der Lebensräume und Klimawandel aus-

geübte Druck auf die Natur wird durch die steigende Flut habitatfremder Arten beträchtlich erhöht – eine Wiederholung des hawaiischen Problems in großem Maßstab. Die meisten fremden Arten lassen sich zwar in städtischen und landwirtschaftlichen Gebieten in der Nähe der menschlichen Populationen nieder, die sie eingeführt haben, doch gibt es stets auch einen kleinen Prozentsatz von Arten, die der Zufall dafür prädestiniert, bis dahin offene Nischen zu besetzen oder sich Nischen in den überlebenden natürlichen Ökosystemen zu erobern. Einige wenige Arten schaffen es sogar – mitunter mit verheerenden Folgen –, den Charakter natürlicher Lebensräume zu verändern.

Nach einer Studie des Office of Technology Assessment des amerikanischen Kongresses haben sich bis 1993 – neben den bekannten 200 000 einheimischen Arten – mindestens 4500 fremde Tier-, Pflanzen- und Mikrobenarten in den Vereinigten Staaten niedergelassen. Diese Schätzung bleibt vermutlich um ein Vielfaches hinter der tatsächlichen Zahl zurück. Wenn alle Arten in die Rechnung einbezogen würden, auch jene, die nur schwach Fuß gefasst haben, könnte sich die Zahl auf über 50 000 belaufen – so das Ergebnis einer zweiten Studie, die im Jahre 2000 durchgeführt wurde. Manche dieser eingewanderten Arten, wie zum Beispiel die Getreidesorten und die Nutztiere, die fast die gesamte landwirtschaftliche Produktion Amerikas ausmachen, sind erwünscht und gewollt. Andere, darunter Heerscharen von land- und hauswirtschaftlichen Schädlingen, verursachen jährlich Kosten in Höhe von 137 Milliarden Dollar.

Manche der Fremdlinge, die sich übermäßig ausgebreitet haben, wurden mit den besten Absichten in die Neue Welt eingeführt. So setzte ein Sammler, der in Amerika alle von William Shakespeare erwähnten Vogelarten heimisch machen wollte, 1891/92 in New York hundert europäische Stare aus. Heute sind sie in ganz Amerika eine Landplage. Die meisten anderen Eindringlinge trafen jedoch unbemerkt als blinde Passagiere ein.

Angesichts der anhaltenden Einwanderungsflut stellt sich die Frage nach den langfristigen Auswirkungen dieser Entwicklung. Könnte nicht die daraus resultierende Bereicherung der Flora und Fauna der Menschheit mehr nutzen als schaden? Legt man die bisherigen Erfahrungen zu Grunde, lautet die Antwort fast uneingeschränkt Nein. Nur wenn die Einwanderung sorgfältig kontrolliert und ausschließlich eine winzige Anzahl sicherer und nützlicher Ar ten zugelassen würde – was weitaus umfangreichere biologische Kenntnisse voraussetzt, als wir gegenwärtig haben –, könnte das Zünglein an der Waage in die andere Richtung ausschlagen. Die Gründe dafür sind durch eine Fülle einschlägiger Beispiele genau dokumentiert. In ihren jeweiligen Heimatländern werden die fremden Arten durch natürliche Feinde und andere populationsbegrenzende Faktoren eingedämmt. Von diesen Beschränkungen befreit, gelingt es einigen Arten, sich in den neuen Umgebungen explosionsartig zu vermehren und zu verbreiten. Obwohl manche durchaus auf die eine oder andere Weise nützlich sein können, überwiegen die Nachteile in aller Regel die Vorteile. Mit bewunderungswürdiger Ironie haben Ökologen dieses Ungleichgewicht in den Titeln verschiedener jüngerer Bücher zum Ausdruck gebracht: *Alien Invasion, America's Least Wanted, Biological Pollution, Life Out of Bounds* und *Strangers in Paradise.*

Betrachten wir dazu die folgenden Beispiele aus den Vereinigten Staaten, in denen Schaden und Nutzen für die Umwelt gegeneinander abgewogen werden.

* Der Edelkastanienkrebs *(Cryphonectria parasitica).* Nachdem dieser Pilz im Jahr 1904 unbeabsichtigt auf Baumstämmen der asiatischen Kastanie nach New York eingeschleppt wurde, hat er sich innerhalb von fünfzig Jahren über mehr als 90 Millionen Hektar Waldfläche ausgebreitet. Schaden: Die Amerikanische Edelkastanie, die früher den typischen Waldbewuchs im Osten der Vereinigten Staaten bildete, wurde durch den Pilz praktisch ausgerottet. Dadurch wandelte sich der Charakter des gesamten Waldlandes, und die Flora verarmte. Fast unbemerkt – außer von Insektenforschern – starben dabei sieben Nachtfalterarten aus, die sich ausschließlich von der Kastanie ernährten. Nutzen: Bis jetzt keiner bekannt.
* Die importierte Rote Feuerameise *(Solenopsis invicta).* Dieses berüchtigte kleine Insekt wurde vermutlich um das Jahr 1930 als blinder Passagier auf einem Frachtschiff von der brasilianisch-argentinischen Grenzregion in den Hafen von Mobile in Alabama eingeschleppt. Es verbreitete sich von dort über den gesamten Süden der USA, von den Carolinas bis nach Texas. In den neunziger Jahren eroberte die Ameise auch eine Enklave im südlichen Kalifornien. Schaden: Die Rote Feuerameise, deren Bisse wie heiße Nadelstiche brennen, ist nicht nur einer der

größten Schädlinge im Haus und in der Landwirtschaft, sondern sie bedroht auch die wild lebenden Pflanzen und Tiere. Nutzen: In Zuckerrohrplantagen macht sie Jagd auf andere Insektenschädlinge und trägt so zu deren Dezimierung bei. Ich wage jedoch die Vermutung, dass die Landwirte, wenn sie die Wahl hätten, die anderen Schädlinge vorziehen würden.

- Die Formosa-Termite *(Coptotermes formosanus)*. Auch bekannt als »die Termite, die New Orleans auffraß«. Schaden: Dieses vermehrungsfreudige, unersättliche und schwer auszurottende Insekt verursacht jedes Jahr von Florida bis nach Louisiana Schäden in Millionenhöhe. Nutzen: Wenn es einen gibt, so ist er bis jetzt noch niemandem eingefallen.
- Die Zebramuschel *(Dreissena polymorpha)*. Diese gestreifte kleine zweischalige Muschel wurde um 1980 vom Schwarzen oder Kaspischen Meer in die Großen Seen eingeschleppt. Von dort breitete sie sich rasch stromabwärts durch das Mississippi-Tal bis zur Golfküste aus. Vor kurzem schaffte sie auch den Sprung nach New York und Neuengland. Die außerordentlich fruchtbare Zebramuschel bildet auf dem Grund von Süßwasserseen und Flüssen einen durchgehenden Aufwuchs. Schaden: Sie verstopft die Einlassrohre von Wasserkraftwerken und verursacht so deren Abschaltung. Die Kosten für die Beseitigung dieser und ähnlicher Schäden belaufen sich nach Angaben der amerikanischen Behörde für Fischerei und Natur (U.S. Fisheries and Wildlife Service) bis zum Jahr 2002 auf insgesamt fünf Milliarden Dollar. Darüber hinaus hat die Zebramuschel örtlich auch einige einheimische Muschelarten ausgerottet, indem sie diese überwucherte und verdrängte. Da sie das Wasser durch Herausfiltern von Partikeln reinigt, verringert sie außerdem die Menge des Phytoplanktons im Wasser und damit das Nahrungsangebot, das anderen so genannten »Filtrierern« und deren Räubern zur Verfügung steht. Das Resultat ist, dass sich ganze Wasserökosysteme verändern. Nutzen: Dort, wo das Wasser von den Muscheln gereinigt wurde, zum Beispiel im Erie-See, wächst die Wasservegetation üppiger als zuvor. Dies hat zu einem Anstieg mancher einheimischer Muschel- und Fischarten geführt. Wenn man einmal vom ökonomischen Schaden absieht, ist es schwierig, die Auswirkungen der Zebramuschel auf die Umwelt abschließend zu beurteilen. Ihre Aggressivität und ihre übermäßige Ausbreitung relativieren jedoch jeden

möglichen Nutzen und machen sie allenfalls zu einem mit hohem Risiko behafteten Umweltfaktor. Aber warum sollte man darauf verzichten, den wirtschaftlichen Schaden in die Analyse einzubeziehen? Fünf Milliarden Dollar sind schließlich kein Pappenstiel.

- Der Blutweiderich *(Lythrum salicaria)*. Er wurde ursprünglich als Zierpflanze für Gärten und Feuchtgebiete der amerikanischen Atlantikküste aus Europa eingeführt. Diese mehrjährige Pflanze, die auf feuchten Böden einen dichten Bewuchs bildet, hat sich aggressiv über den gesamten Norden der Vereinigten Staaten und bis in den Südosten Kanadas ausgebreitet. Schaden: Von Naturschützern als »violette Plage« bezeichnet, verdrängt der Blutweiderich Rohrkolbengewächse und andere Pflanzen der heimischen Feuchtgebietvegetation. Nutzen: Der hübsch anzusehende Eindringling bedeckt heute ausgedehnte Flächen der halbwilden Landschaften Amerikas. Seine üppigen Blütenähren sorgen den ganzen Sommer hindurch für impressionistisch anmutende Landschaftsbilder. Zwar ist ein zusätzlicher Farbtupfer durchaus willkommen, aber nicht, wie Biologen und Naturschützer betonen, auf Kosten der einheimischen Feuchtgebietflora.
- Die Tamarisken *(Tamarix*, verschiedene Arten). Diese aus Eurasien eingeführten kleinen Bäume bilden Gehölze, die mittlerweile überall in den Vereinigten Staaten in der Umgebung von Wasserläufen in Wüstengebieten anzutreffen sind. Schaden: Da sie mit hoher Effizienz das Wasser aus dem Boden saugen und einheimischen Pflanzen oft überlegen sind, verringern sie die Vielfalt und die Fülle der natürlichen Arten. Nutzen: Tamarisken sind angenehme Schattenbäume, eine Augenweide für all jene, denen es aus Unwissenheit oder Gleichgültigkeit nichts ausmacht, dass sie sich in einer biologisch verarmten Natur befinden.
- Die Koupoubohne oder Kudzu *(Pueraria lobata)*. Diese erstaunlich anpassungsfähige, zu den Hülsenfrüchten zählende Schlingpflanze, die bis zu fünf Zentimetern pro Stunde wachsen kann, wurde 1876 anlässlich der Weltausstellung in Philadelphia als Zierpflanze für den Japanischen Pavillon in die Vereinigten Staaten eingeführt. Schaden: Die Koupoubohne, die zu Recht als »die Pflanze, die den amerikanischen Süden verschlang«, bezeichnet werden kann, ist eine ursprünglich harm-

lose Art, die völlig entgleist ist. Sie breitet sich äußerst rasch nicht nur über nackten roten Tonboden, sondern über eine Fülle verschiedenartiger Lebensräume, von offenen Wäldern bis zu städtischen Innenhöfen, aus. Dabei überwuchert sie Bäume, Strommasten, Verkehrsschilder und kleine Gebäude. Sie erstickt Gärten und kleine landwirtschaftliche Nutzflächen. Die zur Bekämpfung dieses üppigen Wachstums aufgewandten jährlichen Kosten werden auf über 50 Millionen Dollar geschätzt. Nutzen: Seit Anfang des zwanzigsten Jahrhunderts wurde die Koupoubohne als Schatten- und Futterpflanze für die Viehzucht verwendet. In den dreißiger Jahren, als ein Großteil der Ackerböden im Süden der Vereinigten Staaten durch Erosion abgetragen worden war, leistete die Art hervorragende Aufbaudienste, indem sie den Boden befestigte und wiederherstellte. Die amerikanische Behörde für Bodenerhaltung (United States Soil Conservation Service) und ein privater Kudzu-Verein setzten sich für ihre Verbreitung ein. Heute gilt sie als eine Pflanze, die zwar auch Vorteile besitzt, auf die wir aber gut verzichten können.

- Der Miconia-Baum *(Miconia calvescens)*. Dieser ursprünglich in tropischen Gebieten Südamerikas beheimatete, attraktive Baum wurde als Ziergehölz nach Französisch-Polynesien eingeführt und entkam in die Wildnis. Schaden: Die heute auf Tahiti als »grüner Krebs« bekannte Art bildet dichte Gehölze bis zu 15 Metern Höhe, die die meisten anderen Pflanzenarten verdrängen. Sie macht heute zwei Drittel der gesamten Inselvegetation aus. Der Miconia-Baum stellt auch auf Hawaii unter allen invasiven Arten die größte Bedrohung für die tropischen Wälder dar. Bislang konnte seine Verbreitung nur durch energisches Jäten verhindert werden. Nutzen: Er sieht hübsch aus, wenn es gelingt, ihn auf Gärten zu beschränken. Bei genauerer Überlegung ist es aber zweifellos besser, *Miconia* nirgends zu pflanzen, wo er nach draußen wachsen kann.
- Die Tannengallenlaus *(Adelges piceae)*. Ein winziges Insekt von großer ökologischer Tragweite. Schaden: Diese europäische Blattlaus, das tierische Äquivalent des Edelkastanienkrebses, hat praktisch sämtliche ausgewachsenen Tannen des Great Smoky National Park und damit drei Viertel des Fichten-Tannen-Bestandes der südlichen Vereinigten Staaten vernichtet. Nutzen: Bis jetzt wurde noch keiner entdeckt, aber Vorschläge

werden von den Förstern und Beamten des National Park Service gern entgegengenommen.

- Die Braune Nachtbaumnatter *(Boiga irregularis)*. Dieses giftige Reptil wurde kurz nach dem Zweiten Weltkrieg von Neuguinea oder den Solomon-Inseln nach Guam eingeschleppt und ist wohl die furchterregendste aller invasiven Arten. Schaden: Als unersättlicher Vogelräuber mit einer Länge von mehr als 3 Metern und einer zeitweiligen Verbreitung von bis zu 4600 Exemplaren pro Quadratkilometer hat die Braune Nachtbaumnatter alle zehn der in den Wäldern Guams ursprünglich beheimateten Vogelarten ausgerottet, darunter eine Ralle, einen Eisvogel und einen Fliegenschnäpper, die nur dort vorkamen. Auf Beutezügen außerhalb der Wälder dringen die großen Schlangen auch in Häuser und Farmen ein, wo sie Hühnerställe leer räubern und sich an Haustieren vergreifen. Die Behörden auf Hawaii stehen in höchster Alarmbereitschaft, um ein Eindringen der Braunen Nachtbaumnatter um jeden Preis zu verhindern. Mehrere Exemplare sind bereits im Laufe der vergangenen Jahre auf dem Flughafen von Honolulu abgefangen worden. Wenn es *Boiga irregularis* gelingen sollte, die Inseln zu besiedeln, könnte sie einen Großteil der eingeführten wie der heimischen Vogelwelt Hawaiis auslöschen. Nutzen: Da giftige Reptilien im Allgemeinen eher unbeliebt sind und der Markt für Schlangenfleisch noch dürftig und unberechenbar ist, kann man davon ausgehen, dass die Braune Nachtbaumnatter auf absehbare Zeit wohl nirgends als willkommene Art eingeführt wird.[16]

Versuchen wir, uns die natürliche Umwelt vorzustellen, so wie sie in hundert Jahren aussehen dürfte, wenn sich die gegenwärtigen ökologischen Entwicklungen unverändert fortsetzen:
Am Ende des 21. Jahrhunderts wird es weiterhin Landschaften von unbelebter Schönheit im Stile der Gemälde Joseph Mallord William Turners geben. Die Menschen werden sich noch immer an schneebedeckten Berggipfeln, wellenumtosten Landzungen und metertief herabstürzenden Wasserfällen erfreuen können. Doch was ist mit der lebendigen Natur geschehen? Die gewaltig angestiegene menschliche Bevölkerung, die endlich bei neun bis zehn Milliarden ein stabiles Niveau erreicht hat, hat den gesamten bewohnbaren Teil des Planeten in Besitz genommen und ihn in ein

dichtes Mosaik aus Ackerland, Baumplantagen, Straßen und Siedlungsräumen verwandelt. Dank umfangreicher Entsalzungsmaßnahmen und neuer Methoden des Süßwassertransports und der Bewässerung sind einstmals trockene Gebiete in fruchtbares Land verwandelt worden. Die Nahrungsmittelerzeugung pro Hektar wird global deutlich über dem Niveau im zwanzigsten Jahrhundert liegen. Von den 50 000 potenziell genießbaren Pflanzenarten werden mehr Sorten angebaut, während gleichzeitig mit Hilfe der Gentechnik versucht wird, die Produktivität der älteren Nutzpflanzen bis zum Äußersten zu steigern.

Aus den ethnischen und sozialen Konflikten des zwanzigsten Jahrhunderts ist eine technisch-wissenschaftlich geprägte globale Zivilisation hervorgegangen, in der gleichwohl die Konflikte latent weiterschwelen. Die Menschen sind zwar im Jahr 2100 besser ernährt und besser ausgebildet als im Jahr 2000, aber die Mehrheit der Weltbevölkerung lebt nach wie vor in den Entwicklungsländern und ist auch gemessen an den Maßstäben der industrialisierten Länder des zwanzigsten Jahrhunderts noch immer arm. Auf einem Planeten, der noch bis weit in das 22. Jahrhundert hinein unter Überbevölkerung leiden wird, bleiben die Interessenkonflikte zwischen elitären reichen Ländern und verbitterten armen Ländern bestehen. Obwohl Kriege selten geworden sind und auch der Terrorismus abgenommen hat, ist es eine spannungsgeladene Welt, die noch immer geprägt ist von den quälenden Widersprüchen der menschlichen Natur.

Die Menschheit befindet sich im Jahr 2100 in einem rasch fortschreitenden Alterungsprozess. Gegen die meisten Krankheiten gibt es Heilmittel, sogar gegen solche, die durch genetische Defekte ausgelöst werden. Die Versorgung hat sich fast überall erheblich verbessert. Die Lebenserwartung ist gestiegen, allerdings um den Preis schwindelerregender Kostenzuwächse im Gesundheitswesen. Hundertjährige sind keine Seltenheit mehr. Die Ursachen des Alterns sind bekannt. Die Geburtenraten sind entsprechend zurückgegangen, besonders in den reichen Ländern, wo junge Leute zunehmend aus den ärmeren Ländern rekrutiert werden müssen. Die schon im zwanzigsten Jahrhundert begonnene genetische Homogenisierung der Weltbevölkerung durch Mischehen hat sich beschleunigt. Verglichen mit der Situation im zwanzigsten Jahrhundert, hat die genetische Variabilität innerhalb lokaler Populationen zugenommen, während die Unterschiede zwischen den Populationen abnehmen. Mit jeder Generation verwischen sich die biologischen Rassenunterschiede stärker.

Keine dieser Veränderungen hat jedoch die geringsten Auswirkungen auf die menschliche Natur gehabt. Ungeachtet unserer Fortschritte in Wissenschaft, Technik und Kultur hat sich *Homo sapiens* als biologische Art relativ wenig verändert. Darin liegt unsere Stärke und unsere Schwäche zugleich. Es entspricht der Natur aller biologischen Arten, sich unbesorgt immer weiter zu vermehren und auszubreiten, bis die Umwelt sich wehrt. Dies geschieht durch Rückkopplungsschleifen – Krankheiten, Hungersnöte, Kriege und Verteilungskämpfe um knappe Ressourcen –, die sich immer mehr zuspitzen, bis der Druck auf die Umwelt wieder nachlässt. Dazu kommt eine nur *Homo sapiens* zur Verfügung stehende Rückkopplungsschleife, die alle anderen überflüssig machen kann: bewusste Mäßigung. Wenn sich die Entwicklungstrends des zwanzigsten Jahrhunderts fortsetzen, so wie in diesem Szenarium angenommen, dann hat diese Mäßigung nicht stattgefunden.

Im ausgehenden 21. Jahrhundert wird nur noch eine gequälte Natur übrig sein. Die Urwälder sind weitgehend verschwunden und mit ihnen die meisten Hot Spots der biologischen Vielfalt. Der Zustand von Korallenriffen, Flüssen und anderen aquatischen Lebensräumen hat sich drastisch verschlechtert. Mit diesen beispiellos artenreichen Ökosystemen ist mehr als die Hälfte aller Tier- und Pflanzenarten auf der Erde verschwunden. Nur winzige Relikte natürlicher Lebensräume erinnern noch an die einstigen Naturschätze. Sie werden von Regierungen und privaten Eigentümern gehütet, die reich und weise genug waren, sie zu bewahren, als die menschliche Flutwelle über den Planeten hinwegrollte.

Ebenso wie die humangenetische Vielfalt ist auch das, was von der biologischen Vielfalt bis zum Jahr 2100 überlebt hat, geographisch viel einförmiger geworden. Der kosmopolitische Strom fremder Organismen hat jeden Lebensraum mit Einwanderern aus einer Vielzahl habitatfremder Floren und Faunen überschwemmt. Bereist man die Welt entlang eines beliebigen Breitengrades, trifft man immer wieder auf dieselbe kleine Gruppe eingeführter Vögel, Säugetiere, Insekten und Mikroben. Es sind die Lebewesen, die von unserer globalisierten Handels- und Verkehrsgesellschaft am meisten profitieren und die in den gleichförmigen Lebensräumen, die wir geschaffen haben, am besten gedeihen. Eine älter und weiser gewordene Menschheit wird endlich – zu spät – begreifen, dass die Erde unwiderruflich ein viel ärmerer Ort geworden ist.

So wird also die Welt im ausgehenden 21. Jahrhundert aller Voraussicht nach aussehen, wenn sich die gegenwärtigen Entwicklungstrends fortsetzen. Das denkwürdigste Vermächtnis des 21. Jahrhunderts wird das Zeitalter der Einsamkeit sein, das die künftige Menschheit erwartet. Das Testament, das wir mit dem Anbruch dieses Zeitalters hinterlassen, könnte wie folgt lauten:

Wir vermachen Euch die künstlichen Urwälder Hawaiis und ein riesiges, ödes Buschland, wo sich einst die gewaltigen Wälder des Amazonas erstreckten, sowie vereinzelte Überreste natürlicher Lebensräume, die wir vor der Verwüstung bewahrten. Ihr werdet vor der Herausforderung stehen, mit Hilfe der Gentechnik neue Pflanzen- und Tierarten zu erzeugen und sie auf irgendeine Weise zu frei lebenden künstlichen Ökosystemen zusammenzufügen. Wir wissen, dass diese Aufgabe vielleicht nicht zu lösen ist. Und wir wissen auch, dass vielen von Euch schon der Gedanke daran zuwider ist. Wir wünschen Euch viel Glück. Sollten Eure Bemühungen von Erfolg gekrönt sein, so bedauern wir dennoch, dass das, was Ihr künstlich zu schaffen vermögt, niemals so befriedigend sein kann wie die ursprüngliche Schöpfung. Wir bitten Euch um Vergebung und überlassen Euch hiermit diese audiovisuelle Bibliothek, die einen anschaulichen Eindruck von der wunderbaren Welt vermittelt, die einst existierte.

Kapitel 4

Der Massenmörder

Eines meiner unvergesslichsten Erlebnisse hatte ich an einem späten Maiabend des Jahres 1994, als ich im Zoo von Cincinnati
einem vier Jahre alten Sumatra-Nashorn namens Emi begegnete,
eine Weile in ihr kummervolles Gesicht schauen und meine Hand
auf ihre haarige Flanke legen durfte. Eine Reaktion zeigte sie nicht,
außer dass sie vielleicht mit den Augen blinzelte. Das war schon
alles, mehr geschah nicht. Für mich aber war es die lang ersehnte
Begegnung mit einem Fabelwesen.

Das Sumatra-Nashorn, *Dicerorhinus sumatrensis*, ist ein ganz
besonderes Tier. Extrem scheu und zurückgezogen, gehört es zu
den seltensten Tierarten der Welt. Die World Conservation Union
hat es auf die Rote Liste der vom Aussterben bedrohten Arten gesetzt. Am Abend, als ich Emi traf, lebten weltweit wahrscheinlich
keine 400 Exemplare mehr, und ihre Zahl ist seither weiter zurückgegangen. Während ich dies im Jahr 2001 schreibe, sind wahrscheinlich kaum noch 300 am Leben, von denen siebzehn in Gefangenschaft gehalten werden. Dem Sumatra-Nashorn sind vielleicht nur noch wenige Jahrzehnte beschieden, bevor es endgültig
ausstirbt. Das sagt zumindest ein Experte, Thomas Foose, der die
Chance, dass es um die Mitte des Jahrhunderts noch existiert, mit
nicht einmal fünfzig zu fünfzig beziffert.

Das Sumatra-Nashorn ist unter Zoologen und Artenschutzbiologen legendär. Diejenigen, die es in seinen heimischen Wäldern
suchen, erhaschen kaum je einen Blick auf das leibhaftige Tier. Bestenfalls dürfen sie hoffen, Kuhlen und Fährten an Flussläufen und
Bergkämmen zu finden oder vielleicht ein Rascheln im Unterholz
und einen flüchtigen Hauch Moschus in der Luft wahrzunehmen.
Ich werde niemals auch nur diese Erfahrung machen. Stattdessen
bleibt mir die Erinnerung an Emi und ein Büschel von ihrem Haar
auf meinem Schreibtisch – als Talisman für *Dicerorhinus sumatrensis* und all die anderen Arten, die im Verschwinden begriffen sind.

Die Besonderheit des Sumatra-Nashorns beruht auch darauf, dass es sich um ein lebendes Fossil handelt. Die Gattung, zu der es gehört, entwickelte sich im Oligozän vor mindestens 30 Millionen Jahren – auf halber Strecke zwischen dem Ende des Dinosaurierzeitalters und der Gegenwart. Neben einigen urtümlichen tropischen Fledermausarten hat es damit den ältesten relativ unveränderten Stammbaum eines Säugetieres auf der Welt. An jenem Abend musste ich immer daran denken, in was für einer außerordentlichen und erschreckenden Zeit wir leben, dass ich dieses Naturwunder von der anderen Seite des Globus in vielleicht dem letzten evolutionsgeschichtlichen Augenblick seiner Existenz ansehen und berühren durfte.

Mein Gastgeber war der Direktor des Zoos, Edward Maruska, der wie ich ein glühender Bewunderer des Sumatra-Nashorns ist. Er erklärte mir, dass drei ausgewachsene Tiere hier zusammengebracht worden waren und noch weitere gesucht würden, um in internationaler Zusammenarbeit eine Art Zuchtreserve für den Fall aufzubauen, dass die Spezies in der Natur ausstirbt. Nachts lebten die Gefangenen in einer Welt aus nassem Beton und Stahlgittern – der Sicherheit wegen. Tagsüber begaben sie sich in ihre naturähnlich gestalteten Freigehege, vertilgten an die 50 Kilogramm Futter und ließen sich von der Öffentlichkeit bestaunen. Das Nachtgehege, das ich betrat, wurde ständig mit leiser Rockmusik beschallt. Die Musik sollte die Tiere an Geräusche gewöhnen, so dass sie durch plötzlichen Lärm – wie etwa das Knallen einer Tür oder das Dröhnen eines vorbeifliegenden Flugzeugs – nicht in Panik gerieten.

Einst gehörten die Nashörner zu den Herrschern der Welt. Über viele Jahrmillionen, lange vor der Entstehung des Menschen, waren die verschiedenen Nashornarten – von kleinen, flusspferdähnlichen Spezies bis zu gewaltigen Riesen von der Größe eines Elefanten und darüber – die dominierenden großen Pflanzenfresser in den Wäldern und Graslandschaften der meisten Landmassen der Welt. Das Sumatra-Nashorn ist eine von fünf Arten, die bis heute überlebt haben. Es ist die einzige in Asien verbreitete Art mit zwei Hörnern. Das Java-Nashorn, das noch seltener ist als das Sumatra-Nashorn, besitzt nur ein Horn, ebenso wie der enge Verwandte des Java-Nashorns, das Indische Panzernashorn, das nach dem Afrikanischen und dem Asiatischen Elefanten als das drittgrößte Landsäugetier der Welt gilt. Mit einem Bestand von ungefähr 2500 frei lebenden Exemplaren wird das Panzernashorn von Artenschutzbiologen nur als »gefährdet« und nicht als »vom Aussterben bedroht« eingestuft. Das Spitzlippen- und das Breitlippennashorn, die beide nur in Afrika südlich der Sahara vorkommen, besitzen wie das Sumatra-Nashorn zwei Hörner, unterscheiden sich jedoch ansonsten erheblich von ihm. Auch sie sind in ihrem Bestand gefährdet, wenn nicht gar vom Aussterben bedroht. Das Sumatra-Nashorn weist anatomisch deutliche Unterschiede zu den anderen vier lebenden Arten auf. Mit einem Gewicht von 1000 Kilogramm im ausgewachsenen Zustand ist es die kleinste Nashornart, auch wenn es im Vergleich zu anderen Tieren immer noch riesig ist. Es zeichnet sich ferner durch ein Merkmal aus, das sich zwar bei frühen Vorfahren der Nashornfamilie findet, nicht aber bei den anderen vier überlebenden Arten: ein zottiges Fell. Beim Neugeborenen ist es kurz, kraus und schwarz, bei jungen ausgewachsenen Tieren lang, rötlichbraun und etwas gewellt, und bei alten Tieren schließlich ist es spärlich, dunkel und borstig. Ein wolliges Nashorn ist schwer vorstellbar, aber das liegt nur daran, dass das Sumatra-Nashorn so selten beobachtet wird und kaum in Büchern abgebildet ist.

Die Sumatra-Nashörner haben sich auf ein Leben in bergigen Regenwäldern spezialisiert, in denen reichlich stehende Gewässer vorhanden sind. Sie sind ausdauernde und gute Kletterer. Wenn sie verfolgt werden, preschen sie durch das Unterholz über steile Anhänge bergauf und bergab davon. Sie durchschwimmen ohne Probleme Flüsse und Seen, und einige wurden in flachem Meerwasser vor der Küste beim Paddeln beobachtet. Tagsüber suhlen sie sich in Teichen und Schlammtümpeln, um sich abzukühlen und sich durch eine Schlammschicht vor den Angriffen der quälenden Pferdebremsen zu schützen, die durch die Wälder des asiatischen Flachlandes schwärmen. Nachts trampeln sie auf der Suche nach Futter durch die Vegetation. Sie ernähren sich vom Unterholz alter Waldbestände und von den saftigeren Schösslingen und Büschen, die an Flussufern oder in den Lücken, die durch umgestürzte Bäume entstehen, wachsen. Um an zusätzliches Futter zu gelangen, brechen sie mit ihren kurzen, plumpen Hörnern außerdem die unteren Äste von Bäumen ab. Zwischen ihren Suhlplätzen und ihren bevorzugten Futterplätzen gibt es ein richtiges Wegenetz, das auch die Salzlecken einbezieht, die sie regelmäßig aufsuchen, um sich mit lebensnotwendigen Mineralien zu versorgen. Als Pflanzenfresser sind Nashörner nicht aggressiv, solange man sie in Ruhe lässt. Sie kämpfen nur, um sich selbst und ihre Jungen zu verteidigen oder um andere Nashörner aus ihrem Revier zu vertreiben. Außer zur Paarung und zur Aufzucht der Jungen leben die Sumatra-Nashörner als Einzelgänger. Unter normalen Umständen, die aber kaum mehr irgendwo gegeben sind, beansprucht jedes ausgewachsene Tier ein zehn bis dreißig Quadratkilometer großes Revier. Sobald es an einem Ort nicht mehr genügend Futter gibt, wechselt es seine Suhlplätze und zieht weiter. Die Weibchen gebären jeweils ein Junges und ziehen es drei Jahre lang auf, bevor sie es vertreiben, damit es sich ein eigenes Revier sucht. Das Rekordalter eines Sumatra-Nashorns in Gefangenschaft ist 47 Jahre. Da sie aber in freier Wildbahn erbarmungslos gejagt werden, erreichen wild lebende Tiere dieses Alter wahrscheinlich nur selten.

Der Rückgang des Sumatra-Nashorns hat sich nicht in Form einer plötzlichen Katastrophe, sondern schleichend vollzogen – vergleichbar eher einer Krebserkrankung denn einem Tod durch Herzinfarkt. Das Muster ist typisch für viele verschwindende Tierarten. In vorgeschichtlicher Zeit erstreckte sich das Verbreitungsgebiet der Sumatra-Nashörner über ein riesiges bewaldetes Terrain, das von Indien über Myanmar (das ehemalige Birma) bis nach Vietnam und von dort südwärts über die malaiische Halbinsel bis nach Sumatra und Borneo reichte. Sie dürften schon unserem entfernten Vorfahren *Homo erectus* mit seinem noch relativ kleinen Gehirn bekannt gewesen sein, der allmählich vom Westen und Norden des Kontinents in das tropische Südostasien vordrang. Vielleicht machten auch diese frühen Menschen bereits Jagd auf das Sumatra-Nashorn, aber auf Grund ihrer primitiven Waffen, der dichten Wälder und der Schnelligkeit der Nashörner dürften ihre Jagderfolge spärlich gewesen sein. Dank der außergewöhnlichen Scheu des Sumatra-Nashorns und der Undurchdringlichkeit seiner Lebensräume kam es in weiten Teilen seines Verbreitungsgebietes bis in die jüngere Vergangenheit hinein relativ häufig vor. In der Umgebung der Salzlecken im Gunung Leuser National Park in Nordsumatra wurden früher bis zu vierzehn Exemplare auf einem einzigen Quadratkilometer gezählt.

Bis Mitte der achtziger Jahre waren solche Konzentrationen fast undenkbar geworden. Der Gesamtbestand hatte auf 500 bis 900 Tiere abgenommen, davon lebten sechzehn in Gefangenschaft. Eine früher im gesamten Norden verbreitete Unterart umfasste nur noch sechs oder sieben Exemplare, die ausschließlich in Myanmar vorkamen. Auf der malaiischen Halbinsel lebten noch 100 Tiere, auf Borneo 30 bis 50 und auf Sumatra zwischen 400 und 700. Der Rückgang hat sich bis in die Gegenwart erbarmungslos fortgesetzt und hält weiter an. Die birmanische Unterart ist mittlerweile offenbar ausgerottet, und die Population auf Borneo wird höchstwahrscheinlich als nächste ausgelöscht sein. Wenn nicht drastische Maßnahmen ergriffen werden, um die Entwicklung aufzuhalten, erscheint es unvermeidlich, dass die gesamte Art innerhalb der nächsten Jahrzehnte aus ihren natürlichen Lebensräumen verschwunden sein wird.[1]

Stirbt das Sumatra-Nashorn an Altersschwäche? Ist vielleicht einfach die Zeit für sein natürliches Ende gekommen? Sollten wir es deshalb in Ruhe sterben lassen?

Die Antwort ist ein kategorisches Nein. Eine solche Annahme geht nachweislich von gefährlichen und falschen Voraussetzungen aus. Das Sumatra-Nashorn und jede andere verschwindende Art stirbt für gewöhnlich jung, zumindest in einem physiologischen Sinne. Der Gedanke, dass Arten einem natürlichen Lebenszyklus unterworfen seien, basiert auf einem Trugschluss. Eine gefährdete Art kann nicht mit einem todkranken Patienten verglichen werden, dessen Behandlung zu kostspielig und aussichtslos erscheint, um sie fortzusetzen. Im Gegenteil, die große Mehrheit seltener und bedrohter Arten besteht aus jungen, gesunden Individuen, die nur genügend Raum und Zeit benötigen, um wachsen und sich fortpflanzen zu können. Diese Lebensbedingungen werden ihnen aber durch menschliche Einwirkung versagt.

Das Beispiel des vom Aussterben bedrohten Kalifornischen Kondors, *Gymnogyps californianus*, soll dies verdeutlichen. Der zu den größten flugfähigen Vögeln der Welt zählende Kalifornische Kondor ist aus seinem früheren Verbreitungsgebiet, das sich über fast ganz Nordamerika erstreckte, vollständig verschwunden, nicht weil er genetisch degenerierte, sondern weil der Mensch die meisten seiner natürlichen Lebensräume zerstörte und die Überlebenden abschoss oder vergiftete. Als es nur noch ein knappes Dutzend wild lebender Individuen gab, fingen Biologen diese ein und brachten sie in eine Brutkolonie in der Nähe von San Diego, die bereits zur Züchtung des Kalifornischen Kondors genutzt wurde. Unter den geschützten Lebensbedingungen entwickelte sich die Population aus beiden Gruppen prächtig. Vor kurzem sind sogar wieder einige Exemplare im Grand Canyon und in anderen begrenzten Regionen ihres einstigen Verbreitungsgebiets ausgesetzt worden. Somit ist uns der Kalifornische Kondor als wild lebende Art zumindest noch für eine Weile – und hoffentlich sogar für viele Jahrtausende – erhalten geblieben. Wenn seine ursprünglichen Brut- und Lebensräume wiederhergestellt werden könnten und seine Population Gelegenheit bekäme, sich ungestört zu vermehren, dann könnte er auf seinen majestätischen Schwingen wie einst von der Atlantik- bis zur Pazifikküste schweben. Dies wird natürlich nicht in absehbarer Zukunft – wenn überhaupt – geschehen, aber immerhin hat die amerikanische Fauna eine ihrer spektakulärsten Arten zurückgewonnen.[2]

Andere in letzter Minute durchgeführte Rettungsaktionen haben bestätigt, dass bedrohte Arten im Allgemeinen eine natürliche Fähigkeit zur Regeneration besitzen. Die spektakulärste Rettungsmaßnahme betraf den Mauritius-Falken. Diese nur auf Mauritius im Indischen Ozean heimische kleine Falkenart war im Jahr 1974 bis auf ein einziges Brutpaar zurückgegangen. Die meisten Naturschützer hatten sie bereits aufgegeben. Doch die heroischen Anstrengungen des Vogelzüchters Carl Jones und seiner Mitarbeiter haben die Population gerettet. Heute leben wieder ungefähr zweihundert Paare auf Mauritius, einige davon in Gefangenschaft, andere in ihrem ursprünglichen Lebensraum. Dies entspricht ungefähr der Hälfte des Bestandes vor Besiedelung der Insel durch den Menschen. Da die Population nur sehr knapp vor dem Aussterben gerettet wurde, hat sie einen genetischen Engpass durchlaufen, der den Falken eines Großteils seiner ursprünglichen genetischen Vielfalt beraubt hat. Zum Glück wiesen die überlebenden Gene nicht übermäßig viele Defekte auf, so dass die Fruchtbarkeit und das Überleben nicht gefährdet wurden.[3]

Weil solche außergewöhnlichen Rettungsmaßnahmen teuer und zeitaufwendig sind, können sie nur bei einem winzigen Bruchteil der abertausend bedrohten Pflanzen- und Tierarten durchgeführt werden. Zu diesen wenigen Auserwählten gehören natürlich vor allem die großen, schönen und charismatischen Arten. Aber selbstverständlich sind nicht alle Versuche mit gefangenen Populationen erfolgreich. Die Aussichten für das Sumatra-Nashorn sind leider besonders trüb. Kein anderes großes Säugetier auf der Welt, nicht einmal der Große Panda, ist so schwer zu züchten. Die Schwierigkeiten liegen darin begründet, dass einerseits die Ovulationsperioden beim Weibchen sehr kurz sind und wahrscheinlich erst durch die Gegenwart eines Männchens ausgelöst werden und dass andererseits die potenziellen Paarungspartner außer zur Paarung aggressive Einzelgänger sind. Von den siebzehn Individuen, die in zoologischen Gärten und eingezäunten Regenwaldgehegen leben, haben sich nur drei Männchen und fünf Weibchen gepaart. Von den Weibchen wurde nur Emi aus dem Zoo in Cincinnati trächtig, und mehrere Föten starben bei Fehlgeburten, bis sie im September 2001 tatsächlich ein Kalb zur Welt brachte. Diesmal war mit Hormontherapie nachgeholfen worden.

Die Ursachen für den Rückgang des wild lebenden Sumatra-Nashorns sind zwar bekannt, aber bislang noch unabänderlich. Die einst unwegsamen tropischen Wälder Asiens werden immer rascher abgeholzt und durch Ölpalmplantagen und andere landwirtschaftliche Nutzflächen ersetzt. Aber die Dezimierung seiner Lebensräume allein müsste für das Sumatra-Nashorn noch nicht notwendigerweise tödlich sein. Auf Sumatra, Borneo und der malaiischen Halbinsel existieren noch immer ausreichend große Naturreservate, um kleine, aber lebensfähige Populationen versorgen zu können. Die tödliche Gefahr geht vielmehr von der Wilderei aus, die schon für sich genommen ein solches Ausmaß erreicht hat, dass die Nashörner innerhalb weniger Jahre ausgerottet sein werden, wenn es nicht gelingt, den Wilderern Einhalt zu gebieten. Angestachelt wird die Wilderei durch die unersättliche Nachfrage der traditionellen chinesischen Medizin nach dem Horn des Nashorns, dem bei einer Fülle von Krankheiten – von Fieber über Kehlkopfentzündung bis zu Rückenschmerzen – eine heilende Wirkung zugeschrieben wird. Wissenschaftliche Beweise gibt es dafür allerdings nicht. Das Resultat ist ein marktwirtschaftlicher Teufelskreis, der für das Sumatra-Nashorn das Aus bedeuten wird. Je seltener das Horn des Nashorns wird, desto höher klettern die Preise und desto attraktiver wird das Wildern. Dadurch wird das Horn noch seltener, und die Preise steigen ins Unermessliche. 1998 wurde für ein Horn des Afrikanischen Spitzlippennashorns in Taipeh bis zu 12 000 Dollar pro Kilogramm erzielt – das entspricht ungefähr dem Dollarpreis eines Kilogramms Gold –, ein Kilogramm vom Horn des Indischen Panzernashorns war sogar astronomische 45 000 Dollar wert. Den Preis für das Horn eines Sumatra-Nashorns konnte ich nicht in Erfahrung bringen, aber er liegt wahrscheinlich in derselben Größenordnung wie für das Panzernashorn, da die Chinesen im Allgemeinen die asiatischen Arten den afrikanischen vorziehen.

In den siebziger Jahren beschleunigte ein Ereignis das illegale Abschlachten der Nashörner auf völlig unvorhersehbare Weise: das von der OPEC verhängte Ölembargo. Mit dem Anstieg der Ölpreise erhöhte sich auch das Pro-Kopf-Einkommen in einem Großteil der arabischen Länder. Davon profitierten unter anderem junge Männer aus dem verarmten Jemen, die in Saudi-Arabien auf den Ölfeldern gutes Geld verdienten. Mit diesem Geld konnten sie sich teurere »Jambias« leisten, Zeremonialdolche, die im Jemen zur Feier des Initiationsritus verschenkt werden. Die begehrtesten Jambias aber haben Griffe aus dem Horn des Nashorns. Die Wilderei nahm schlagartig zu.

Die durch die geballte Nachfrage nach Jambia-Griffen und Heilmitteln der chinesischen Medizin extrem angekurbelte Wilderei hat die Nashorn-Populationen weltweit in einem Maße dezimiert, wie es niemals für möglich gehalten wurde. Als Theodore Roosevelt 1909/10 seine Afrika-Expedition von Mombasa aus landeinwärts unternahm, gab es noch eine Million Exemplare des Spitzlippennashorns. Der ehemalige amerikanische Präsident, ein engagierter Verfechter des Naturschutzes, verspürte keine Gewissensbisse, einige davon zu erlegen. Noch 1970 zählte die Population rund 65 000 Exemplare, doch dann kam der Einbruch – ausgelöst durch die stark gestiegene Nachfrage nach Jambias mit Horngriffen. Bis 1980 sank der Bestand auf 15 000 Exemplare, bis 1985 auf 4800, und fünfzehn Jahre später war er auf 2400 Exemplare zurückgegangen. Im Jahr 1997 trat Jemen endlich dem Artenschutzabkommen CITES (Convention on International Trade in Endangered Species of Wild Fauna and Flora) bei, und so ist zu hoffen, dass die Nachfrage nach Hörnern des Nashorns aus dieser Quelle abebbt. Doch allein der unverminderte Bedarf in der asiatischen Volksmedizin reicht aus, um das Sumatra-Nashorn auszurotten.

Es verwundert wenig, dass die Wilderei so schwer zu bekämpfen ist. Ein Wilderer, der mit dem Erlegen eines einzigen Nashorns zehn Jahreseinkommen verdienen kann, ist ohne zu zögern bereit, Gefängnis und sogar sein Leben zu riskieren. Zum Pech für das Nashorn ist das Risiko für die Wilderer in den undurchdringlichen Tropenwäldern Asiens, wo Tiere still und heimlich gejagt werden können, nicht besonders groß. Früher, als die Preise für die Hörner des Nashorns noch nicht so exorbitant waren, stellten einheimische Jäger dem Sumatra-Nashorn nach, wann immer sie frische Fährten fanden – das heißt, sie ergriffen die Gelegenheit, wenn sie sich ihnen bot, aber sie unternahmen keine gezielten Anstrengungen, um Nashörner aufzuspüren. Mit dem Anstieg der Preise sind aus den Gelegenheitsjägern jedoch spezialisierte räuberische Banden geworden, die die Wälder kreuz und quer nach Nashornspuren durchstreifen. Sie fangen die Tiere in getarnten Fallgruben oder spießen sie mit Hilfe angespitzter Baumstämme auf, die sie über Trampelpfaden aufhängen. Berühren die Tiere am Boden gespannte Stolperdrähte, sausen die Pfähle herab. Die hilflosen Tiere werden dann mit dem Gewehr erschossen und ausgeschlachtet, die Hörner herausgerissen und wartenden Mittelsmännern übergeben. Das Ende dieser Tragödie ist abzusehen: Noch vierhundert solcher Schlachtfeste am Lagerfeuer, und das Sumatra-Nashorn wird endgültig ausgerottet sein.

Im September 1992 leitete Alan Rabinowitz, ein Experte auf dem Gebiet der großen Säugetiere Asiens, eine Expedition ins Danum Valley von Sabah an der Nordspitze Borneos, um einige der letzten wild lebenden Sumatra-Nashörner zu finden. In dem unter Naturschutz stehenden Danum Valley vermutete man die meisten Tiere der rasch schwindenden Nashorn-Population Borneos. Die Mitglieder der Expedition wurden in fünf Suchtrupps aufgeteilt, von denen sich drei zu Fuß auf den Weg durch den Urwald machten und zwei per Hubschrauber in der Mitte abgesetzt wurden. Jede Gruppe arbeitete sich dann auf verschiedenen Routen kreuz und quer durch das Tal. Insgesamt fanden sie Spuren von höchstens sieben Tieren. Sie entdeckten verlassene Suhlen und »Geisterfährten«, Furchen in Nashornsuhlen, die vermutlich von den Hörnern längst getöteter Tiere stammen. Sie stießen auch auf Wilderer. Durch Zufall landete eines der Hubschrauber-Teams in unmittelbarer Nähe eines Wildererlagers. Die Jäger ergriffen sofort die Flucht.

Danach besuchten Rabinowitz und sein Kollege George Schaller Tamanthi, ein Reservat in Myanmar, das zwanzig Jahre zuvor eingerichtet worden war, um Tiger, Sumatra-Nashörner und andere heimische Großsäugetiere zu schützen. Sie fanden noch eine kleine Anzahl von Tigern, aber nicht die geringste Spur eines Nashorns. Einheimische Lisu-Jäger berichteten, wie sie die Tiere eines nach dem anderen verfolgt hatten, bis keines mehr übrig war. Dasselbe galt auch für eine zweite birmanische Population, die früher am nördlichen Rand des Verbreitungsgebiets gelebt hatte. Jäger erzählten, seit vielen Jahren sei kein einziges Nashorn mehr gesehen worden. Einige der älteren Jäger erinnerten sich noch an den Tag, an dem das letzte getötet, ausgenommen und seines Horns beraubt worden war.

Kann das Sumatra-Nashorn wie der Kalifornische Kondor und der Mauritius-Falke in letzter Minute vor dem Aussterben gerettet werden? Von den zwei Standardmethoden haben sich die Zuchtversuche in Gefangenschaft bislang als erfolglos erwiesen, während der Schutz vor Wilderern in den bestehenden Schutzgebieten höchst unzulänglich ist. Die wenigen Nashornexperten, die sich mit diesem Problem beschäftigen, stimmen darin überein, dass *Dicerorhinus sumatrensis* in die letzte Runde eingetreten ist. Eine Lösung, wie auch immer sie aussehen mag, muss sofort gefunden werden, wenn es nicht zu spät sein soll, so ihr einhelliges Urteil. Ein neuer Lösungsansatz besteht nun darin, kleinere Regenwaldgebiete einzuzäunen und sorgfältig zu überwachen, um auf diese Weise Schutzgebiete zu schaffen, die in der Größe zwischen zoologischen Gärten und Naturreservaten rangieren. Gehege dieser Art, die einige Hektar umfassen, werden zurzeit in Sumatra, auf der malaiischen Halbinsel und in Sabah eingerichtet. Bislang hat sich in diesen Gebieten zwar noch kein Nachwuchs eingestellt, aber zumindest lassen die halbwegs natürlichen Lebensbedingungen hoffen, dass sie der Fortpflanzung förderlich sind. Wenn man sich die wahnwitzige Situation vor Augen hält – die exorbitanten Preise für das Horn des Nashorns, den Mangel an wissenschaftlichen Beweisen für seine medizinische Wirkung und den furchtbaren Blutzoll, den diese »Medikation« dennoch fordert –, dann erscheint es am sinnvollsten, die Anhänger der traditionellen chinesischen Medizin davon zu überzeugen oder notfalls dazu zu zwingen, das Horn des Nashorns aus ihrer Heilmittelliste zu streichen.

So groß die Versuchung für die westlichen Industrieländer sein mag, sich in solchen Dingen moralisch überlegen zu fühlen, so wenig gerechtfertigt ist sie. Es sind dieselben ungezügelten Kräfte des Marktes, die dort wie überall auf der Welt am Werk sind. Seit 500 Jahren verarbeiten Weber in der kaschmirischen Stadt Srinagar die Wolle der Tibetantilope, die von so hoher Qualität ist, dass sie den persischen Beinamen *Shahtoosh*, »Wolle der Könige«, erhielt. In den späten achtziger Jahren avancierten *Shahtoosh*-Schals plötzlich zum internationalen Mode-Hit; unbedarft wurden sie von Königin Elisabeth II. ebenso wie von Supermodel Christie Brinkley getragen. Die Nachfrage führte dazu, dass die jährliche Schalproduktion von wenigen hundert pro Jahr auf Tausende anstieg. Bis zu 17 000 Dollar bezahlten Liebhaber für einen einzigen Schal. Um die immer größere Nachfrage nach Wolle zu befriedigen, wurde die Tibetantilope erbarmungslos gejagt. Für einen Schal von 1,80 Metern Länge benötigt man die Felle von drei oder mehr Antilopen. Da der Handel mit *Shahtoosh*-Schals in Kaschmir noch immer legal ist, werden heute schätzungsweise 20 000 Tiere jährlich getötet. Der Bestand ist dadurch auf 75 000 Exemplare gesunken, die vorwiegend in den entlegenen westlichen und zentral-nördlichen Teilen der Tibetanischen Hochebene leben.

In den Vereinigten Staaten führte die starke Nachfrage nach Abalone-Muscheln zu einem Rückgang aller vier kommerziell geernteten Küstenabalone-Arten. (Auch ich gehörte zu den gedankenlosen Konsumenten.) Um die durch die Verknappung entstandene Lücke zu füllen, griff man zunehmend auf die Weiße Abalone-Muschel zurück, die als Tiefseemuschel zwar weniger leicht zugänglich ist, sich aber als zarter und schmackhafter erwies. Zwischen 1969 und 1977 kam es zu einer so starken Überfischung der Weißen Abalone-Muschel, dass die Art als gefährdet eingestuft werden musste. Mittlerweile ist sie, auch infolge der starken Wilderei, fast vollständig verschwunden.[4]

Das Sumatra-Nashorn und die Weiße Abalone-Muschel sind exemplarisch für die zahllosen Arten auf der ganzen Welt, die durch Übernutzung und andere menschliche Einflüsse vom Aussterben bedroht sind. Die am stärksten gefährdeten Arten sind jene, deren Bestände auf weniger als hundert Tiere gesunken sind. Da sie gewissermaßen nur noch hundert Herzschläge von der weltweiten Auslöschung entfernt sind, spreche ich vom »Club der hundert Herzschläge«. Zu den herausragenden Mitgliedern gehören der Philippinische Affenadler, die Hawaii-Krähe, der Spix-Ara, der Chinesische Flussdelfin, das Java-Nashorn, der Hainan-Gibbon, das Vancouver-Murmeltier, die Texanische Seenadel und der Quastenflosser des Indischen Ozeans. Anwärter auf baldige Mitgliedschaft sind der Große Panda, der Berggorilla, der Sumatra-Orang-Utan, das Sumatra-Nashorn, der Goldene Bambuslemur, die Mittelmeer-Mönchsrobbe, das Philippinen-Krokodil und der Barndoor Skate, eine der größten Rochenarten des Nordatlantiks.

Mindestens 976 der 100 000 in der Wissenschaft bekannten Baumarten stehen vor ähnlichen Problemen. Von drei extrem gefährdeten Arten, darunter der Chinesischen Hainbuche *(Carpinus putoensis)*, gibt es jeweils nur noch ein einziges Exemplar. Naturschützer bezeichnen sie deshalb oft als »lebende Tote«. Drei andere Arten, darunter der wunderschöne *Hibiscus clayi* aus Hawaii, sind nur noch mit drei oder vier Exemplaren vertreten. Den Rekord für die größte Konzentration bedrohter Arten halten wahrscheinlich die Juan-Fernández-Inseln, 600 Kilometer vor der chilenischen Küste gelegen. Berühmt wurde dieser winzige Archipel durch Alexander Selkirk, der vier Jahre auf einer dieser einsamen Inseln lebte und Daniel Defoe zu seinem 1719 erschienenen Roman *Robinson Crusoe* inspirierte. Auf der 181 Quadratkilometer großen Landfläche leben 125 Pflanzenarten, die nirgendwo sonst vorkommen. Auf Grund der seit Jahrhunderten andauernden Schädigung des Lebensraumes durch Besucher und Bewohner und die von ihnen eingeschleppten Ziegen sowie durch Feuer und Holzschlag kommen zwanzig der Arten nur noch mit 25 oder weniger Exemplaren in der Natur vor. Bei sechs Arten handelt es sich um kleine, nur auf den Juan-Fernández-Inseln heimische Bäume der Gattung *Dendroseris*. Von *Dendroseris macracantha* gab es, so glaubte man, sogar nur noch ein einziges Exemplar in einem Garten auf der Insel. In den achtziger Jahren wurde dieser Baum versehentlich gefällt, und die Spezies galt als unwiederbringlich verloren – bis ein weiteres Exemplar von einem einheimischen Touristenführer an einem steilen vulkanischen Bergkamm im Landesinneren entdeckt wurde. Eine nur auf den Juan-Fernández-Inseln beheimatete Sandelbaumart gilt als ausgestorben, obwohl manche die Hoffnung nicht aufgegeben haben, dass doch noch ein oder zwei überlebende Exemplare auftauchen.[5]

Es kann niemanden mehr überraschen, dass eine große Zahl von Arten mittlerweile die schmale Grenze überschreitet, die die kritische Gefährdung von den »lebenden Toten« trennt. Von da ist es dann nur noch ein kleiner Schritt bis zur Vergessenheit. Dennoch gibt es noch immer einige Autoren – darunter keine Biologen –, die bezweifeln, dass Arten in großem Maßstab aussterben. Vielleicht lassen sie sich dadurch irreführen, dass die Ausrottung einer Art – ebenso wie der Tod eines Menschen – selten in dem Augenblick beobachtet wird, in dem das Ereignis eintritt. Außerdem sind gefährdete Arten wegen ihres extrem seltenen Vorkommens ohnehin nur schwer zu finden. Statistisch gesehen verbleiben sie bloß kurze Zeit in diesem prekären Zwischenstadium. In jedem beliebigen Lebensraum wird an jedem beliebigen Tag nur ein relativ kleiner Teil der Flora und Fauna den vom Aussterben bedrohten Arten zugerechnet. Weitaus mehr Arten werden lediglich als »gefährdet« oder, noch harmloser klingend, als »potenziell gefährdet« klassifiziert. Die Erklärung ist dieselbe wie für die relativ geringe Anzahl von Patienten in der Intensivstation eines Krankenhauses: Einige kleine Komplikationen reichen aus, und sie sind für immer verschwunden.

Viele der in jüngerer Zeit ausgestorbenen Arten werden sicherlich auch deshalb völlig übersehen, weil sie so selten auftreten, dass sie verschwunden sind, bevor sie überhaupt entdeckt und benannt werden. Ein unter Artenschutzbiologen berühmtes Beispiel für eine Art, der es fast so ergangen wäre, ist der Po'ouli von Hawaii, ein Vogel von der Größe eines Laubsängers, der anatomisch so eigentümlich ist, dass er eine eigene Gattung bildet, *Melamprosops*. Da man ihn lange Zeit nur von fossilen Funden kannte, nahm man an, er sei schon lange vor der Ankunft der amerikanischen Siedler auf Hawaii ausgestorben. Anfang der siebziger Jahre entdeckte man jedoch in einem isolierten Tal eine kleine Po'ouli-Population. Zwanzig Jahre später war der Po'ouli auch in seinem letzten Refugium so selten geworden, dass selbst eine intensive Suche nur wenige vereinzelte Exemplare zu Tage förderte. Es ist zu befürchten, dass der Po'ouli bald ganz verschwunden sein wird, wenn er nicht schon ausgestorben ist – diesmal unwiderruflich.[6] Bei anderen Tiergruppen, die weniger gut erforscht sind als die Vögel, darunter Myriaden von Pilzen, Insekten und Fischen, dürfte sich dieses Szenarium tausendfach wiederholen, ohne dass irgendwelche Spuren von der Existenz der untergegangenen Arten zeugen.

Die Größenordnung des Massensterbens lässt sich am einfachsten anhand der besterforschten Tier- und Pflanzengruppen abschätzen. So sind zum Beispiel in Australien seit der Ankunft der europäischen Siedler sechzehn der 263 heimischen Säugetiere verschwunden. Zu den Opfern gehören: die Darling Downs-Hüpfmaus (um 1840), die Weißfuß-Kaninchenratte (1843), das Breitkopfkänguru (1875), zwei Unterarten des Hasenkängurus (1890 und 1931), die Kurzschwanz-Hüpfmaus (1894), die Alice Springs-Maus (1895), die Langschwanz-Hüpfmaus (1901), der Schweinsfuß (1920), das Toolache-Känguru (1927), der Wüstenbeuteldachs (1931), der Kleine Kaninchennasenbeutler (1931), die Häschenratte *Leporillus apicalis* (1933), der Tasmanische Beutelwolf (1933) sowie das Mondnagelkänguru (1964). (Die Jahreszahlen in Klammern geben an, wann die Art zum letzten Mal gesehen wurde.) Es ist anzunehmen, dass weitere seltene und unauffällige australische Arten, die Anfang des neunzehnten Jahrhunderts noch lebten, verschwunden sind, bevor ein Naturforscher auf sie aufmerksam wurde. 1996 wurden außerdem 34 Arten – das entspricht 14 Prozent der gesamten überlebenden australischen Säugetierfauna – von der Naturschutzorganisation World Conservation Union auf die Rote Liste der gefährdeten und vom Aussterben bedrohten Arten gesetzt.[7]

Das massenhafte Artensterben in Australien setzte nicht erst mit der Ankunft der westlichen Zivilisation auf dem Kontinent ein. Die Katastrophe, die in den letzten zwei Jahrhunderten über die Säugetiere hereinbrach, ist nur die letzte Episode eines schon viel länger anhaltenden Niedergangs der gesamten Fauna. Vor 60 000 Jahren, als der Inselkontinent noch von Menschen unberührt war, beherbergte er eine Vielzahl einzigartiger Landtiere von beeindruckender Größe. Es gab riesige flugunfähige Vögel, *Genyornis newtoni*, die kürzere Beine als ihre heutigen Verwandten, die Emus, hatten, aber mit 80 bis 100 Kilogramm fast doppelt so schwer waren. Riesige, den heutigen indonesischen Komodo-Waranen nicht unähnliche Echsen, die vermutlich auf *Genyornis* und seine Gelege Jagd machten und mit einer Länge von sieben Metern wahrlich saurierähnliche Ausmaße erreichten, bevölkerten den Kontinent ebenso wie an Nashörner und Löwen erinnernde Beuteltiere, überdimensionierte Kängurus, Geschöpfe, die riesenhaften Faultieren ähnelten, und eine gehörnte Landschildkröte von der Größe eines Kleinwagens. Diese Megafauna, die sich wahrscheinlich über viele Jahrmillionen entwickelt hatte, starb schlagartig aus, und zwar ungefähr um die Zeit, als die ersten Aborigines einwanderten. Jene ältesten bekannten Siedler stammten vermutlich aus Indonesien und erreichten Australien irgendwann vor 60 000 bis 53 000 Jahren. Nicht lange danach, spätestens vor 40 000 Jahren, war die Megafauna verschwunden. Nicht ein einziges landbewohnendes Tier von der Größe eines Menschen oder darüber überlebte. Auch viele andere Säugetiere, Reptilien und flugunfähige Vögel mit einem Gewicht zwischen einem und fünfzig

Kilogramm starben aus. Biologen, die Eierschalen des *Genyornis* mit Hilfe der Isotopenmethode datierten, stellten fest, dass der große Vogel vor 50 000 Jahren innerhalb kürzester Zeit aus ganz Australien verschwand. Weder Klimaänderungen noch Krankheiten, noch Vulkanausbrüche können sein Aussterben plausibel erklären. Dagegen steht das Verschwinden des Mammutvogels in engem zeitlichem Zusammenhang mit dem Eintreffen der ersten Menschen. Es scheint also, dass die europäischen Siedler, unterstützt von den sie begleitenden Ratten, Kaninchen und Füchsen, nur das bereits von den australischen Ureinwohnern begonnene Zerstörungswerk fortsetzten.

Die Vernichtung der biologischen Vielfalt hängt damit zusammen, dass sich der Mensch buchstäblich von oben nach unten durch die Nahrungskette »frisst«. Als Erstes verschwinden stets die großen, langsamen und wohlschmeckenden Tierarten. Wo immer der Mensch in unberührte Lebensräume vordrang, rottete er zunächst die Megafauna aus. Ebenfalls dem Untergang geweiht war ein beträchtlicher Teil der leicht zu erbeutenden flugunfähigen Vögel und Schildkröten. Kleinere und flinkere Arten erlitten zwar auch Einbußen, konnten sich aber einigermaßen behaupten.

Archäologen haben festgestellt, dass sich das Artensterben schubweise und stets innerhalb eines Zeitraums von wenigen hundert bis maximal wenigen tausend Jahren nach dem Eintreffen der ersten menschlichen Siedler vollzog. Das Schicksal der Fauna auf Madagaskar ist ein anschauliches Beispiel. Diese große Insel vor der Küste Afrikas war seit ihrer Abtrennung von der indischen Landmasse vor mindestens 88 Millionen Jahren völlig isoliert. Während die beiden Landmassen unabhängig voneinander in Richtung Norden nach Asien drifteten, entwickelten sich auf Madagaskar einzigartige Lebensformen. Vor 2000 Jahren, bevor die ersten Einwanderer aus Indonesien eintrafen, glich die Insel einem unberührten Großtierpark. In ihren Wäldern und Graslandschaften lebten Schildkröten mit Panzern, die einen Durchmesser von mehr als einem Meter hatten, Zwergflusspferde von der Größe einer Kuh, Mungos von der Größe eines Luchses und das Madagassische Erdferkel, das anatomisch so ungewöhnlich ist, dass Zoologen es als eigene Gattung betrachten, *Bibymalagasia*. Außerdem gab es ein halbes Dutzend straußenähnlicher Elefantenvögel, *Aepyornis*, von denen die größte Art bis zu drei Meter hoch wurde, eine halbe Tonne wog und Eier legte, die so groß wie

Fußbälle waren. Arabische Händler, die um das neunte Jahrhundert die Nordküste Madagaskars bereisten, kannten diese riesigen Vögel aus eigener Anschauung oder aus Erzählungen ihrer madagassischen Geschäftspartner. Und so fand *Aepyornis* schließlich als Vogel Rock – als adlerartiges Ungetüm, das in der Lage ist, Elefanten zu ergreifen und davonzutragen – Eingang in die Märchen von Tausendundeiner Nacht. Ebenso legendär waren die Lemuren, die als primitive Primaten zu den entfernten Verwandten des Menschen zählen. Über fünfzig Lemurenarten existierten ursprünglich auf Madagaskar, darunter eine 30 Kilogramm schwere, auf Bäumen lebende affenähnliche Art, die wie Baumfaultiere kopfüber die Äste entlang klettern konnte, eine 60 Kilogramm schwere baumbewohnende Art, die dem australischen blätterfressenden Koalabären ähnelte, sowie eine am Boden lebende Art von mindestens der Größe eines erwachsenen männlichen Gorillas, die vermutlich dieselbe ökologische Nische besetzte wie die ausgestorbenen Riesenfaultiere der Neuen Welt.

Der bislang älteste bekannte archäologische Fundort auf Madagaskar wird auf 700 v. Chr. datiert. Bis zum elften Jahrhundert war die Insel dicht besiedelt, Land- und Viehwirtschaft sowie dörfliche Siedlungen prägten das Bild. Gleichzeitig – und dies kann schwerlich ein Zufall sein – verschwanden praktisch alle einheimischen Säugetiere, Vögel und Reptilien mit einem Gewicht von mehr als 10 Kilogramm. Die einzige Ausnahme bildete das weit verbreitete, schlaue Nilkrokodil. Madagassische Erzählungen lassen vermuten, dass einzelne große Lemurenarten in entlegenen Wäldern bis ins siebzehnte Jahrhundert überlebten, aber bis jetzt gibt es noch keine mit Hilfe der Radiokarbonmethode datierten Funde, die diese Annahme erhärten. Nicht weniger als fünfzehn Lemurenarten, ein Drittel der gesamten Fauna, verschwanden im Gefolge der menschlichen Einwanderungswelle, die sich über Madagaskar ergoss. Sämtliche verschwundenen Tierarten waren tagaktiv und körperlich größer als die heute noch erhaltenen Arten, also eine leichte Beute für die madagassischen Siedler. Die Vermutung, dass Menschen für die Ausrottung der Megafauna verantwortlich sind, basiert zwar ausschließlich auf Indizienbeweisen, doch sind diese so erdrückend, dass sie wohl vor jedem Gerichtshof zumindest eine Anklageerhebung rechtfertigen würden.[8]

Bis in die abgelegensten Winkel der Erde lässt sich die blutige Spur des *Homo sapiens*, des größten Serienmörders der Biosphäre, verfolgen. Wenige Jahrhunderte nach dem madagassischen Massensterben kam es in Neuseeland zum nächsten Massaker. Als die Polynesier im späten dreizehnten Jahrhundert die Inseln besiedelten, fanden sie wie die madagassischen Kolonisten eine biologische Märchenwelt vor. Die auffallendsten Tiere waren die Moas, große flugunfähige Vögel ähnlich den Straußen und Emus, die sich aber vollkommen unabhängig auf den neuseeländischen Inseln entwickelt hatten. Die kleinsten der elf bekannten Moa-Arten waren etwa so groß wie Truthähne. Die größte, der sagenhafte *Dinornis giganteus*, war 2,70 Meter hoch und wog über 150 Kilogramm. Da Neuseeland von Australien und den anderen Landmassen isoliert ist, besaß es keine einheimischen Säugetiere. Im Laufe von Jahrmillionen hatten Moas ihre Nischen besetzt. Als eine einzige phylogenetische Gruppe eng verwandter Arten erfüllten die Vögel die vielfältigen ökologischen Funktionen von Waldmurmeltieren, Hasen, Rehen und Nashörnern. Auch an die verschiedenen Lebensräume der Inseln hatten sie sich hervorragend angepasst, von den Bergen zum Tiefland und von Feuchtwäldern bis zu trockenen Busch- und Grassavannen. In prähumaner Zeit hatten sie nur einen einzigen bekannten Feind, den riesigen Neuseeland-Adler, *Harpagornis moorei*, der bis zu 13 Kilogramm schwer wurde. Mit der menschlichen Besiedlung änderte sich das schlagartig. Die Maori breiteten sich von Norden nach Süden aus und metzelten auf ihrem Weg die Moas in großer Zahl nieder. Überall auf den Inseln kennzeichnen riesige Knochenhaufen die Stätten ihrer Jagd. Bis Mitte des vierzehnten Jahrhunderts, binnen weniger Jahrzehnte, waren die Moas verschwunden und mit ihnen vermutlich der größte Adler der Welt.

Neuere archäologische Untersuchungen haben das plötzliche Massensterben genau dokumentiert. Möglicherweise waren es nicht mehr als hundert Siedler, die sich ursprünglich in Neuseeland niederließen, und keine tausend zu dem Zeitpunkt, als die letzten Moas verschwanden. Dennoch reichte diese kleine menschliche Population aus, um schätzungsweise 160 000 Moas zu vernichten. Die vermutlich zutraulichen, flugunfähigen Vögel waren eine leichte Beute. Gewöhnlich dienten nur die Oberschenkel dem menschlichen Verzehr, und der restliche Kadaver war Abfall oder wurde den Hunden vorgeworfen. Mit großer Wahrscheinlichkeit wurden auch die Eier verzehrt, wann immer ein Gelege gefunden wurde. Einem so aggressiv räuberischen Verhalten konnten die

Moas nicht standhalten, auch wenn es nicht viele menschliche Fleischesser waren, die über sie herfielen. Die Fortpflanzungsrate der großen Vögel war einfach zu niedrig. Eine Brut umfasste höchstens ein bis zwei Eier, und die Jungen benötigten fünf Jahre, bis sie ausgewachsen waren. Mathematische Modelle belegen, dass eine kleine Schar menschlicher Jäger ohne weiteres in der Lage war, eine Fauna mit einem so gravierenden demographischen Handicap komplett auszulöschen.

Die Besiedlung Neuseelands zog weitere Schäden nach sich, die zunehmend tiefer in das ökologische Gleichgewicht eingriffen. Die von den Siedlern unbeabsichtigt eingeschleppten Ratten vermehrten sich und entwickelten sich zu einer tödlichen Bedrohung für die kleineren Vögel, Reptilien und Amphibien, die diesen neuen Feinden schutzlos ausgeliefert waren. Je stärker ihre Bevölkerung wuchs, desto mehr Flächen rodeten und verbrannten die Maori, so dass manche Lebensräume praktisch ganz vernichtet wurden. Insgesamt wurden noch zwanzig weitere Landvögel, darunter acht flugunfähige Arten, ausgerottet. Eine neue Welle des Aussterbens begann im neunzehnten Jahrhundert, als die britischen Siedler weitere fremde Pflanzen und Tiere einführten und noch weitaus mehr natürliche Lebensräume für Ackerbau und Viehzucht beanspruchten. Von den 89 bekannten einzigartigen Vogelarten, die vor der menschlichen Besiedlung in Neuseeland heimisch waren, haben nur 53 Arten, oder 60 Prozent, bis heute überlebt.[9]

Das neuseeländische Artensterben war nur das letzte Kapitel eines Massensterbens, das viel früher auf weiter nördlich gelegenen Inseln begonnen hatte. Die Besiedlung Polynesiens, die wir als eine Glanzleistung der Menschheitsgeschichte feiern, ist wie eine Welle der Zerstörung über die Natur hinweggefegt. Die in einem riesigen Dreieck im Pazifik angeordneten Archipele bilden ein natürliches Versuchslabor, in dem das Artensterben genau beobachtet werden kann. Erst in den letzten zwanzig Jahren hat die Forschung das wahre Ausmaß der durch menschliche Einflüsse verursachten Naturkatastrophen offenbart. Die ersten Siedler aus dem südostasiatischen Raum drangen vor 4000 Jahren nach Mikronesien und in Teile Melanesiens vor. Insel für Insel kolonisierten ihre Nachfahren vor 3500 Jahren Fidschi, Samoa und Tonga, vor 2000 Jahren die Marquesas-Inseln und innerhalb der letzten 1500 Jahre Neuseeland, Hawaii und die Osterinsel. Unaufhaltsam drängten sie voran, vermehrten sich, besiedelten das gesamte bewohnbare Land und rotteten dabei auf jeder neuen Inselgruppe die Hälfte der Vogelarten aus. Die Europäer, die in ihrem Gefolge Krankheiten, teuflische Ameisen- und Moskitoschwärme, Unkräuter und andere invasive Arten einschleppten, von der modernen Landwirtschaft und Technik ganz zu schweigen, setzten das Zerstörungswerk unerbittlich fort. Gemeinsam haben die zwei Invasionswellen nicht nur die bedeutendsten der rund 2000 ursprünglich auf den pazifischen Inselgruppen heimischen Vogelarten, sondern darüber hinaus auch noch eine Vielzahl anderer Tiere und Pflanzen ausgerottet oder an den Rand des Aussterbens gebracht.[10]

Das Artensterben ist ein weltweites Phänomen und betrifft nicht nur die zu Konsumzwecken getöteten Tiere, sondern auch die Pflanzen und zahllosen Kleinlebewesen, die von diesen Tieren abhängen. Der Verlauf des Massensterbens vollzieht sich in Übereinstimmung mit einem Prinzip, das in der Artenschutzbiologie als Filterprinzip bezeichnet wird: Je länger die erste durch menschliche Besiedlung ausgelöste Extinktionswelle zurückliegt, desto niedriger ist die Aussterberate heute. Zum Beispiel sind auf Samoa, Tonga und anderen Inseln des Westpazifiks, die als erste von Menschen besiedelt wurden, heute weniger Arten gefährdet als auf Hawaii, der letzten großen Inselgruppe, die kolonisiert wurde. Die Erklärung ist einfach, aber leider alles andere als tröstlich. Die anfälligsten Arten, wie zum Beispiel Schildkröten und große, auf dem Boden lebende Vögel, waren die ersten, die in Polynesien ausstarben. Nach dem Verschwinden dieser »Schwächlinge« gerieten die widerstandsfähigeren Arten in Bedrängnis, wobei es von Art zu Art verschieden war, wie lange sie dem Druck standhielten. Wenn eine Inselfauna dezimiert wird, bleiben also nur die robustesten Arten für eine weitere Gefährdung übrig. Auf der zu Tonga gehörenden Insel 'Eua etwa ist die Zahl der Waldvogelarten von 27 oder mehr in prähumaner Zeit (vor 3000 Jahren) auf zehn bis Ende des neunzehnten Jahrhunderts und auf neun bis zum heutigen Zeitpunkt gesunken.

Dieser fortschreitende Filterprozess ist von Archäologen am Shag River Mouth auf der neuseeländischen Südinsel im Detail nachgewiesen worden. Dort befinden sich die Überreste eines Lagers überaus fleißiger Moa-Jäger. Die Schichten der Knochenablagerungen zeigen, dass die Jäger mit den größten Moas und den ebenso leicht zu erbeutenden Robben und Pinguinen begannen.

Als diese immer knapper wurden, wichen sie auf kleinere Moas, Hunde, Singvögel, Muscheln und andere Schalentiere aus. Innerhalb weniger Jahrzehnte nach dem Eintreffen der Jäger am Shag River Mouth waren die Moas offenbar ausgerottet, und die Jäger zogen weiter.[11]

Auf Grund des Filtereffekts lässt sich der Artenrückgang am schwierigsten in jenen Teilen der Welt erfassen, die seit langem von Menschen besiedelt sind. Trotzdem gelingt es sorgfältiger Forschung manchmal, die wichtigsten historischen Zusammenhänge zu rekonstruieren, besonders dann, wenn menschliche Aktivität und alte Faunen und Floren in ihrer wechselseitigen zeitlichen Entwicklung betrachtet werden. So sind zum Beispiel die im Norden und Osten an das Mittelmeer angrenzenden Länder im Grunde seit dem ersten Auftreten des modernen *Homo sapiens* und unseres ausgestorbenen Verwandten *Homo neanderthalensis* besiedelt gewesen. Über viele Jahrtausende hinweg waren es nur spärliche Populationen, verstreut über weite Gebiete. Ihre mittlerweile versteinerten Abfallhaufen zeigen, dass sie sich vorwiegend von leicht zu sammelnden Schildkröten und Meeresfrüchten wie Muscheln und Austern ernährten. Gegen Ende der Eiszeit, vor 10 000 Jahren – der Neandertaler war längst verschwunden und der Cro-Magnon-Mensch in den eisfreien Gebieten Europas an seine Stelle getreten –, erfanden Populationen des *Homo sapiens* in Vorderasien den Ackerbau und verwandelten immer größere Flächen Wildnis in bewirtschaftete Felder. Dank Weizen, Ziegen und anderer domestizierter Arten waren sie in der Lage, in zehn- bis hundertmal dichteren Populationen zu leben als die Jäger und Sammler der Cro-Magnon-Populationen. Mit einer durchschnittlichen Geschwindigkeit von einem Kilometer pro Jahr breiteten sich die Ackerbau treibenden Menschen Vorderasiens nach Westen und Norden aus. Innerhalb von 4000 Jahren erstreckten sich ihre Dörfer und Felder vom Zweistromland bis nach England. Mit der zunehmenden Verknappung der anfälligen und sich nur langsam vermehrenden Schildkröten wandten sich die menschlichen Populationen zunehmend den fortpflanzungsfreudigeren, aber schwerer zu erbeutenden Rebhühnern, Kaninchen und Hasen zu. Ungefähr um diese Zeit verschwand auch ein Großteil der europäischen Megafauna, darunter das wollige Mammut, das Wollnashorn (ein Verwandter des Sumatra-Nashorns), der Höhlenbär, das Zyprische Zwergflusspferd und der Riesenhirsch.[12]

Auf allen Kontinenten außer der Antarktis gab es vor der Ausbreitung des Menschen Megafaunen unterschiedlicher Ausprägung. Doch nur in Afrika und im tropischen Asien blieb ihnen die vollständige Ausrottung erspart. Wie lässt sich diese Besonderheit erklären? Die Antwort scheint damit zusammenzuhängen, dass sich die menschliche Spezies in Afrika und Asien über Abermillionen von Jahren als eine einheimische Art unter vielen entwickelte. Die beiden Kontinente, die geographisch fast einen einzigen Superkontinent bildeten, sind die Wiege der Menschheit. Schon vor mehr als einer Million Jahren wurden sie von unserem Vorfahren, *Homo erectus*, durchstreift. *Homo sapiens* entwickelte sich dort in enger Gemeinschaft mit der übrigen einheimischen Flora und Fauna, die somit Zeit hatte, sich genetisch an ihn anzupassen. Während dieser Phase waren die Menschen denselben Raubtieren und Krankheiten ausgesetzt wie die anderen Tiere; abwechselnd schlüpften sie in die Rolle des Räubers und des Opfers. Noch waren sie zahlenmäßig und technisch nicht weit genug entwickelt, um für die übrigen Arten eine ernsthafte Bedrohung darzustellen. In scharfem Gegensatz dazu waren die modernen Vertreter des *Homo sapiens* eine völlig fremde Art, als sie den Rest der Welt von Australien über die Neue Welt bis hin zu den fernen ozeanischen Inseln besiedelten. Ebenso wie die Ratten, Schweine und diversen Krankheitserreger, die sie mit sich führten, stießen sie auf so gut wie keine natürlichen Feinde. Indem sie sich mit Hilfe ihrer Kultur vieltausendmal schneller an die neuen Umgebungen anpassten, als dies allein mit Hilfe der Gene möglich ist, nahmen sie den einheimischen Faunen und Floren von vornherein jede Möglichkeit, Schutzmechanismen zu entwickeln.

Die Faunen und Floren der Welt fallen noch immer – in zunehmend größerer Zahl und Vielfalt – unserem erbarmungslosen Expansionsstreben zum Opfer. Während ursprünglich vorwiegend große Landtiere betroffen waren, verschwinden heute auch erstmals Fische, Amphibien, Insekten und Pflanzen in großer Zahl. Auch über Flüsse, Seen, Mündungsgebiete, Korallenriffe und sogar das offene Meer breitet sich die ewige Nacht des Artensterbens.

Wie hoch ist die Extinktionsrate heute? Wissenschaftler stimmen im Allgemeinen darin überein, dass sie zwischen 1000- und 10 000-mal höher liegt als zu der Zeit, da der Mensch noch keinen signifikanten Druck auf seine Umwelt ausübte. Diese natürliche oder »paradiesische« Periode der Artenvielfalt, wie sie von Paläontologen genannt wird, begann mit dem Phanerozoikum vor 450 Millionen Jahren und endete vor fünfzig- bis zehntausend Jahren mit dem Aufstieg der jungsteinzeitlichen Völker, deren verbesserte Werkzeuge, dichte Populationen und tödliche Effizienz im Umgang mit der Natur die bis in die Gegenwart anhaltende Ausrottungswelle auslösten.

In paradiesischer, sprich prähistorischer Zeit betrug die jährliche Extinktionsrate, gerundet auf die nächste Zehnerpotenz, durchschnittlich 1 : 1 000 000, das heißt, auf eine Million Arten kam im Jahr durchschnittlich eine aussterbende Art. Natürlich durchbrachen in den insgesamt rund 500 Millionen Jahren der Evolution gelegentliche Episoden von Massensterben das Muster, aber dafür gab es dann wieder lange Perioden relativer Stabilität. Auf diese natürlichen Katastrophen folgten in der Regel Phasen sehr rascher Evolution, da sich die überlebenden Arten vervielfachten, um die ihnen plötzlich offen stehenden Nischen zu besetzen. Natürlich stellte sich die Situation in den verschiedenen Teilen der Welt je nach den herrschenden klimatischen Bedingungen unterschiedlich dar. Auch für die verschiedenen Organismengruppen gab es variierende Extinktionsraten. Den höchsten bekannten Wert erreichten die Säugetiere mit 1 : 500 000, den niedrigsten bekannten Wert die Stachelhäuter mit 1 : 6 000 000. Wenn man allerdings den Wert über die durch Fossilienfunde am besten dokumentierten Gruppen und über Millionen von Jahre mittelt, ergibt sich als durchschnittliche Extinktionsrate ungefähr die Größenordnung von 1 : 1 000 000 pro Jahr.

Die Entstehungsrate neuer Arten in prähistorischer Zeit betrug – auf die nächste Zehnerpotenz gerundet – ebenfalls 1 : 1 000 000 pro Jahr und glich damit die Aussterberate ungefähr aus. In Wirklichkeit lag die Entstehungsrate sogar leicht über der Extinktionsrate, so dass die Gesamtzahl der zu jedem Augenblick existierenden Arten im erdgeschichtlichen Verlauf langsam anstieg. Die biologische Vielfalt, gemessen an der Zahl der auf dem Land und im Wasser lebenden Arten, Gattungen oder Familien, ist heute etwa doppelt so hoch wie der über die vergangenen 450 Millionen Jahre gemittelte Wert.[13]

Auf Grund der großen Tragweite des Artensterbens will ich im Folgenden kurz die verschiedenen Methoden zur Schätzung der gegenwärtigen Extinktionsraten vorstellen und erläutern, warum sie zu verschiedenen Zahlenwerten führen. Zunächst einmal gilt:

Wenn wir nur die Arten zählen, die im vergangenen Jahrhundert nachweislich in den besterforschten Gruppen wie Vögeln oder Blütenpflanzen verschwunden sind, dann kommen auf eine Million Arten durchschnittlich zehn bis hundert aussterbende Arten pro Jahr. Diese Rate ist jedoch um ein Vielfaches zu niedrig, da sich die Ursachen des Aussterbens im zwanzigsten Jahrhundert beispiellos verschärft haben. Niemals zuvor waren so viele Arten gefährdet, und die Zahl steigt weiter. Außerdem sind zahlreiche Arten zwar nominell noch nicht ausgestorben, weil noch einige Exemplare existieren, aber sie sind dennoch so selten und vermindern sich so rasch, dass sie in naher Zukunft zum Aussterben verurteilt sind. Nicht zuletzt ist zu berücksichtigen, dass es sicherlich auch viele Arten gibt, die so selten und lokal so begrenzt waren, dass sie verschwanden, bevor sie entdeckt und in die Rechnung einbezogen werden konnten.

Nehmen wir nun in einem zweiten Schritt an, dass alle von der World Conservation Union in der Roten Liste aufgeführten gefährdeten Arten innerhalb der nächsten hundert Jahre aussterben oder unmittelbar davor stehen. Nach Schätzungen der Roten Liste des Jahres 2000 sind ungefähr ein Viertel aller Säugetiere und ein Achtel aller Vogelarten potenziell gefährdet. Da wir uns nun nicht länger auf die in der Vergangenheit ausgestorbenen Arten beschränken, sondern die Arten mit einbeziehen, die in der nahen Zukunft zum Aussterben verurteilt sind, erhöht sich die jährliche Rate auf hundert bis tausend pro eine Million Arten. Doch auch dieser Wert liegt zwangsläufig zu niedrig, weil sich die Ursachen des Aussterbens potenzieren und zunehmend mehr Arten auf die Rote Liste gesetzt werden. Wenn man diesen Beschleunigungsfaktor in die Rechnung einbezieht, steigt die Rate auf 1000 bis 10 000 pro eine Million Arten.

Drei Schätzungen haben unabhängig voneinander den höheren Wert bestätigt – mit anderen Worten: 1000 bis 10 000 aussterbende Arten pro eine Million Arten pro Jahr. Obwohl es sich nur um grobe Näherungsverfahren handelt, sind die Methoden überzeugend und miteinander vereinbar. Das erste und gebräuchlichste Verfahren, das bereits im vorigen Kapitel beschrieben wurde, macht sich die Arten-Areal-Beziehung zu Nutze, wonach die Artenzahl in einem Lebensraum von der Fläche des Lebensraumes abhängt. Mit der Dezimierung eines Waldes, einer Graslandschaft oder eines Gewässers nimmt die Anzahl der Arten, die darin langfristig überleben können, in vorhersagbarer Weise über die Jahre ab. Fast immer verringert sich die Zahl der Arten um die dritte bis sechste Wurzel der verbliebenen Habitatfläche.

Die zweite Methode besteht darin, über einen gewissen Zeitraum den »Durchlauf« der Arten durch die Kategorien der Roten Liste zu verfolgen. Viele Arten durchlaufen die Rote Liste von den Kategorien »sicher« oder »Status unbekannt« zu »potenziell gefährdet«, »gefährdet« und »stark gefährdet«, bis sie schließlich nach vielem erfolglosen Suchen als »ausgestorben« aufgegeben werden. Nur extrem wenige Arten schaffen es, in eine weniger gefährdete Kategorie zurückzukehren. Die über eine große Zahl von Arten gemittelte Durchlaufgeschwindigkeit durch die Kategorien der Roten Liste lässt Rückschlüsse auf das Ausmaß des künftigen Artensterbens zu.

Die dritte Methode basiert auf der Kenntnis ökologischer Zusammenhänge und besteht darin, die Überlebenschancen der in unterschiedlichem Maße gefährdeten Arten der Roten Liste abzuschätzen. Die Wahrscheinlichkeit, mit der eine bedrohte Art überleben oder aussterben wird, hängt von der Größe und Dichte ihrer Populationen, dem Austausch mit anderen Populationen, ihren Populationsschwankungen, ihrer Altersstruktur und ihrer Reproduktionsrate ab. Diese Methode wird als Populationsgefährdungsanalyse (Population Viability Analysis, PVA) bezeichnet. Zwar spielt diese Methode zurzeit noch eine untergeordnete Rolle bei der Untersuchung ganzer Faunen und Floren, aber in Anbetracht ihrer raschen Weiterentwicklung ist anzunehmen, dass sie die Zukunftsprognosen im Artenschutz künftig maßgeblich beeinflussen wird.

Jede solide empirische Wissenschaft besteht aus sukzessiven Näherungen, die sich verschiedener Methoden und Ansätze bedienen. Diese Näherungen fließen in komplizierte Theorien ein und werden selbst von diesen Theorien beeinflusst. Die Schätzung der Extinktionsraten ist ein typisches Beispiel für diese wechselseitige Beeinflussung von Daten und Theorie. So werden die zur Analyse der Aussterbevorgänge verwendeten Methoden künftig immer genauer werden und die gegenwärtig noch sehr groben Näherungen präzisieren.[14]

Obwohl wir Vorhersagen über das Artensterben in der unmittelbaren Zukunft, etwa für die nächsten ein bis zwei Jahrzehnte, treffen können, sind solche Prognosen für die weitere Zukunft unmöglich. Dies liegt offenkundig daran, dass die zukünftige Entwicklung vom Verhalten des Menschen abhängt. Wenn zum Beispiel heute die Entscheidung getroffen würde, alle Bemühungen um den Artenschutz auf ihrem gegenwärtigen Niveau einzufrieren, während gleichzeitig der Entwaldungsrate und anderen Formen der Umweltzerstörung keine Beschränkungen auferlegt werden, dann ist mit großer Wahrscheinlichkeit davon auszugehen, dass bis zum Jahr 2030 mindestens ein Fünftel und bis zum Ende des Jahrhunderts die Hälfte aller Pflanzen- und Tierarten aussterben werden. Wenn dagegen äußerste Anstrengungen unternommen würden, um die biologisch reichhaltigsten Lebensräume zu retten, könnten die Verluste mindestens um die Hälfte gesenkt werden. Wenn uns die deprimierende Erforschung der verschwundenen Arten eines gelehrt hat, so ist es die folgende Lektion:

• Der »edle Wilde« hat niemals existiert.
• Der Garten Eden – von Menschen besiedelt – verwandelt sich in ein Schlachtfeld.
• Das Paradies zu finden heißt, es zu verlieren.

Der Mensch hat bislang die Rolle eines globalen Massenmörders gespielt, der nur sein eigenes kurzfristiges Überleben im Blick hat. Auf diese Weise haben wir einen wesentlichen Teil der biologischen Vielfalt ausgelöscht. Die Naturschutzethik, ob sie nun als Tabu, Totemglauben oder Wissenschaft formuliert wird, ist durchweg zu spät gekommen oder hat sich als nicht stark genug erwiesen, um die anfälligsten Lebensformen zu schützen.

Wenn das Sumatra-Nashorn Emi sprechen könnte, würde sie uns vielleicht sagen, dass das 21. Jahrhundert diesbezüglich noch keine Ausnahme bildet. Und ich würde sie daraufhin noch einmal beruhigend streicheln. Wir verstehen das Problem heute besser, Emi, es ist noch nicht zu spät. Wir wissen, was zu tun ist. Vielleicht handeln wir noch rechtzeitig.

Kapitel 5

Wie viel ist die Biosphäre wert?

Zu Beginn des neunzehnten Jahrhunderts sah die Küstenebene der südlichen Vereinigten Staaten noch fast genauso aus wie in den Jahrtausenden davor. Von Florida und Virginia bis nach Texas im Westen wechselten sich die ursprünglichen Zypressen- und Laubwälder des Tieflandes mit ausgedehnten Korridoren aus langnadeligen Sumpfkiefern ab, durch die schon die frühen spanischen Forschungsreisenden auf ihrem Weg ins Landesinnere gezogen waren. Der typische Vogel dieser urwüchsigen Landschaft war der Elfenbeinspecht, *Campephilus principalis.* Seine beachtliche Körpergröße – der Elfenbeinspecht war größer als eine Krähe –, seine im Ruhezustand sichtbaren weißen Schwungfedern und sein lauter nasaler Ruf »kent! ... kent! ... kent!«, den der amerikanische Künstler und Ornithologe John James Audubon mit einem schrillen Oberton auf einer Klarinette verglich, machten ihn zu einer auffallenden und unverwechselbaren Erscheinung dieser Tieflandwälder. Paarweise bearbeiteten die Männchen und Weibchen die Baumstämme bis in die höchsten Wipfel, klammerten sich mit gespreizten Zehen an senkrechte Stämme und hämmerten mit ihren kräftigen, weißen Schnäbeln gegen abgestorbene Rinde, um zu den Höhlen von Käferlarven und anderen Insekten vorzustoßen. Der stockende Takt ihres Klopfens, tick tick ... tick tick tick ... tick tick ..., kündigte sie schon von weitem an. Dem Beobachter erschienen sie wie Geister aus der unergründlichen Tiefe der Wälder.

Alexander Wilson, ein früher amerikanischer Naturforscher und Freund von Audubon, billigte dem Elfenbeinspecht vornehmste Eigenschaften zu. Dessen Verhalten, so schrieb er in *American Ornithology* (1808–1814), »zeichnet sich durch eine Würde aus, die ihn von dem gemeinen Specht unterscheidet. Auf der unermüdlichen Suche nach Futter verschmähen die gemeinen Spechte weder Bäume, Büsche, Obstgärten, Zäune, Zaunpfosten noch alte, umgestürzte Baumstämme. Der königliche Jäger indes verachtet solche

Niederungen und sucht stattdessen nach den höchsten Bäumen des Waldes. Eine besondere Vorliebe scheint er für die gewaltigen Sumpfzypressen zu haben, deren kahle oder moosbewachsene Äste hoch in den Himmel ragen.«

Hundert Jahre später waren die ursprünglichen Tieflandwälder nahezu vollständig verschwunden – verdrängt von Gehöften, Siedlungen und biologisch ärmeren Sekundärwäldern. Seiner natürlichen Lebensräume beraubt, sanken die Bestandszahlen des Elfenbeinspechts sehr schnell. Um das Jahr 1930 gab es nur noch vereinzelte Paare, die in den wenigen noch ursprünglichen Sumpfgebieten South-Carolinas, Floridas und Louisianas lebten. In den vierziger Jahren wurde er nachweislich nur noch im so genannten Singer Tract im nördlichen Louisiana gesichtet. Danach gab es allenfalls Gerüchte, dass er gesehen worden sei, und selbst diese wurden mit jedem Jahr seltener.

Genau verfolgt wurde der endgültige Niedergang des Elfenbeinspechts von Roger Tory Peterson, dessen Klassiker *A Field Guide to the Birds* mich als Jugendlicher für die Vogelwelt begeistert hatte und der seit damals eines meiner Vorbilder ist. 1995, ein Jahr vor seinem Tod, begegnete ich Peterson zum ersten und einzigen Mal persönlich. Ich stellte ihm die unter amerikanischen Naturforschern häufige Frage nach dem Verbleib des Elfenbeinspechts. Wie erwartet, lautete seine Antwort:»Verschwunden.«

Aber doch sicherlich nicht *überall*, nicht weltweit, so dachte ich. Naturforscher gehören zu den größten Optimisten überhaupt. Bevor sie eine Art unwiderruflich verloren geben, wollen sie unumstößliche Beweise sehen – mindestens etwas, das einem Autopsiebericht, der Einäscherung und drei Zeugen vergleichbar wäre. Und selbst dann würden sie einer Art noch in spiritistischen Sitzungen nachjagen, sofern auch nur entfernt die Aussicht bestünde, wenigstens ein flüchtiges Bild von ihr zu erhaschen. Vielleicht, so spekulieren sie, leben ja noch ein paar Elfenbeinspechte irgendwo in einem unzugänglichen Tal oder tief im Inneren eines entlegenen Sumpfgebietes – nur wenigen Kennern bekannt, die darüber Stillschweigen bewahren. In der Tat entdeckte man in den sechziger Jahren in einem entlegenen Kiefernwald im Osten Kubas einige Exemplare einer kleineren kubanischen Unterart. Über ihren gegenwärtigen Status ist nichts bekannt. Gemäß der Roten Liste der World Conservation Union galt der Elfenbeinspecht jedoch im Jahr 1996 überall als ausgestorben, auch in Kuba. Ich habe seitdem

von keinem einzigen Fall gehört, dass die Sichtung eines Elfenbeinspechts bestätigt worden wäre, aber natürlich ist eine endgültige
Aussage zum jetzigen Zeitpunkt nicht möglich.[1]
Warum sollte uns das Schicksal von *Campephilus principalis*
kümmern? Es handelt sich schließlich nur um eine von zehntausend Vogelarten auf der Welt. Lassen Sie mich eine einfache und,
wie ich hoffe, überzeugende Antwort geben: weil wir diese besondere Art kannten – gut kannten. Aus Gründen, die schwer zu begreifen und in Worte zu fassen sind, wurde der Elfenbeinspecht ein
Teil unserer Kultur, ein Teil der reichen geistigen Welt Alexander
Wilsons und all jener, die sich nach Wilson ebenfalls für ihn inter-
essierten. Ein vollständiges und endgültiges Urteil über den Wert
des Elfenbeinspechts oder einer anderen natürlichen Art abzuge-
ben, ist völlig unmöglich. Die Maßstäbe, die wir anlegen, entstehen in unabsehbarer Weise. Sie ergeben sich aus unzusammenhän-
genden Fakten und schwer fassbaren Gefühlen, die aus dem Unter-
bewussten hervorbrechen und nur unzulänglich in Worte gekleidet
werden können.

Wir, *Homo sapiens*, sind auf der Bildfläche erschienen und haben unser Revier gut abgesteckt. Als Gewinner der Darwinschen
Lotterie, als ballonköpfige Vorzeigeexemplare der biologischen
Evolution, als emsige zweibeinige Affen mit abspreizbaren Daumen vernichten wir unaufhaltsam die Elfenbeinspechte und andere
Wunder der Natur um uns herum. Mit der Dezimierung der natürlichen Lebensräume sterben massenhaft Arten aus. Sie durchlaufen
die Kategorien der Roten Liste, und die meisten werden ohne
großes Aufheben schließlich gestrichen. Zerstreut und mit uns
selbst beschäftigt, wie es unserer Natur entspricht, haben wir noch
nicht begriffen, was wir damit anrichten. Künftige Generationen
dagegen werden unendlich viel Zeit haben, um über das Gesche-
hene nachzudenken, und sie werden den Verlust in seiner vollen
und schmerzlichen Tragweite begreifen. Tausende von Elfenbein-
spechten werden in den kommenden Jahrhunderten und Jahrtausenden Stoff zum Nachdenken bieten.

Gibt es heute schon eine Möglichkeit, den Verlust, den wir erleiden, quantitativ zu erfassen – und sei es nur annähernd? Obwohl
jeder Versuch fast zwangsläufig den Verlust zu niedrig angeben
wird, möchte ich dennoch mit einer makroökonomischen Schätzung beginnen. 1997 setzte ein internationales Wissenschaftlerteam aus Ökonomen und Umweltwissenschaftlern einen Geldwert

für die ökologischen Dienstleistungen an, die die Natur gratis für die Menschheit erbringt. Unter Einbeziehung einer Fülle von Daten und statistischen Erhebungen schätzten sie die Summe aller Dienstleistungen auf mindestens 33 Billionen Dollar jährlich. Dieser Betrag ist fast doppelt so hoch wie das im Jahr 1997 erzielte Bruttosozialprodukt aller Länder zusammengenommen, 18 Billionen Dollar.[2] Ökologische Dienstleistungen werden als der von der Biosphäre bereitgestellte Fluss von Materie, Energie und Information definiert, von dem das menschliche Leben auf der Erde abhängt. Dazu gehören die Regulierung der Atmosphäre und des Klimas, die Reinigung und Speicherung von Süßwasser, die Bildung und Anreicherung des Bodens, die Aufrechterhaltung des Nährstoffkreislaufs, die Entgiftung und Wiederaufbereitung des Abfalls, die Bestäubung der Pflanzen sowie die Erzeugung von Holz, Futter und Brennmaterial aus Biomasse.[3]

Das Ergebnis der Mega-Schätzung lässt sich auch, vielleicht noch sinnfälliger, andersherum ausdrücken: Wenn die Menschen versuchen wollten, die kostenlosen Dienstleistungen der Natur durch eigene Produkte oder Leistungen zu ersetzen, müsste das weltweite Bruttosozialprodukt um mindestens 33 Billionen Dollar steigen. Dies ist natürlich – außer als Gedankenexperiment – völlig unmöglich. Natürliche Ökosysteme ganz oder auch nur teilweise zu ersetzen, ist eine wirtschaftliche und physikalische Unmöglichkeit, und es würde sicherlich unseren Tod bedeuten, wenn wir es versuchten. Der Grund, so erklären uns Umweltökonomen, liegt darin, dass die Grenzkosten – die definiert sind als die Änderung des Werts der Naturdienstleistung in Abhängigkeit von ihrer Verfügbarkeit – mit der Verknappung der Naturdienstleistungen stark ansteigen. Wenn die Grenzkosten zu stark ansteigen, ist der Mensch nicht mehr in der Lage, die benötigten Dienstleistungen auf natürlichem und künstlichem Weg bereitzustellen. Daher gefährdet eine größere Abhängigkeit von künstlichen Produkten, oder, anders ausgedrückt, von ökologischen Prothesen, nicht nur die Biosphäre, sondern auch die Menschheit.

Die meisten Umweltwissenschaftler sind der Ansicht, dass die Vernichtung der natürlichen Lebensgrundlagen bereits viel zu weit getrieben wurde, und bestätigen damit den Satz, man solle Mutter Natur nicht ins Handwerk pfuschen. Die Dame ist in der Tat unsere Mutter und darüber hinaus eine Kraft von weit reichendem Einfluss. Nachdem sie sich selbst über einen Zeitraum von mehr als drei Milliarden Jahren entwickelt hat, brachte sie uns vor knapp einer Million Jahre hervor, im evolutionsgeschichtlichen Zeitmaßstab ein winziger Augenblick. Alt und erschöpft, wie sie ist, wird sie den zügellosen Appetit ihres maßlosen Kindes nicht sehr viel länger dulden.

Anzeichen dafür, dass die Biosphäre die Grenzen ihrer Belastbarkeit erreicht hat, gibt es in Hülle und Fülle. Die Erträge aus dem Meeresfischfang belaufen sich derzeit auf 2,5 Milliarden Dollar in den Vereinigten Staaten und auf 82 Milliarden Dollar weltweit. Diese Erträge können nicht mehr gesteigert werden, da die Ozeane begrenzt sind und die Menge an Organismen, die sie hervorbringen können, feststeht. Alle siebzehn Hochseefanggebiete haben infolgedessen die Grenze der nachhaltigen Erträge erreicht oder stehen kurz davor. In den neunziger Jahren pendelte sich die weltweite Fangmenge auf ungefähr 90 Millionen Tonnen jährlich ein. Unter dem Druck der wachsenden globalen Nachfrage ist aber zu erwarten, dass diese Menge schließlich sinken wird. Schon jetzt sind die Fischgründe des westlichen Nordatlantiks, des Schwarzen Meeres und in Teilen der Karibik erschöpft. Die Massenzüchtung von Fischen, Krusten- und Weichtieren in Aquakulturen, die auch als »blaue Revolution« bezeichnet wird, fängt zwar den dadurch verursachten Engpass partiell auf, doch zu einem hohen ökologischen Preis. Sie erfordert nämlich die Umwandlung wertvoller Feuchtgebiete, die für die Entwicklung vieler Meereslebewesen unentbehrlich sind. Außerdem müssen zur Ernährung der Zuchtpopulationen Futtermittel aus der Nahrungsmittelerzeugung abgezweigt werden. Die Aquakultur konkurriert also mit anderen menschlichen Aktivitäten um landwirtschaftliche Nutzflächen, während sie gleichzeitig natürliche Lebensräume zerstört. Was früher im Überfluss vorhanden war, muss heute erzeugt werden, was letztlich zu einem inflationären Druck auf einen großen Teil der Küsten- und Binnenlandökonomien weltweit führen wird.

Ein weiteres Beispiel für die Grenzen der Belastbarkeit sind die bewaldeten Wassereinzugsgebiete. Sie speichern Regenwasser und reinigen es, bevor sie es den Seen und Ozeanen zuführen – kostenlos natürlich. Sie können nur unter immensen Kosten ersetzt werden. Über Generationen hinweg erhielt die Stadt New York außergewöhnlich sauberes Trinkwasser von den Catskill Mountains. Die Einwohner in diesem Gebiet waren stolz darauf, dass ihr in Flaschen abgefülltes Wasser einst im gesamten Nordosten der Ver-

einigten Staaten verkauft wurde. Mit wachsender Bevölkerungszahl wurden jedoch immer mehr Waldgebiete des Einzugsgebietes
in Nutzland für Farmen, Siedlungen und Erholungsgebiete umgewandelt. Schließlich kam es durch die zunehmenden Abwässer aus
Haushalten und Landwirtschaft zu einer solchen Verunreinigung
des Wassers, dass es den Anforderungen der US-amerikanischen
Umweltschutzbehörde nicht mehr genügte. Die Behörden in New
York standen nun vor der Entscheidung, entweder eine Kläranlage
zu bauen, um das Catskill-Wassereinzugsgebiet zu ersetzen – mit
einem Investitionsaufwand von sechs bis acht Milliarden Dollar
und jährlichen Unterhaltskosten von 300 Millionen Dollar –, oder
Maßnahmen zu ergreifen, um die ursprüngliche Reinigungskapa-
zität von Catskill annähernd wiederherzustellen – mit einem einmaligen Kostenaufwand von einer Milliarde Dollar und anschließend sehr geringen Unterhaltskosten. Die Entscheidung fiel selbst
jenen leicht, die in einer städtischen Umgebung geboren und aufgewachsen waren. 1997 begann die Stadt mit der Ausgabe ökologischer Anleihen und finanzierte damit den Erwerb von Waldstücken
und die Subventionierung von Kleinkläranlagen in den Catskill
Mountains. Es gibt keinen Grund, warum sich die Einwohner
New Yorks und der Catskill Mountains nicht für alle Zeiten an
dem doppelten Geschenk der Natur erfreuen sollten, kostengünstig sauberes Wasser zu erhalten und kostenlos ein wunderschönes
Naherholungsgebiet nutzen zu können.

Die Entscheidung für ein solches Vorgehen birgt noch einen
weiteren Vorteil. Dank ihrer natürlichen Wasserwirtschaft trägt
die Region der Catskill Mountains zu einem wirksamen Hochwas-
serschutz bei, der so gut wie keine zusätzlichen Kosten verursacht.
Von einem ähnlichen Vorteil profitiert auch die Stadt Atlanta. Als
im Zuge ihrer rapiden städtischen Entwicklung 20 Prozent der
Bäume im innerstädtischen Bereich gefällt wurden, führte dies zu
einem Anstieg der unwetterbedingten Abwassermengen auf jährlich 120 Millionen Kubikmeter. Bauliche Maßnahmen, um die Auf-
nahmekapazität für Abwasser entsprechend zu erhöhen, würden
mindestens zwei Milliarden Dollar kosten. Dagegen ist die Wie-
deranpflanzung von Bäumen an Straßen, öffentlichen Plätzen und
Parkplätzen erheblich kostengünstiger als der Bau von Abflussrin-
nen und Befestigungen aus Beton. Abgesehen von ihren vernach-
lässigbaren Unterhaltskosten bieten Bäume auch einen wesentlich
angenehmeren Anblick.[4]

Für die Erhaltung der Natur, sei es aus praktischen oder ästhetischen Gründen, ist die Artenvielfalt von großer Bedeutung. Die folgende Regel wird mittlerweile allgemein von Ökologen anerkannt: Je mehr Arten in einem Ökosystem wie etwa einem Wald oder einem See leben, umso produktiver und stabiler ist es. Unter Produktivität verstehen die Wissenschaftler die Menge an pflanzlicher oder tierischer Biomasse, die in einer Stunde, einem Jahr oder einer beliebigen anderen Zeiteinheit erzeugt wird. Unter Stabilität verstehen sie zwei Eigenschaften, die entweder einzeln oder beide erfüllt sein müssen: geringe Veränderung der zusammengefassten Bestandszahlen aller Arten über die Zeit und rasche Regeneration nach einem Brand, einer Dürre oder anderen belastenden Störungen. Verständlicherweise hegen Menschen den Wunsch, inmitten vielfältiger, produktiver und stabiler Ökosysteme zu leben. Wer würde schon sein Haus inmitten von Weizenfeldern bauen, wenn er die Wahl hätte, in einer Parklandschaft zu wohnen?

Ökosysteme werden zum Teil durch das »Versicherungsprinzip« der Artenvielfalt in einem Zustand der Stabilität erhalten. Wenn eine Art aus einer Lebensgemeinschaft verschwindet, wird ihre Nische schneller und wirkungsvoller durch eine andere Art besetzt werden, wenn es dafür eine reiche Auswahl an Kandidaten gibt. Um ein Beispiel zu nennen: Bei einem Bodenbrand in einem Kiefernwald gehen unweigerlich zahlreiche Pflanzen und Tiere des Unterholzes zu Grunde. Wenn der Wald über eine gesunde Artenvielfalt verfügt, wird er seine gewohnte Produktivität und die ursprüngliche Zusammensetzung der Pflanzen und Tiere jedoch schneller wieder erreichen, als wenn er biologisch verarmt ist. Bei den größeren Kiefern beschränkt sich der Schaden auf ein Versengen der unteren Borke. Sie wachsen weiter wie zuvor und spenden weiterhin Schatten. Auch einige Sträucher und krautartige Pflanzen werden überleben und sich sofort regenerieren. In manchen Kiefernwäldern, die häufig Waldbränden ausgesetzt sind, wird durch die Hitze des Feuers die Keimung inaktiver Samen ausgelöst, die genetisch darauf programmiert sind, auf Hitze zu reagieren. Dadurch beschleunigt sich die Regeneration des Waldbewuchses weiter.

Ich möchte noch ein zweites Beispiel für das Versicherungsprinzip anführen: Wenn wir einen See erforschen, sehen wir mit unseren Augen auf der makroskopischen Ebene nur relativ große Organismen – Unterwasserpflanzen, Fische, Wasservögel, Libellen, Taumelkäfer und andere Lebewesen, die groß genug sind, um Wasser zu verspritzen und Geräusche zu verursachen. In weitaus größerer Anzahl und Vielfalt sind diese Lebewesen jedoch von für das bloße Auge unsichtbaren Bakterien, Protisten, planktonartigen einzelligen Algen, Wasserpilzen und anderen Mikroorganismen umgeben. Diese wimmelnden Myriaden sind die eigentliche Grundlage des Ökosystems »See« und die unsichtbaren Garanten seiner Stabilität. Sie zersetzen die toten Körper der größeren Organismen. Sie binden große Mengen Kohlenstoff und Stickstoff oder setzen Kohlendioxid frei, wodurch sie Fluktuationen in den biologischen Zyklen und Energieflüssen im übrigen aquatischen Ökosystem mildern. Sie halten den See in einem Zustand des annähernden chemischen Gleichgewichts und regenerieren ihn bis zu einem gewissen Maße nach extremen Störungen wie Versandung und Verschmutzung.

In der Dynamik eines gesunden Ökosystems gibt es wichtige und weniger wichtige »Akteure«. Zu den wichtigen Akteuren gehören die Gestalter von Ökosystemen. Darunter versteht man solche Lebewesen, die dem Habitat neue Elemente hinzufügen und damit ganzen Gemeinschaften darauf spezialisierter Organismen neue Lebensräume erschließen. Biologische Vielfalt zieht weitere Vielfalt nach sich, und die Häufigkeit von Pflanzen, Tieren und Mikroorganismen nimmt entsprechend zu:

- Durch den Bau von Dämmen tragen Biber zur Entstehung von Teichen, Sümpfen und überfluteten Wiesen bei. Solche Lebensräume beherbergen Pflanzen- und Tierarten, die in reinen Fließgewässern selten vorkommen oder völlig fehlen. Das sich unter Wasser zersetzende Holz der Dämme bietet Lebensraum und Nahrung für weitere Arten.
- Elefanten trampeln Sträucher und kleinere Bäume nieder und eröffnen dadurch kleine Waldlichtungen. Das Ergebnis ist ein Mosaik verschiedener Lebensräume, in dem insgesamt mehr Arten leben.
- Die Gopherschildkröte aus Florida gräbt bis zu einem Meter lange Tunnel, wodurch der Boden durchmischt und die Zusammensetzung der darin lebenden Mikroorganismen geändert wird. Diese Schlupfwinkel werden außerdem von Schlangen, Fröschen und Ameisen genutzt, die darauf spezialisiert sind, in Höhlen zu leben.

• Die *Euchondrus*-Schnecken der israelischen Negev-Wüste zermahlen weiches Felsgestein, um an die darin lebenden Flechten zu gelangen, von denen sie sich ernähren. Indem sie Gestein in Erde umwandeln und die durch die Photosynthese der Flechten erzeugten Nährstoffe freisetzen, schaffen sie vielfältige Nischen für andere Arten.

Insgesamt deutet eine Fülle unabhängiger Beobachtungen aus den verschiedensten Ökosystemen auf dieselbe Schlussfolgerung hin: Je mehr Arten zusammenleben, umso stabiler und produktiver ist das Ökosystem, das sie bilden.[5] Andererseits zeigen mathematische Modelle, die versuchen, die Wechselwirkungen zwischen den Arten eines Ökosystems zu beschreiben, dass auch das scheinbar entgegengesetzte Phänomen eintritt: Eine hohe Artenvielfalt verringert die Stabilität einzelner Arten. Unter bestimmten Bedingungen wie etwa der zufälligen Besiedlung des Ökosystems durch eine Vielzahl stark interagierender Arten können sich durch die jeweils getrennten, aber miteinander verzahnten Fluktuationen der Arten die Bestände sprunghaft ändern. Durch die stärkeren Schwankungen der Bestandszahlen erhöht sich jedoch die Wahrscheinlichkeit des Aussterbens einzelner Arten. Ebenso ist es nach mathematischen Modellen möglich, dass eine hohe Artenvielfalt die Produktivität senkt.

Wenn Beobachtung und Theorie miteinander in Widerspruch stehen, greifen Wissenschaftler zur Klärung der Frage oft auf ausgeklügelte Experimente zurück. Im Falle biologischer Systeme ist ihre Motivation besonders hoch, da solche Systeme üblicherweise viel zu komplex sind, um allein mit Mitteln der Beobachtung oder der Theorie erfasst werden zu können. Wie in der Naturwissenschaft allgemein üblich, bewährt es sich, zunächst das System zu vereinfachen und es dann mehr oder weniger konstant zu halten, während gleichzeitig einzelne wichtige Parameter verändert werden, um zu sehen, was geschieht. In dem Bemühen, solche annähernd idealen Versuchsbedingungen zu schaffen, entwarf ein Team britischer Ökologen in den neunziger Jahren das Ökotron, eine Wachstumskammer, in der einfache Ökosysteme künstlich zusammengesetzt werden können, Art für Art, je nach Belieben. Unter Verwendung vieler verschiedener Ökotrons stellten die britischen Wissenschaftler fest, dass die Produktivität – gemessen an der Zunahme der Pflanzenmasse – mit steigender Artenzahl wuchs.

Gleichzeitig entdeckten Umweltwissenschaftler, die Graslandflächen in Minnesota untersuchten – das Freilandäquivalent von Ökotrons –, dass Flächen mit hoher Artenvielfalt in Dürrezeiten geringere Produktivitätseinbußen hinnehmen mussten und sich schneller wieder regenerierten als Flächen mit geringer Vielfalt. Diese bahnbrechenden Experimente schienen zumindest hinsichtlich der Produktivität die bereits aus der Beobachtung von natürlichen Ökosystemen abgeleitete Schlussfolgerung zu stützen, wonach eine hohe Artenvielfalt vorteilhaft ist. Präziser ausgedrückt: Die bisher untersuchten Ökosysteme besitzen nicht die Eigenschaften und Anfangsbedingungen, die laut Theorie zu einer verringerten Produktivität und Instabilität infolge hoher Artenzahlen führen können.

Aber: Wie können wir sicher sein, so gaben die Kritiker in bester wissenschaftlicher Tradition zu bedenken, dass die Produktivitätszunahme wirklich nur das Ergebnis einer größeren Anzahl von Arten ist? Möglicherweise geht dieser Effekt auf einen anderen Faktor zurück, der zufällig mit der Anzahl der Arten korreliert. Vielleicht ist das Ergebnis ein statistisches Artefakt. Mit zunehmender Anzahl von Pflanzenarten in einem Habitat steigt zum Beispiel die Wahrscheinlichkeit, dass mindestens eine davon äußerst produktiv ist. Wenn dies zutrifft, dann ist die Zunahme der Produktion von Pflanzenmasse – und die Zunahme der sich davon ernährenden Tierarten – nur ein glücklicher Zufall und nicht wirklich das Ergebnis biologischer Vielfalt als solcher. Im Grunde genommen ist diese Unterscheidung jedoch rein semantischer Natur. Die erhöhte Wahrscheinlichkeit, auf eine außerordentlich produktive Art zu stoßen, kann als ein Beispiel für die verschiedenen Möglichkeiten angesehen werden, wie eine reiche Artenvielfalt die Produktivität steigert. (Wenn man die Spieler eines Basketball-Teams unter tausend Personen auswählen kann, ist es wahrscheinlicher, dass sich ein begabter Spieler darunter befindet, als wenn nur hundert Personen zur Verfügung stehen.) Dennoch ist es wichtig zu wissen, ob eine Erhöhung der Artenvielfalt noch andere Auswirkungen hat, die von Bedeutung sind. Insbesondere stellt sich die Frage, ob Arten so miteinander in Wechselwirkung stehen können, dass das Wachstum einer der beiden oder beider Arten begünstigt wird. Ein solcher Prozess wird als »Overyielding« bezeichnet. Mitte der neunziger Jahre wurde eine umfangreiche Studie in Angriff genommen, um die Wirkung der biologischen Vielfalt auf die

Produktivität zu untersuchen, wobei besonderes Augenmerk auf das Vorliegen oder Fehlen eines »Overyielding«-Effekts gelegt wurde. Über einen Zeitraum von zwei Jahren führten 34 Forscher in acht europäischen Ländern zahlreiche Projekte durch, die unter dem Begriff BIODEPTH zusammengefasst wurden. Diesmal waren die Ergebnisse überzeugender. Sie zeigten, dass die Produktivität von Ökosystemen in der Tat mit der biologischen Vielfalt steigt, zumindest in Versuchsanordnungen von bis zu 32 Arten. Viele der Versuche belegten auch den Effekt des »Overyielding«.

Seit Millionen von Jahren haben sich die Arten, die gestaltend in Ökosysteme eingreifen, als besonders effizient bei der Förderung des »Overyielding« erwiesen. Sie haben sich im Laufe der Evolution zusammen mit anderen Arten entwickelt, die die von ihnen geschaffenen Nischen ausnutzen. Das Ergebnis ist ein harmonisches Zusammenspiel innerhalb der Ökosysteme. Indem sich die vorhandenen Arten auf vielfältige Nischen auffächern, speichern und verarbeiten sie mehr Biomasse und Energie, als dies in anderen Ökosystemen mit ähnlichen Grundvoraussetzungen möglich ist. Auch *Homo sapiens* greift gestaltend in Ökosysteme ein, aber nicht sehr geschickt. Da wir uns mit der Mehrzahl der Lebensformen, denen wir heute auf der Welt begegnen, nicht gemeinsam entwickelt haben, eliminieren wir weitaus mehr Nischen, als wir erzeugen. Wir vernichten Arten und Ökosysteme mit einer bisher ungekannten Geschwindigkeit und tragen überall dazu bei, dass Produktivität und Stabilität abnehmen.

Ich gebe gern zu, dass Produktivitäts- und andere wirtschaftliche Argumente auf Ökosystemebene allein nicht ausreichen, um die Rettung jeder einzelnen Art in einem Ökosystem zu rechtfertigen, besonders wenn sie schon zu den gefährdeten Arten zählt. Der Verlust des Elfenbeinspechts hat auf den Wohlstand der amerikanischen Gesellschaft keine spürbare Auswirkung gehabt. Eine seltene Blume oder ein seltenes Moos könnte durchaus aus den Catskill-Wäldern verschwinden, ohne dass dies die Kapazität der Region zur Wasseraufbereitung beeinträchtigen würde. Doch was beweist das? Einzelne Arten nach ihrem gegenwärtig bekannten praktischen Nutzen zu bewerten, ist eine Buchführung im Dienste der Barbarei, wie der Ökonom Colin W. Clark 1973 auf höchst überzeugende Weise am Beispiel des Blauwals, *Balaenopterus musculus*, gezeigt hat. Mit einer Länge von dreißig Metern und einem Gewicht von 150 Tonnen im ausgewachsenen Zustand ist der

Blauwal das größte Lebewesen, das jemals auf der Erde – ob im Wasser oder auf dem Land – gelebt hat. Er gehört damit auch zu den Lebewesen, die am leichtesten zu jagen und zu töten sind. Über 300 000 Exemplare wurden im zwanzigsten Jahrhundert erlegt, allein 29 649 davon in der Rekordsaison von 1930/31. Anfang der siebziger Jahre war die Population bis auf wenige hundert Exemplare zurückgegangen. Trotzdem wollten vor allem die Japaner die Jagd unbedingt fortsetzen, sogar auf die Gefahr einer völligen Ausrottung der Art hin. Clark stellte sich daraufhin die Frage, welche Vorgehensweise den Walfängern und der Menschheit den größten Profit einbringen würde. Sollte man den Walfang aussetzen und dem Blauwal die Chance geben, sich zu erholen, um ihn dann fortan nachhaltig nutzen zu können, oder sollte man die letzten verbliebenen Exemplare so schnell wie möglich erlegen und die daraus erzielten Gewinne in Wachstumsaktien investieren? Bei Verlustraten von über 21 Prozent jährlich lautete die deprimierende Antwort: Tötet die Wale und investiert das Geld.[6]

Was ist falsch an dieser Argumentation?

Der in Dollar und Cent angegebene Wert eines toten Blauwals orientierte sich ausschließlich an den bestehenden Marktpreisen für Walfleisch und Walöl. Doch es gibt viele andere Werte wissenschaftlicher, medizinischer und ästhetischer Natur, die mit unserem Wissen über den lebendigen *Balaenopterus musculus* in unvorhersehbarer Weise wachsen werden. Wie hoch war der Wert des Blauwals im Jahr 1000 n. Chr.? Praktisch Null. Wie hoch wird er im Jahr 3000 n. Chr. sein? Praktisch unermesslich. Dazu kommt noch die Dankbarkeit der dann lebenden Generation jenen gegenüber, die weise genug waren, den Wal vor der Ausrottung zu bewahren.

Niemand kann den künftigen Wert eines Tieres, einer Pflanze oder eines Mikroorganismus auch nur annähernd abschätzen. Ihr potenzieller Wert erstreckt sich über ein weites Spektrum von bekannten bis zu derzeit noch unvorstellbaren menschlichen Bedürfnissen. Sogar die Arten selbst sind noch weitgehend unbekannt. Weniger als zwei Millionen sind wissenschaftlich erfasst und mit einem lateinischen Namen versehen, während schätzungsweise fünf bis 100 Millionen Arten noch zu entdecken sind. Von den bekannten Arten sind weniger als ein Prozent über das dürftige Maß der anatomischen Beschreibungen hinaus erforscht worden, die zu ihrer Identifizierung benutzt werden.

Die Landwirtschaft ist eine der lebenswichtigen Industrien, die mit großer Wahrscheinlichkeit von der Erforschung der noch erhaltenen wilden Arten profitieren werden. Die Nahrungsmittelversorgung der Welt hängt an einem seidenen Faden, was die biologische Vielfalt betrifft. Neunzig Prozent der Nahrungsmittel werden von kaum mehr als hundert Pflanzenarten erzeugt, obwohl mehr als eine Viertelmillion Arten bekannt sind.[7] Die Hauptlast tragen ungefähr zwanzig Arten, von denen nur drei – Weizen, Mais und Reis – die Menschheit vor dem Verhungern bewahren. Im Großen und Ganzen handelt es sich bei den zwanzig wichtigsten Arten um jene, die zufällig überall dort verbreitet waren, wo vor rund 10 000 Jahren die Landwirtschaft eingeführt wurde: im Mittelmeerraum und im Nahen Osten, in Zentralasien, am Horn von Afrika, im Reisgürtel des tropischen Asiens, im mexikanischen und mittelamerikanischen Hochland sowie im Andenhochland Südamerikas. Darüber hinaus gibt es – größtenteils außerhalb dieser Regionen – noch rund 30 000 wild wachsende Pflanzenarten, die ebenfalls essbare Bestandteile besitzen und die auch schon in der Vergangenheit von Jägern und Sammlern genutzt wurden. Von diesen Arten können mindestens 10 000 zu landwirtschaftlichen Kulturpflanzen weiterentwickelt werden, und einige wenige sind sogar sofort kommerziell nutzbar, darunter drei Arten des südamerikanischen Amaranths, die karottenähnliche Arakacha aus den Anden sowie die Flügelbohne des tropischen Asiens.[8]

In einem allgemeineren Sinne sind alle 250 000 Pflanzenarten, genau genommen sogar alle Arten von Organismen, potenzielle Spender von Genen, die mit Hilfe der Gentechnik in Nahrungspflanzen eingefügt werden können, um deren Qualität zu verbessern. Mit der Übertragung der richtigen DNA-Abschnitte lassen sich neue Sorten erzeugen, die wahlweise kältebeständig, schädlingsresistent, winterhart, schnellwüchsig, wasserspeichernd oder besonders nährstoffreich sind und die außerdem leichter gesät und geerntet werden können. Und anders als die traditionellen Züchtungsmethoden ist die Genmanipulation augenblicklich wirksam.[9]

Die Gentechnik ist ein Ableger der molekularbiologischen Revolution und wurde in den siebziger Jahren entwickelt. Zur Reife gelangte sie in den achtziger und neunziger Jahren, noch bevor die Welt so recht begriff, was da eigentlich vor sich ging. So wurde zum Beispiel ein Gen des Bakteriums *Bacillus thuringiensis* in die Chromosomen von Mais, Baumwolle und Kartoffelpflanzen eingefügt, um sie in die Lage zu versetzen, ein Gift zu produzieren, das schädliche Insekten tötet. Damit entfällt die Notwendigkeit, Insektizide zu versprühen. Andere bakterielle Transgene, so der Fachausdruck, wurden in Sojabohnen und Canola-Pflanzen eingefügt, um sie gegen chemische Unkrautvernichtungsmittel resistent zu machen. Landwirtschaftliche Nutzflächen können nun kostengünstig von Unkraut befreit werden, ohne dass die dort wachsenden Nahrungspflanzen beeinträchtigt werden. Die wichtigste Errungenschaft war jedoch die Herstellung von »goldenem Reis« Ende der neunziger Jahre. Diese neue Sorte ist mit Genen von Bakterien und Narzissen angereichert, die die Reispflanze befähigen, Beta-Carotin, eine Vorstufe des Vitamins A, herzustellen. Reis, der rund drei Milliarden Menschen als Grundnahrungsmittel dient, enthält von Natur aus kein Vitamin A, und so ist seine Anreicherung mit Beta-Carotin keine geringe humanitäre Leistung. Ungefähr zur selben Zeit wurde das schier grenzenlose Potenzial der Gentechnik durch zwei weitere Bravourleistungen unter Beweis gestellt: Ein bakterielles Gen wurde in einen Affen eingeschleust, ein Biolumineszenzgen einer Qualle in eine Pflanze übertragen.

Es war unvermeidlich, dass die Gentechnik nicht nur Bewunderung, sondern auch Kritik und Widerstand hervorrief. Viele Menschen empfanden diese Technik als grundlegenden und heimtückischen Eingriff in das menschliche Leben. Ohne große Vorwarnung traten plötzlich genetisch veränderte Organismen in unser Leben und veränderten die natürliche und gesellschaftliche Ordnung auf undurchschaubare Weise. Erste Protestbewegungen gegen diesen neuen Industriezweig formierten sich Mitte der neunziger Jahre und nahmen zum Ende des Jahrhunderts schlagartig zu – gerade noch rechtzeitig, um als Millenniumsereignis mit apokalyptischem Unterton in Erscheinung zu treten. Die Europäische Union verbot transgene Nutzpflanzen, der Prinz von Wales verglich die Gentechnik mit dem Versuch, Gott spielen zu wollen, und radikale Aktivisten forderten ein weltweites Embargo für genmanipulierte Organismen. Bekannte Umweltwissenschaftler äußerten aus wissenschaftlichen und ethischen Gründen Bedenken.

Zur Zeit der Entstehung dieses Buches (2001) nehmen Politik und Öffentlichkeit in den einzelnen Ländern höchst unterschiedliche Positionen zur Gentechnik ein. Frankreich und Großbritannien sind ausgesprochene Gegner, China ist ein glühender Befürworter, während Brasilien, Indien, Japan und die Vereinigten Staaten eine zurückhaltend positive Haltung einnehmen. Besonders in den Vereinigten Staaten begann die öffentliche Diskussion über das Thema erst, nachdem mit der transgenen Produktion der Geist sozusagen aus der Flasche entwichen war. Zwischen 1996 und 1999 erhöhte sich die Anbaufläche für gentechnisch veränderte Nutzpflanzen in den Vereinigten Staaten von 1,5 Millionen auf 28,7 Millionen Hektar. Ende des zwanzigsten Jahrhunderts war mehr als die Hälfte der angebauten Sojabohnen und Baumwolle genmanipuliert, ebenso wie fast ein Drittel (28 Prozent) des angebauten Mais. In der Tat gibt die Gentechnik aus verschiedenen Gründen Anlass zu Befürchtungen. Diese Gründe möchte ich im Folgenden zusammenfassen und abwägen.[10]

- Viele Menschen, nicht nur Philosophen und Theologen, äußern sich besorgt über die ethischen Aspekte der transgenen Evolution. Obwohl sie die Vorteile der Gentechnik einräumen, beunruhigt sie die Tatsache, dass man Organismen auf künstlichem Weg stückchenweise zusammensetzen kann. Natürlich haben Menschen schon seit dem Beginn der Landwirtschaft neue Pflanzen- und Tierarten hervorgebracht, doch niemals zuvor in dem Umfang und mit der Geschwindigkeit, wie dies heute die Gentechnik ermöglicht. Im Zeitalter der traditionellen Pflanzenzüchtung wurden außerdem fast ausschließlich Varianten derselben Art oder zumindest nur eng verwandte Arten miteinander gekreuzt. Nun erstreckt sich die Durchmischung der Gene über ganze Reiche, von Bakterien über Viren zu Pflanzen und Tieren. Wo diesem Prozess Grenzen gesetzt werden sollen, ist eine offene ethische Frage.

- Die Auswirkungen jedes neuen transgenen Nahrungsmittels auf die menschliche Gesundheit sind schwer vorhersagbar und sicherlich niemals ohne Risiko. Andererseits kann das Produkt wie jedes neue Nahrungsmittel auf dem Markt sorgfältig geprüft, zugelassen und gekennzeichnet werden. Es gibt derzeit keinen Grund zu der Annahme, dass sich transgene Produkte in ihrer Wirkung grundsätzlich von anderen Nahrungsmitteln unterscheiden. Dennoch stimmen die Wissenschaftler allgemein darin überein, dass ein großes Maß an Wachsamkeit geboten ist, und zwar aus folgendem Grund: Alle Gene haben vielfältige Wirkungen, gleichgültig ob sie von Natur aus in einem Organismus enthalten sind oder ob sie ihm aus einer exotischen Art

144

künstlich hinzugefügt wurden. Primäreffekte, wie etwa die Erzeugung eines Pestizids, sind gewünscht. Aber auch schädliche Sekundäreffekte lassen sich nicht völlig ausschließen, wie zum Beispiel die Wirkung eines Gens als Allergen oder Karzinogen.

• Transgene können von den genetisch veränderten Nutzpflanzen auf wild lebende Verwandte der Pflanze übergehen. Die Hybridisierung ist in der Landwirtschaft auch vor dem Aufkommen der Gentechnik ein verbreiteter Vorgang gewesen. Sie ist für zwölf der dreizehn weltweit wichtigsten Nutzpflanzen dokumentiert. Die Hybride haben jedoch ihre wild lebenden Vorfahren nicht verdrängt. Mir ist kein einziger Fall bekannt, in dem sich eine hybride Sorte gegen wilde Varianten derselben Art oder gegen enge Verwandte in der Natur durchgesetzt hätte. Ebenso wenig haben sich Hybride in so schwer auszurottende Unkräuter verwandelt, dass sie in dieselbe Kategorie fallen wie die schlimmsten nichthybriden Wildunkräuter, die die Erde plagen. Natürlich könnte sich dies bei den Transgenen ändern, aber für Zukunftsprognosen ist es noch zu früh.

• Genetisch veränderte Nutzpflanzen können die biologische Vielfalt in anderer Weise verringern. In einem mittlerweile berühmten Beispiel wurde das zur Erhöhung der Schädlingsresistenz von Mais eingesetzte bakterielle Toxin in Pollen über eine Entfernung von mehr als sechzig Metern von der Anbaufläche weggeweht. Wenn es auf Blättern der Seidenpflanze landet, kann es die Raupen des Monarch-Falters töten, die sich von diesen Blättern ernähren. Ein anderer Effekt tritt ein, wenn Anbauflächen mit chemischen Unkrautvernichtungsmitteln behandelt werden, gegen die die Nutzpflanzen durch Transgene resistent sind. In diesem Fall verringert sich das Nahrungsangebot für Vögel, was zu einem Rückgang lokaler Vogelpopulationen führen kann. Diese ökologischen Sekundäreffekte sind noch nicht eingehend untersucht worden. Welche Bedeutung ihnen mit zunehmender Verbreitung der Gentechnik in der Landwirtschaft zukommen wird, bleibt abzuwarten.

• Viele Menschen, die sich der potenziellen Gefahren der Gentechnik in ihrer Nahrung bewusst geworden sind, fühlen sich durch den Einsatz einer Technik, die sich ihrer Kontrolle und ihrem Verständnis entzieht, begreiflicherweise verunsichert. Sie haben das Gefühl, dass ihnen gesichtslose Großkonzerne – wer könnte auch nur die Namen drei der wichtigsten Akteure nennen? – ein weiteres Stück ihrer Freiheit geraubt haben. Sie befürchten, dass eine industrialisierte, hoch technologische Landwirtschaft durch einen einzigen zufälligen Fehler katastrophal entgleisen kann. Diesen Ängsten liegt ein Gefühl der Hilflosigkeit zu Grunde. In der öffentlichen Meinung spielt die Gentechnik in der Landwirtschaft dieselbe Rolle wie die Kerntechnik in der Energieversorgung.

Wir stehen heute vor der Frage, wie wir in den kommenden Jahrzehnten Milliarden zusätzlicher Menschen ernähren und gleichzeitig die übrige Natur erhalten können, ohne einen Faustischen Pakt einzugehen, der unsere Freiheit und Sicherheit gefährdet. Niemand kennt die Patentlösung für dieses Problem. Die meisten Wissenschaftler und Ökonomen, die sich mit beiden Seiten des Dilemmas befasst haben, stimmen darin überein, dass der Nutzen der Gentechnik die Risiken überwiegt. Der Nutzen muss sich aus einer »immergrünen Revolution« ergeben.[11] Das Ziel dieses neuen Vorstoßes besteht darin, die Nahrungsmittelerzeugung weit über das in den sechziger Jahren durch die »grüne Revolution« erreichte Niveau zu steigern, wobei die dabei zum Einsatz kommende Technik und die entsprechende regulatorische Gesetzgebung heutige Sicherheitsstandards noch übertreffen sollen.

Die Gentechnik wird mit großer Wahrscheinlichkeit eine wichtige Rolle bei dieser »immergrünen Revolution« spielen. Die meisten Länder haben in Anbetracht des potenziellen Nutzens wie auch der Risiken transgener Nutzpflanzen damit begonnen, Richtlinien für deren Zulassung und Vermarktung zu entwickeln. Die treibende Kraft in diesem rasch voranschreitenden Prozess ist letztlich der internationale Handel. In einem wichtigen ersten Schritt haben im Jahr 2000 mehr als 130 Länder das Cartagena-Protokoll für Biologische Sicherheit verabschiedet, das jedem Staat das Recht einräumt, die Einfuhr transgener Produkte zu verbieten. Das Protokoll fordert weiterhin die Einrichtung eines so genannten »Biosafety Clearing House«, um Informationen über nationale Regelungen zu veröffentlichen. Ungefähr um dieselbe Zeit traten die US-amerikanische National Academy of Sciences und die Third World Academy of Sciences, unterstützt von den Wissenschaftsakademien fünf weiterer Länder – Brasilien, China, Indien, Mexiko und Großbritannien –, für die Entwicklung transgener Nutzpflanzen ein. Sie gaben Empfehlungen für Richtlinien zu Risikoabschätzung und Zulassungsbestimmungen und wiesen auf die Bedürfnisse der Entwicklungsländer im Hinblick auf künftige Forschungs- und Investitionsprogramme hin.

Die Medizin ist ein weiterer Bereich, der von der biologischen Vielfalt – mit und ohne Einbeziehung der Gentechnik – profitieren kann. Schon heute stammen die Wirkstoffe vieler gebräuchlicher Arzneimittel von wild lebenden Arten. In den Vereinigten Staaten enthält ein Viertel der von Apotheken ausgegebenen Pharmazeutika Substanzen pflanzlichen Ursprungs. Weitere 13 Prozent stammen von Mikroorganismen und nochmals drei Prozent von Tieren. Das macht insgesamt einen Anteil von gut 40 Prozent aus. Noch beeindruckender ist folgende Statistik: Neun der zehn am häufigsten verschriebenen Medikamente sind von Organismen abgeleitet. Der kommerzielle Wert der relativ kleinen Anzahl natürlicher Produkte ist beträchtlich. So wird der Umsatz für pflanzliche Heilmittel allein für das Jahr 1998 auf 20 Millionen Dollar in den USA und auf 84 Millionen Dollar weltweit geschätzt.[12]

Trotz ihres offenkundigen Potenzials ist jedoch nur ein winziger Bruchteil der biologischen Vielfalt bisher in der Medizin genutzt worden. Dies zeigt sich etwa an der überwiegenden Verwendung von Ascomyceten (Schlauchpilzen) zur Behandlung bakterieller Krankheiten. Obwohl bislang nur ungefähr 30 000 Ascomycetenarten untersucht worden sind und sie nur zwei Prozent aller bekannten Organismenarten ausmachen, werden aus ihnen 85 Prozent der heute gebräuchlichen Antibiotika hergestellt. Aber die tatsächliche Nutzung der biologischen Vielfalt ist noch weitaus eingeschränkter, als es diese Zahlen vermuten lassen, denn wahrscheinlich sind noch nicht einmal zehn Prozent der Ascomycetenarten der Welt entdeckt und wissenschaftlich benannt worden. Die Blütenpflanzen sind in ähnlicher Weise vernachlässigt worden. Obwohl anzunehmen ist, dass mehr als 80 Prozent der Arten einen wissenschaftlichen Namen erhalten haben, sind bislang nur drei Prozent dieser Pflanzen auf Alkaloide untersucht worden, eine Klasse natürlicher Stoffe, die nachweislich zu den wirksamsten Heilmitteln bei der Bekämpfung von Krebs und vielen anderen Krankheiten gehört.

Dem pharmakologischen Reichtum wild lebender Arten liegt eine evolutionäre Logik zu Grunde. Alle Organismenarten haben im Laufe der Evolution chemische Substanzen entwickelt, um das Wachstum von Krebszellen in ihrem Körper einzudämmen, Parasiten abzutöten und Feinde abzuwehren. Mutation und natürliche Selektion, die beiden Prozesse, die dieses pharmakologische Arsenal hervorgebracht haben, sind empirischer Natur. Abermillionen von Arten haben sich über geologische Zeiträume hinweg aus dem Leben und Sterben unendlich vieler Organismen herausgebildet, und aus ihnen sind die heutigen Gewinner der Mutations- und Selektionslotterie hervorgegangen. Bei der Zusammenstellung eines großen Teils unserer eigenen Arzneimittel haben wir es gelernt, auf den Erfahrungsschatz dieser Arten zurückzugreifen. Und so verdanken wir der biologischen Vielfalt heute Antibiotika, Fungizide, Malariamedikamente, Betäubungsmittel, Schmerzstiller, Blutgerinnungsmittel, Blutgerinnungshemmer, Herzmittel, Herzstimulanzien, Medikamente zur Immunsuppression, Hormonersatzpräparate, Hormonhemmer, Krebsmedikamente, fiebersenkende Mittel, Entzündungshemmer, Kontrazeptiva, Diuretika, Antidiuretika, Antidepressiva, Muskelrelaxanzien, Beruhigungsmittel und Abortiva, um nur eine kleine Auswahl zu nennen.

Die Entwicklung revolutionärer neuer Arzneimittel ist selten das Ergebnis rein wissenschaftlicher Erkenntnis in der Molekular- und Zellbiologie, auch wenn diese Wissenschaftszweige gewaltige Fortschritte gemacht haben und sie die Krankheitsursachen auf der grundlegendsten Ebene erforschen. Vielmehr verläuft die Entdeckung meist auf dem umgekehrten Weg: Das Vorhandensein des Wirkstoffs fällt zunächst in ganzen Organismen auf und regt dazu an, die Wirkung der Substanz bis auf die Molekular- und Zellebene zurückzuverfolgen. Erst dann beginnt die eigentliche Grundlagenforschung.

Der erste Hinweis auf ein neues Arzneimittel mag sich unter den Hunderten von Heilmitteln der traditionellen chinesischen Medizin verbergen. Vielleicht ergibt er sich auch aus dem Ritual eines Schamanen im Regenwald des Amazonas. Oder er verbirgt sich in der zufälligen Beobachtung eines Wissenschaftlers im Labor, der sich der möglichen Bedeutung seiner Entdeckung für die Medizin gar nicht bewusst ist. Noch häufiger verhält es sich jedoch heutzutage so, dass Wissenschaftler gezielt nach neuen Wirkstoffen suchen und zu diesem Zweck eine große Zahl zufällig ausgewählter pflanzlicher und tierischer Gewebe auf vorhandene biologische Aktivität durchmustern. Wenn eine positive Reaktion beobachtet wird, etwa die Unterdrückung von Krebszellen oder bakteriellen Zellen, können die dafür verantwortlichen Moleküle isoliert und in größerem Maßstab getestet werden, wobei zunächst Versuche mit Tieren und später mit freiwilligen Versuchspersonen unter sorgfältig kontrollierten Bedingungen durchgeführt werden. Verlaufen die Tests erfolgreich und ist die atomare Struktur des Moleküls bekannt, kann die Substanz im Labor synthetisch hergestellt werden, was gewöhnlich kostengünstiger ist als ihre Extraktion aus geernteten Rohstoffen. Schließlich liefern die natürlichen chemischen Verbindungen einen Prototyp, aus dem durch Hinzufügen oder Entfernen von Atomen und Doppelbindungen neue Klassen organischer Substanzen hergestellt werden können. Einige dieser neuen Substanzen erweisen sich möglicherweise als wirkungsvoller als der natürliche Prototyp und können – was für die pharmazeutischen Unternehmen von ebenso großer Bedeutung ist – patentiert werden.

Glückliche Zufälle sind ein Kennzeichen pharmakologischer Forschung. Eine zufällige Entdeckung kann nicht nur zu einem erfolgreichen neuen Medikament, sondern auch zu Fortschritten in der Grundlagenforschung führen, die irgendwann ihrerseits neue Medikamente hervorbringen. So förderte zum Beispiel eine Durchmusterung von Arten im gebirgigen Landesinneren von Norwegen einen obskuren Pilz zu Tage, der eine hochgradig suppressive Wirkung auf das menschliche Immunsystem hatte. Es stellte sich heraus, dass der Wirkstoff, den man aus dem Pilzgewebe isolierte und identifizierte, ein bis dahin in der organischen Chemie vollkommen unbekanntes komplexes Molekül war, dessen Wirkung sich mit den bekannten molekular- und zellbiologischen Prinzipien nicht erklären ließ. Seine Bedeutung für die Medizin jedoch war sofort offensichtlich, denn bei Organtransplantationen muss verhindert werden, dass das Immunsystem des Empfängers das fremde Gewebe abstößt. Der neue Wirkstoff, der den Namen Cyclosporin erhielt, entwickelte sich rasch zu einem unentbehrlichen Medikament in der Organtransplantationsmedizin. Darüber hinaus sind ihm wichtige neue Anstöße in der Erforschung der molekularen Mechanismen der Immunreaktion selbst zu verdanken.[13]

Die überraschenden Ereignisse, die manchmal von der reinen Naturforschung zu medizinischen Durchbrüchen führen, böten ausgezeichneten Stoff für Science-Fiction-Literatur – sofern sie nicht wahr wären. Die Protagonisten einer solchen drehbuchreifen Geschichte sind die Pfeilgiftfrösche Mittel- und Südamerikas, die zu den Gattungen *Dendrobates* und *Phyllobates* der Familie Dendrobatidae gehören. Diese winzigen Frösche, die auf einem menschlichen Fingernagel Platz finden, sind auf Grund ihrer Farbenpracht sehr beliebte Terrarientiere. Die vierzig bekannten Arten zeichnen sich durch vielfältige orange, rote, gelbe, grüne oder blaue Muster auf gewöhnlich schwarzem Untergrund aus. In ihren natürlichen Lebensräumen hüpfen die Frösche gemächlich umher und lassen sich durch herannahende potenzielle Feinde kaum aus der Ruhe bringen. Diese Lethargie ist für den ausgebildeten Naturforscher ein deutliches Warnzeichen, denn wenn ein kleines und ansonsten unbekanntes Tier in der Wildnis auffallend schön ist, kann man mit großer Sicherheit davon ausgehen, dass es giftig ist. Und wenn es nicht nur schön, sondern auch noch leicht zu fangen ist, dann ist es vermutlich tödlich.

Und so verhält es sich auch mit den Pfeilgiftfröschen, die, wie sich herausgestellt hat, aus Drüsen auf ihrem Rücken ein starkes Toxin absondern. Die Wirksamkeit der Substanz hängt von der jeweiligen Art ab. Ein einziges Exemplar der treffenderweise *Phyllobates horribilis* genannten kolumbianischen Art enthält eine so große Menge der Substanz, dass sie ausreicht, um zehn erwachsene Menschen zu töten. Angehörige zweier Indianerstämme, die in den Wäldern der pazifischen Andenausläufer Westkolumbiens leben, der Emberá Chocó und der Noanamá Chocó, streichen mit den Spitzen ihrer Blasrohrpfeile vorsichtig über den Rücken der Frösche und lassen sie dann wieder frei, damit sie weiteres Gift produzieren können. In den siebziger Jahren wollten der Chemiker John W. Daly und der Amphibienforscher Charles W. Myers das Gift der Dendrobatiden näher untersuchen und sammelten zu diesem Zweck Proben von einem ähnlichen Frosch aus Ecuador, *Epipedobates tricolor*. Im Labor stellte Daly fest, dass Mäuse, denen winzige Mengen der Substanz verabreicht wurden, darauf so reagierten, als hätten sie opiumähnliche Schmerzmittel erhalten, obwohl die Substanz ansonsten nicht die übrigen Eigenschaften typischer Opiate aufwies. Es erhob sich nun die Frage, ob die Substanz süchtig machte. Sollte dies nicht der Fall sein, könnte sie zu einem idealen Betäubungsmittel weiterentwickelt werden. Aus einer Probe des von den Fröschen abgesonderten Cocktails chemischer Verbindungen isolierten Daly und seine Kollegen das Toxin, das Ähnlichkeit mit dem Molekül des Nikotins aufwies, und nannten es Epibatidin. Diese natürliche Substanz unterdrückte Schmerzen 200-mal wirkungsvoller als Opium, allerdings erwies sie sich leider als zu toxisch, als dass man sie hätte praktisch anwenden kön-

nen. Der nächste Schritt bestand nun darin, das Molekül umzugestalten. Chemiker der Firma Abbott Laboratories synthetisierten
nicht nur das Epibatidin, sondern Hunderte neuartiger Moleküle,
die ihm ähnlich waren. In klinischen Versuchen stellten sie fest,
dass eines der Derivate mit der Bezeichnung ABT-594 die ge-
wünschten Eigenschaften erfüllte. Es lindert Schmerzen wie das
Epibatidin, darunter auch solche, die durch Nervenschäden verursacht werden, gegen die Opiate in der Regel wirkungslos sind, und
es macht nicht süchtig. Darüber hinaus besitzt ABT-594 zwei weitere Vorteile: Es ruft keine Müdigkeit hervor, und es beeinträchtigt
weder die Atmung noch die Verdauung.

Die vollständige Geschichte der Pfeilgiftfrösche ist gleichzeitig
ein dringender Appell zur Erhaltung der Tropenwälder. Die Entdeckung des Epibatidins und seines synthetischen Derivats wäre
nämlich um ein Haar durch die Zerstörung der Lebensräume von
Epipedobates vereitelt worden. Als John Daly und Charles Myers
nach ihrem ersten Besuch erneut nach Ecuador fuhren, um eine
ausreichende Menge des Toxins für eine chemische Analyse zu
sammeln, war einer der beiden Regenwälder, in denen die Frösche
hauptsächlich vorkamen, abgeholzt und durch Bananenplantagen
ersetzt worden. In dem zweiten Verbreitungsgebiet, das glücklicherweise noch existierte, spürten sie genügend Exemplare auf,
um ein Milligramm des Toxins zu gewinnen. Aus dieser winzigen
Probe gelang es den Chemikern mit Glück und Können, das Epibatidin zu identifizieren und die Arzneimittelforschung auf eine
wichtige neue Spur zu bringen.[14]

Es ist keine Übertreibung, wenn man sagt, dass die Suche nach
natürlichen Arzneimitteln ein Wettrennen der Wissenschaft gegen
das Artensterben ist. Dieses Wettrennen wird mit der fortschreitenden Zerstörung der Wälder und der zunehmenden Schädigung und
Zersetzung der Korallenriffe immer unerbittlicher. Ein weiteres
Beispiel soll diesen Aspekt unterstreichen. 1987 sammelte der Botaniker John Burley Pflanzenproben in einem sumpfigen Waldgebiet nahe Lundu im malaysischen Bundesstaat Sarawak im
Nordwesten Borneos. Seine Expedition war eine von vielen, die
das amerikanische Nationale Krebsinstitut (National Cancer Institute, NCI) auf der Suche nach neuen natürlichen Substanzen zur
Bekämpfung von Krebs und AIDS in Auftrag gegeben hatte. Routinemäßig sammelten die Mitarbeiter von jeder Pflanze, die sie fanden, ein Kilogramm Früchte, Blätter und Zweige. Ein Teil dieser

Ausbeute wurde zur Analyse an das Labor des NCI gesandt, den Rest erhielt das Herbarium der Harvard-Universität zur späteren Identifizierung und botanischen Forschung. Eine Probe mit der Kennziffer Burley-und-Lee 351 stammte von einem kleinen, knapp acht Meter hohen Baum in Lundu. Im Labor des NCI wurde aus der Probe ein Extrakt gewonnen, das routinemäßig an menschlichen Krebszellkulturen auf seine krebshemmende Wirkung untersucht wurde. Wie die Mehrheit solcher Präparate zeigte es keine Wirkung. Als Nächstes durchlief das Extrakt eine Testreihe zur Untersuchung seiner Wirksamkeit auf das AIDS-Virus. Erstaunt beobachteten die Wissenschaftler des NCI, dass Burley-und-Lee 351 »einen hundertprozentigen Schutz gegen die zytopathischen Effekte der HIV-1-Infektion gewährt, indem es die Replikation des HIV-1-Virus im Wesentlichen stoppt«. Anders ausgedrückt: Die in der Probe enthaltene Wirksubstanz kann zwar AIDS nicht heilen, aber sie kann die Entwicklung von Krankheitssymptomen bei HIV-positiven Patienten verhindern.

Der »Burley-und-Lee 351«-Baum wurde als eine *Calophyllum*-Art identifiziert, die zur Familie der Guttiferae (Hartheugewächse) gehört. Sammler wurden ein zweites Mal nach Lundu entsandt, um weitere Proben von demselben Baum zu nehmen, denn um den HIV-Hemmer isolieren und chemisch identifizieren zu können, benötigte man mehr Ausgangsmaterial. Doch der Baum war verschwunden, vermutlich gefällt von Bewohnern der Region, um Brenn- oder Baumaterial zu gewinnen. Die Sammler kehrten mit Proben anderer *Calophyllum*-Bäume aus demselben Sumpfgebiet zurück, doch die aus ihnen hergestellten Extrakte erwiesen sich gegen das Virus als wirkungslos.

Peter Stevens von der Harvard-Universität, die führende Autorität auf dem Gebiet der *Calophyllum*-Arten, konnte das Problem lösen. Der ursprüngliche Baum, so stellte er fest, gehörte zu einer seltenen Unterart namens *Calophyllum lanigerum austrocoriaceum*. Die Proben, die auf der zweiten Reise gesammelt wurden, stammten von einer anderen, was ihre Wirkungslosigkeit erklärte. In der Umgebung von Lundu konnten keine weiteren Exemplare der Unterart *austrocoriaceum* mehr entdeckt werden. Die Suche wurde ausgeweitet, und schließlich spürte man im Botanischen Garten von Singapur noch einige Exemplare der magischen Unterart auf. Endlich im Besitz von genügend Rohmaterial, waren die Chemiker und Mikrobiologen nun in der Lage, die HIV-hemmende Substanz als (+)-Calanolid A zu identifizieren. Wenig später wurde das Molekül synthetisiert und erwies sich als ebenso effektiv wie das Rohextrakt. Weitere Forschung ergab, dass das Molekül ein hoch wirksamer Hemmer für die reverse Transkriptase ist, ein Enzym, das von dem HIV-Virus benötigt wird, um sich in den menschlichen Wirtszellen vermehren zu können. Derzeit wird die Eignung von Calanolid für den Markt geprüft.[15]

Die Erforschung der biologischen Vielfalt im Hinblick auf die mögliche Entdeckung nützlicher Ressourcen wird als »Bioprospecting« bezeichnet. Finanziert durch Risikokapital, hat sich das Bioprospecting in den vergangenen zehn Jahren zu einem respektablen Industriezweig gemausert, in dem es nicht nur um die Entwicklung neuer Pharmazeutika geht – nach denen der Weltmarkt hungert –, sondern auch um die Suche nach neuen Nahrungsmitteln und Ersatzstoffen für Holzfasern, Erdöl und andere Produkte. Manchmal durchmustern Bioprospektoren große Mengen an Organismenarten gezielt nach chemischen Substanzen, die sich zum Beispiel durch antiseptische oder krebshemmende Wirkung auszeichnen. Ein anderes Mal beschränkt sich das Bioprospecting eher opportunistisch auf die Untersuchung einer oder weniger Arten, die Hinweise auf das Vorhandensein einer wertvollen Ressource erkennen lassen. Letzten Endes wird man die Ökosysteme als Ganzes erkunden und alle darin lebenden Arten auf die Gesamtheit der möglicherweise in ihnen schlummernden Produkte hin untersuchen.

Die wirtschaftliche Nutzung eines Ökosystems kann zerstörerisch oder umweltverträglich sein. So wirft die Sprengung von Korallenriffen oder das Abholzen von Wäldern zwar schnelle Profite ab, ist jedoch auf lange Sicht untragbar. Maßvoller Fischfang in den Korallenriffen und das Sammeln wilder Früchte und Beeren in ansonsten naturbelassenen Wäldern ist dagegen nicht nur umweltverträglich, sondern auch langfristig ertragreich. Die nachhaltigste und profitabelste Nutzung artenreicher Ökosysteme besteht jedoch darin, Proben wertvoller Arten zu sammeln und sie in biologisch weniger vielfältigen Gebieten in großen Mengen zu kultivieren.

Bioprospecting mit einem Minimum an ökologischer Beeinträchtigung ist die Strategie der Zukunft. Ihr Potenzial lässt sich anhand der folgenden Matrix für einen hypothetischen Wald veranschaulichen: Am linken Rand der Matrix erstellen Sie eine möglichst umfassende Liste aller vorkommenden Pflanzen-, Tier- und Mikrobenarten, wobei Sie sich vor Augen halten müssen, dass die große Mehrheit davon noch nicht erforscht ist und viele noch nicht einmal wissenschaftlich benannt sind. In der obersten Zeile waagerecht führen Sie alle vorstellbaren Funktionen auf, die den Produkten dieser Arten zukommen können. Die Matrix selbst ergibt sich aus der Verknüpfung der Zeilen und Spalten. Die ausgefüllten Felder der Matrix sind die potenziellen Anwendungen, die ihrer Natur nach jedoch fast allesamt noch völlig unbekannt sind.

Welcher Reichtum der biologischen Vielfalt innewohnt, spiegelt sich in den Produkten wider, die von Urwaldvölkern bereits seit langem extrahiert werden, wobei sie sich auf ein Wissen stützen, das ausschließlich durch mündliche Überlieferung und persönliche praktische Unterweisung weitergegeben wird. Eine kleine Auswahl der von den Stämmen im oberen Amazonasgebiet am häufigsten verwendeten medizinischen Pflanzen soll als Beispiel dienen. Ihre Kenntnis ist das Ergebnis der über Generationen hinweg gesammelten Erfahrungen mit den mehr als 50 000 heimischen Blütenpflanzen: *Abuta grandifolia* (Schlangenbiss, Fieber), *Arrabidaea chica* (Anämie, Bindehautentzündung), *Bauhinia guianensis* (Amöbenruhr), *Bidens alba* (Mundentzündungen, Zahnschmerzen), verschiedene Unterarten von *Calycophyllum* und *Capirona* (Diabetes, Pilzinfektionen), *Chenopodium ambrosioides* (Wurminfektionen), *Chrysophyllum cainito* (Mundentzündungen, Pilzinfektionen), *Cissus sicyoides* (Tumore), *Clusia rosea* (Rheuma, Knochenbrüche), *Crescentia cujete* (Zahnschmerzen), *Couma macrocarpa* (Amöbenruhr, Hautentzündungen), *Croton lechleri* (Blutungen), *Dracontium loretense* (Schlangenbiss), *Erythrina fusca* (Infektionen, Malaria), *Grias neuberthii* (Tumore, Ruhr), *Senna reticulata* (bakterielle Entzündungen).[16]

Nur wenige dieser traditionellen Heilpflanzen, die zu Tausenden in den Tropenwäldern rund um die Welt genutzt werden, sind bislang nach westlichen klinischen Methoden untersucht worden. Dennoch haben allein die am häufigsten verwendeten Medizinalpflanzen einen kommerziellen Wert, der mit dem von Ackerbau und Viehzucht vergleichbar ist. Im Jahr 1992 wiesen die Ethnobotaniker Michael Balick und Robert Mendelsohn nach, dass die einmalige Ernte wild wachsender Arzneipflanzen aus zwei Tropenwaldgebieten in Belize Erträge von 726 Dollar beziehungsweise 3327 Dollar pro Hektar einbrachten – Lohnkosten bereits berücksichtigt.[17] Andere Forscher schätzten im Vergleich dazu den Hektarertrag von Tropenwald, der in Ackerland umgewandelt wurde, auf 228 Dollar im benachbarten Guatemala und auf 339 Dollar in Brasilien. Die produktivsten brasilianischen Plantagen der Karibischen Kiefer erwirtschafteten Hektarerträge bis zu 3184 Dollar pro Ernte.

Die Gewinnung medizinischer Produkte aus ansonsten naturbelassenen Tropenwäldern kann also auf regionaler Ebene durchaus profitabel sein, vorausgesetzt, es gibt entwickelte Märkte, und die Entnahmeraten werden so niedrig gehalten, dass eine nachhaltige Nutzung gewährleistet ist. Werden auch pflanzliche und tierische Nahrungsmittel, Holzprodukte, der Handel mit Emissionsrechten sowie der Ökotourismus in die Rechnung mit einbezogen, so kann sich der kommerzielle Wert einer nachhaltigen Nutzung noch deutlich erhöhen.

Die Beispiele für eine solche neue Form der Bewirtschaftung werden immer zahlreicher. In der Petén-Region in Guatemala leben ungefähr sechstausend Familien von der nachhaltigen Gewinnung von Regenwaldprodukten. Ihr gemeinsames Einkommen beträgt zwischen vier und sechs Millionen Dollar jährlich, was mehr ist, als aus der Umwandlung des Regenwaldes in Nutzflächen für Landwirtschaft und Viehzucht erwirtschaftet werden könnte. Der Ökotourismus stellt eine weitere viel versprechende Einnahmequelle dar, deren Möglichkeiten bislang jedoch noch weitgehend ungenutzt sind.[18]

Das pharmazeutische Reservoir der Natur ist Industriestrategen nicht verborgen geblieben. Sie sind sich durchaus bewusst, dass ein einziges neues Molekül hohe Investitionen in Bioprospecting und Produktentwicklung mit einem Schlag wettmachen kann. Den bislang größten Einzelerfolg erzielten Wissenschaftler mit den extremophilen Bakterien, die in den kochend heißen Thermalquellen des Yellowstone-Nationalparks leben. 1983 gelang es der Firma Cetus Corporation mit Hilfe des Organismus *Thermus aquaticus,* ein hitzeresistentes Enzym zu erzeugen, das für die DNA-Synthese benötigt wird. Dieser Herstellungsprozess, der als Polymerase-Kettenreaktion (oder PCR für Polymerase Chain Reaction) bezeichnet wird, ist heute die Grundlage der schnellen genetischen Kartierung und ein Eckpfeiler der modernen Molekularbiologie und medizinischen Genetik. Weil die Polymerase-Kettenreaktion es ermöglicht, selbst mikroskopisch kleine Mengen an DNA zu vermehren und zu analysieren, spielt sie außerdem eine zentrale Rolle bei der Aufklärung von Verbrechen und in der forensischen Medizin. Die Patente, die Cetus Corporation an der Polymerase-Kettenreaktion besitzt und die von Gerichten bestätigt wurden, bringen jährlich mehr als 200 Millionen Dollar ein – Tendenz steigend.[19]

Das Bioprospecting kann sowohl herkömmlichen ökonomischen Interessen als auch der Erhaltung der Natur förderlich sein, wenn es auf eine solide vertragliche Grundlage gestellt wird. 1991 unterzeichnete Merck eine Vereinbarung mit dem costa-ricanischen Instituto Nacional de Bioversidad (INBio), in der dem Unternehmen das Recht eingeräumt wurde, in den Regenwäldern und anderen natürlichen Lebensräumen Costa Ricas nach neuen Pharmazeutika zu suchen. Als Gegenleistung verpflichtete sich Merck zu einer Zahlung von einer Million Dollar über einen Zeitraum von zwei Jahren, die später durch zwei Nachzahlungen in ähnlicher Höhe ergänzt wurde. In der ersten Projektphase konzentrierten sich die Sammler auf Pflanzen, in der zweiten auf Insekten und in der dritten auf Mikroorganismen. Heute ist Merck damit beschäftigt, die in jener Zeit gesammelten gewaltigen Materialmengen auszuwerten und die daraus gewonnenen chemischen Extrakte zu testen und weiterzuentwickeln.

Ebenfalls im Jahr 1991 schloss das Unternehmen Syntex einen Vertrag mit chinesischen Wissenschaftsakademien, der vorsah, dass Syntex jährlich bis zu 10 000 Pflanzenextrakte zur pharmazeutischen Untersuchung erhielt. 1998 verständigte sich die Diversa Corporation mit dem Yellowstone-Nationalpark auf eine weitere Erforschung der heißen Quellen mit dem Ziel, biochemische Wirksubstanzen aus thermophilen Mikroben zu gewinnen. Im Gegenzug dafür, dass das Unternehmen Organismen zu Forschungszwecken sammeln darf, zahlt es der Parkverwaltung jährlich 20 000 Dollar und verpflichtet sich, einen kleinen Teil der durch die kommerzielle Entwicklung erzielten Profite an den Park zurückzuführen. Diese Gelder werden von der Parkverwaltung für die Erhaltung der einzigartigen Mikroben und ihrer Lebensräume sowie zur Förderung der Grundlagenforschung und öffentlichen Aufklärung eingesetzt.

Weitere Vereinbarungen existieren zwischen NPS Pharmaceuticals und der Regierung von Madagaskar, zwischen Pfizer und dem Botanischen Garten von New York sowie zwischen dem internationalen Konzern Glaxo Wellcome und einem brasilianischen

Pharma-Unternehmen, wobei ein Teil der Gewinne laut Vertrag der brasilianischen Wissenschaft zufließen soll.

Vielleicht sind die Argumente, die ich hier dargelegt habe – dass nämlich die Erhaltung der lebendigen Natur notwendig ist, um langfristig unseren Wohlstand und unsere Gesundheit zu gewährleisten –, schon überzeugend genug. Aber wie ich im Folgenden ausführen möchte, gibt es noch einen weiteren, in gewisser Weise fundamentaleren Grund für die Erhaltung der Natur, der mit den ureigensten Eigenschaften und dem Selbstverständnis der menschlichen Spezies zu tun hat.

Kapitel 6

Plädoyer für das Leben

Haben Sie sich jemals gefragt, wie man sich wohl in tausend Jahren an uns erinnern wird, wenn wir wie Karl der Große längst der Vergangenheit angehören? Viele würden sich über eine Aufzählung von Errungenschaften wie diesen freuen: Die wissenschaftlich-technische Revolution entwickelte sich unaufhaltsam weiter und erreichte immer mehr Länder auf der Welt; die Computerkapazität näherte sich der Leistungsfähigkeit des menschlichen Gehirns; die Entwicklung robotergesteuerter Hilfsmittel machte enorme Fortschritte; Zellen konnten aus Molekülen wieder aufgebaut werden; das Weltall wurde besiedelt; das Bevölkerungswachstum verlangsamte sich; die globale Demokratisierung nahm zu; der internationale Handel beschleunigte sich; die Menschen waren besser ernährt und gesünder als jemals zuvor; die Lebenserwartung stieg; die Religion bewahrte ihre Autorität.

Welchen Aspekt haben wir in dieser strahlenden Vision des 21. Jahrhunderts übersehen? Welches kostbare Gut vernachlässigen wir auf sträfliche Weise und setzen es der Gefahr aus, für alle Zeiten ausgelöscht zu werden? Die Antwort im Jahr 3000 wird wahrscheinlich lauten: einen Großteil der übrigen Lebensformen und einen guten Teil dessen, was den Menschen ausmacht.

Sicherlich werden einige Technophile hier widersprechen wollen. Was macht denn schließlich auf lange Sicht den Menschen aus, so werden sie fragen. Wir sind so weit gekommen, wir werden uns auch in Zukunft weiterentwickeln. Was die übrigen Lebensformen betrifft, so sind wir sicher demnächst in der Lage, befruchtete Eizellen und klonierbare Gewebeproben in flüssigem Stickstoff zu konservieren, um aus ihnen später die zerstörten Ökosysteme zu rekonstruieren. Möglicherweise erübrigt sich dies sogar, wenn wir mit Hilfe der Gentechnik in der Lage sind, vollkommen neue Arten und Ökosysteme zu erschaffen, die den menschlichen Bedürfnissen besser angepasst sind als die alten. Und vielleicht beschließt *Homo sapiens* ja auch im Zuge der Neuerschaffung einer biologischen Ordnung, sich gleich selbst neu zu entwerfen.

Dies ist jedenfalls die letzte Konsequenz, wenn man die Technomanie auf die Natur anwendet. Meines Erachtens kann es darauf nur eine einzige Erwiderung geben: Eine Entwicklung, die auch nur ansatzweise in diese Richtung verläuft, ist ein gefährliches Glücksspiel, bei dem die Zukunft des Lebens auf dem Spiel steht. Tausende von Arten wieder zu beleben oder künstlich herzustellen – wahrscheinlich sogar Millionen von Arten, wenn erst die heute noch weitgehend unbekannten Mikroorganismen erfasst sind – und sie zu funktionierenden Ökosystemen zusammenzufügen, übersteigt selbst das theoretische Vorstellungsvermögen der heutigen Wissenschaft bei weitem. Jede Art ist an bestimmte physikalische und chemische Umweltbedingungen innerhalb ihres Lebensraumes angepasst. Sie hat sich zusammen mit anderen Arten entwickelt und steht mit diesen in komplizierten Wechselbeziehungen, die von den Biologen erst allmählich erkannt werden. Die synthetische Erschaffung von Ökosystemen in sterilen Umgebungen ist ebenso undurchführbar wie die Wiederbelebung tiefgefrorener menschlicher Leichname.[1] Und eine Neugestaltung des menschlichen Genotyps zur besseren Anpassung der menschlichen Spezies an die zerstörte Biosphäre ist der Stoff für Horror-Science-Fiction. Und dort – in der Welt der Fantasie – sollten wir all diese Szenarien auch belassen.

Es gibt noch einen weiteren Grund, die natürliche Umwelt nicht aufs Spiel zu setzen. Nehmen wir rein theoretisch einmal an, dass neue Arten tatsächlich gentechnisch hergestellt und zu neuen Ökosystemen zusammengefügt werden können. Sollten wir selbst mit dieser entfernten Möglichkeit vor Augen so weitermachen wie bisher? Dürfen wir es zulassen, dass die ursprünglichen Arten und Ökosysteme um kurzfristiger Gewinne willen geopfert werden? Wollen wir tatsächlich die lebendige Geschichte der Erde auslöschen? Ebenso gut könnten wir die Bibliotheken und Kunstgalerien verbrennen, Musikinstrumente zertrümmern, Musikpartituren einstampfen, Shakespeare, Beethoven, Goethe und auch die Beatles aus unserem Gedächtnis tilgen, denn sie alle können neu geschaffen oder zumindest durch recht gute Imitate ersetzt werden.

Das Problem ist – wie alle Entscheidungen von großer Tragweite – moralischer Natur. Wissenschaft und Technik sind das, was wir tun können; Moral ist das, was wir zu tun oder zu unterlassen beschließen. Die den moralischen Entscheidungen zu Grunde liegende Ethik ist ein Gefüge von Verhaltensnormen zur Sicherung bestimmter Werte, und Werte wiederum hängen von Zielen ab. Gleichgültig, ob es sich um persönliche oder globale Ziele handelt, ob sie vom Gewissen oder von religiösen Geboten vorgegeben werden – Ziele spiegeln stets das Bild wider, das wir von uns selbst und unserer Gesellschaft haben. Ethik entwickelt sich also in aufeinander aufbauenden Schritten, vom Selbstbild zu Zielen, Werten und ethischen Geboten bis zu einem moralischen Empfinden.

Unter einer Umweltethik versteht man das Bestreben, den größten Teil der natürlichen Welt für künftige Generationen zu erhalten. Die natürliche Welt zu kennen, bedeutet Anteil an ihr zu nehmen. Sie gut zu kennen heißt, sie zu lieben und Verantwortung für sie zu übernehmen.[2]

Jede einzelne Art – vom Steinadler über das Sumatra-Nashorn bis hin zum Läusekraut und den unbedeutendsten der mehr als zehn Millionen existierenden Arten – ist für sich genommen ein biologisches Meisterwerk, das von der natürlichen Selektion durch Mutation und Rekombination von Genen über einen immens langen Zeitraum und eine große Anzahl von Entwicklungsschritten geschaffen wurde. Jede Art erweist sich bei näherer Betrachtung als ein unerschöpflicher Quell des Wissens und des ästhetischen Genusses. Sie ist gleichsam eine lebendige Bibliothek. Um beispielsweise eine eukaryotische Lebensform wie eine Douglas-Tanne oder einen Menschen genetisch festzulegen, sind mehrere zehntausend Gene erforderlich. Die Gene wiederum bestehen aus Nukleotidpaaren, die sozusagen die genetischen Buchstaben bilden, die die lebensspendenden Enzyme codieren. Ihre Zahl variiert je nach Art zwischen einer und zehn Milliarden. Wenn die helixförmigen DNA-Ketten, die sich zum Beispiel in der Zelle einer Maus befinden, aneinander gereiht und so vergrößert würden, dass sie etwa den Durchmesser einer Paketschnur hätten, dann wäre diese Aneinanderreihung mehr als 900 Kilometer lang, und jeder Meter enthielte 4000 Nukleotidpaare. Von seinem Informationsgehalt her entspricht das Genom einer Zelle den gesammelten Ausgaben der Encyclopaedia Britannica seit ihrem ersten Erscheinen im Jahre 1768.

Das Lebewesen zu Ihren Füßen, das für Sie nur ein Käfer oder ein Unkraut ist, stellt einen eigenständigen Teil der Schöpfung dar.

Es hat einen Namen und einen Platz in der Welt und kann auf eine jahrmillionenalte Geschichte zurückblicken. Durch sein Genom ist es an eine besondere Nische in einem Ökosystem angepasst. Der ethische Wert, der durch eine genaue Untersuchung seiner artspezifischen biologischen Merkmale erhärtet wird, besagt, dass die Lebensformen um uns herum zu alt, zu komplex und potenziell zu nützlich sind, als dass man sie leichtfertig wegwerfen dürfte.

Biologen weisen auf einen anderen ethisch bedeutsamen Gesichtspunkt hin: die genetische Einheit des Lebens. Alle Organismen stammen von derselben urtümlichen Lebensform ab. Die Entschlüsselung der genetischen Codes lässt darauf schließen, dass der gemeinsame Vorfahre aller lebenden Arten den heutigen Bakterien und Archaebakterien ähnelte – einzelligen Mikroben mit der einfachsten bekannten Anatomie und molekularen Zusammensetzung. Auf Grund dieser gemeinsamen Abstammung von einer Lebensform, die vor mehr als 3,5 Milliarden Jahren auf der Erde entstand, teilen alle Arten heute gewisse grundlegende molekulare Merkmale. So ist das Gewebe aller Organismen aus Zellen aufgebaut, die von Lipidmembranen umhüllt sind, welche den Austausch mit der äußeren Umgebung regulieren. Die molekularen Mechanismen zur Erzeugung von Energie sind bei allen Arten ähnlich. Die genetische Information ist in der DNA gespeichert, wird in RNA transkribiert und in Proteine übersetzt. Schließlich werden alle biologischen Prozesse von einer Reihe meist ähnlicher Proteinkatalysatoren, den Enzymen, beschleunigt.

Ein weiterer sehr tief empfundener Wert ist das Gefühl einer treuhänderischen Verantwortung, das Emotionen zu entstammen scheint, die in den Genen menschlichen sozialen Verhaltens vorprogrammiert sind. Da alle Organismen von einem gemeinsamen Vorfahren abstammen, kann man wohl zu Recht sagen, dass die Biosphäre als Ganzes mit der Entwicklung des Menschen zu denken begann. Wenn die übrige Natur gleichsam der Körper ist, dann sind wir der Geist. Unsere Aufgabe in der Natur – vom ethischen Standpunkt gesehen – ist also, über die Schöpfung nachzudenken und das Leben auf der Erde zu schützen.

Mit der zunehmenden Erforschung des menschlichen Geistes entfernen sich die Kognitionswissenschaftler allmählich von einer Sichtweise, die den Geist nur als ein physisches Gebilde – nämlich als das Gehirn und seine Funktionen – betrachtet. Stattdessen begreifen sie den Intellekt zunehmend als eine Flut von Szenarien. Ob diese sich frei entfaltenden Bilder in der Vergangenheit, der Gegenwart oder der Zukunft angesiedelt sind, ob sie auf der Realität beruhen oder vollkommen fiktiv sind, stets werden sie mit derselben mühelosen Leichtigkeit hervorgebracht. Die Gegenwart wird aus einer Flut von Sinneseindrücken zusammengefügt, die auf das Gehirn im Wachzustand einstürmen. Mit atemberaubender Geschwindigkeit beschwört das Gehirn Erinnerungen herauf, um den Schwall von Wahrnehmungen zu sichten und zu ordnen. Nur ein winziger Bruchteil dieser Informationen wird dabei zur weiteren Verarbeitung ausgewählt, und auch hiervon dient nur ein Teil dazu, durch die Verknüpfung mit symbolischen Bildern jenen Kern innerer Aktivität zu erzeugen, den wir als das Bewusstsein bezeichnen.

Während dieses Bilder erzeugenden Verarbeitungsprozesses wird die Vergangenheit aufgearbeitet und anschließend wieder im Gedächtnis gespeichert. Durch die wiederholten Zyklen kann sich das Gehirn nur an kleine und stetig schrumpfende Fragmente dieser früheren bewussten Zustände erinnern. Im Laufe eines Lebens werden die Details realer Erlebnisse durch nachträgliche Bearbeitung und Ergänzung zunehmend verzerrt. Im Laufe von Generationen verwandeln sich die wichtigsten dieser Erlebnisse in Geschichte und gehen schließlich in das Reich der Legenden und Mythen ein.

Jede Kultur besitzt ihren eigenen Schöpfungsmythos, dessen vorrangigste Aufgabe darin besteht, das Volk, das ihn geformt hat, in den Mittelpunkt des Universums zu stellen und seine Geschichte als ein erhabenes Epos darzustellen. Das höchste Epos, das die Wissenschaft vor uns entfaltet, ist die genetische Geschichte des *Homo sapiens* sowie all unserer Vorfahren. Wenn man diese Geschichte weit genug zurückverfolgt, über mehr als drei Milliarden Jahre, so erweist es sich, dass alle Organismen auf der Erde von demselben Vorfahren abstammen. Diese Geschichte unserer genetischen Einheit ist eine wahre Geschichte, die mit zunehmender Genauigkeit von Genetikern und Paläontologen, die sich mit der evolutionären Ahnenforschung beschäftigen, rekonstruiert wird. Wenn *Homo sapiens* als Gattung gesehen einen Schöpfungsmythos braucht – und es scheint, dass wir im Zeitalter der Globalisierung emotional darauf angewiesen sind –, dann ist keiner fundierter und für die Spezies verbindender als die Evolutionsgeschichte. Auch dies ist ein Grund, verantwortungsvoll mit der Natur umzugehen.

Um es noch einmal kurz zusammenzufassen: Zu den Werten, die unsere Verbundenheit mit der Natur begründen, gehören ein Gefühl der genetischen Einheit und Verwandtschaft sowie das tiefe Bewusstsein einer gemeinsamen Geschichte. Diese Werte sind sozusagen die Mechanismen, die unser Überleben und das Überleben unserer Art sichern. Die biologische Vielfalt zu bewahren, ist eine Investition in die Unsterblichkeit.[3]

Haben andere Arten deshalb unveräußerliche Rechte? Die Antwort auf diese Frage hängt davon ab, welches Maß an Altruismus man voraussetzt. Drei Möglichkeiten sind denkbar: Beim Anthropozentrismus ist nur das von Bedeutung, was sich unmittelbar auf die Menschheit auswirkt. Beim Pathozentrismus werden jenen Arten Rechte zugebilligt, denen wir üblicherweise Gefühle entgegenbringen, beispielsweise Schimpansen, Hunden und anderen intelligenten Tieren. Schließlich gibt es noch den Biozentrismus, der allen Organismenarten zumindest ein natürliches Recht auf Existenz einräumt. Diese drei Ebenen schließen sich nicht gegenseitig aus, wie es vielleicht auf den ersten Blick scheinen mag. In der Realität kommen sie häufig nebeneinander vor, und bei Konflikten auf Leben und Tod findet eine Staffelung statt: an erster Stelle steht der Mensch, als Nächstes kommen die intelligenten Lebewesen und erst dann alle anderen Lebensformen.

Der Einfluss der biozentrischen Sichtweise, die sich auch in gleichsam religiösen Bewegungen wie der »Tiefenökologie« oder »Epic of Evolution« niederschlägt, wächst weltweit. Der Philosoph Holmes Rolston III. erwähnt ein Beispiel, das als Parabel für diesen Trend angesehen werden kann. Jahrelang gab es in der Nähe von Wanderwegen und Campingplätzen im Rocky Mountain Rawah Range Schilder mit folgender Aufschrift: »Bitte lassen Sie die Blumen stehen, damit auch andere sich an ihnen erfreuen können.« Als die Schilder im Laufe der Zeit abblätterten und unleserlich wurden, ersetzte man sie durch neue mit der Aufschrift: »Lassen Sie die Blumen leben!«[4]

Nichtmenschlichen Lebensformen Gefühle entgegenzubringen ist gar nicht so schwer, wenn man etwas über sie weiß. Die Fähigkeit, ja sogar die Neigung zu einer solchen emotionalen Bindung an andere Lebewesen wird als Biophilie bezeichnet und ist möglicherweise ein menschlicher Instinkt.[5] So unterscheiden Menschen streng zwischen lebendig und unbelebt. Bei anderen Organismen schätzen wir besonders Vielfalt und Neuartigkeit. Die Aussicht, unbekannte

Lebewesen in der Tiefsee, in undurchdringlichen Wäldern oder in unzugänglichen Berggebieten zu entdecken, fasziniert uns ebenso wie die Vorstellung von Leben auf anderen Planeten. Die Dinosaurier sind für uns das Symbol einer verschwundenen biologischen Vielfalt. In den Vereinigten Staaten besuchen mehr Menschen zoologische Gärten als sportliche Großveranstaltungen. Im Zoo von Washington, D.C., betrachten die Besucher am liebsten die Insekten, da sie ein Maximum an Vielfalt und Neuartigkeit bieten.

Ein wesentliches Element der Biophilie ist die Wahl des Lebensraumes. Studien, die in den vergangenen dreißig Jahren in der vergleichsweise jungen Disziplin der Umweltpsychologie durchgeführt wurden, weisen übereinstimmend darauf hin, dass Menschen sich von natürlichen Umgebungen, besonders von savannen- oder parkähnlichen Landschaften, angezogen fühlen. Sie schätzen einen weiten Ausblick über sanft geschwungene Grasflächen, auf denen vereinzelt Bäume oder kleine Wäldchen stehen. Sie haben gern ein Gewässer in der Nähe, gleichgültig ob Ozean, See oder Fluss. Nach Möglichkeit errichten sie ihr Domizil auf einer Anhöhe, von wo aus sie einen guten Überblick über ihre Umgebung haben. Fast ausnahmslos werden solche Landschaften einer städtischen Umgebung mit spärlicher oder fehlender Vegetation vorgezogen. Relativ verbreitet ist auch eine Abneigung gegen Lebensräume mit eingeschränkter Sicht, ungeordneter, komplexer Vegetation und stark ausgeprägten Bodenstrukturen, kurz, gegen Wälder mit eng zusammenstehenden Bäumen und dichtem Unterholz. Stattdessen herrscht der Wunsch nach einer offenen Topographie vor, die freie Blickachsen zulässt.

Menschen schätzen es, wenn sie aus der Sicherheit einer halbumfriedeten Wohnung ihren idealen Lebensraum überblicken können. Wenn sie frei wählen können, spiegeln die von ihnen bevorzugten Wohnstätten und Umgebungen eine ausgewogene Mischung aus sicherem Zufluchtsort und weiter freier Fläche zur Erkundung und Nahrungssuche wider. Möglicherweise gibt es zwischen Männern und Frauen geringe geschlechtsspezifische Unterschiede. Zumindest in der westlichen Landschaftsmalerei betonen Frauen Zufluchtsorte mit weniger Raum für freien Ausblick, während Männer großräumige Flächen mit weitem Ausblick hervorheben. Frauen neigen auch dazu, menschliche Figuren in der Nähe der Zufluchtsorte zu platzieren, während Männer sie mehrheitlich in den offenen Flächen ansiedeln.

Wie wir uns einen idealen natürlichen Lebensraum vorstellen, dafür haben Landschaftsarchitekten und Immobilienmakler oft ein intuitives Gespür. Selbst wenn die Lage keinen praktischen Nutzen verspricht, ist sie oft ausschlaggebend für den Preis einer Immobilie, zumal dann, wenn sich ein attraktives natürliches Umfeld mit Stadtnähe verbindet.

Einmal kam ich mit einem wohlhabenden Freund auf das Prinzip des idealen Lebensraumes zu sprechen. Wir saßen in seiner New Yorker Penthouse-Wohnung mit Blick auf die Bäume und den See im Central Park. Topfpflanzen säumten seine Terrasse. Ich fand, er war eine überzeugende Verkörperung des Prinzips. Seitdem habe ich oft gedacht, dass es sinnvoll wäre, die Manifestationen des menschlichen Instinkts zuerst bei den Reichen zu erforschen, die von uns allen den größten Handlungsspielraum besitzen, um ihre emotionalen und ästhetischen Neigungen zu verwirklichen.

Bislang ist noch nicht gezielt nach direkten Hinweisen für eine genetische Grundlage menschlicher Lebensraumpräferenz gesucht worden, aber der Umstand, dass Menschen verschiedenster Kulturen – von Nordamerika über Europa bis nach Korea und Nigeria – ähnliche Umgebungen bevorzugen, deutet auf eine genetische Verankerung hin.[6]

Eine ähnliche Übereinstimmung menschlicher Vorlieben zeigt sich in der ästhetischen Bewertung von Baumformen. In kulturübergreifenden psychologischen Untersuchungen bevorzugen Versuchspersonen mäßig große, kräftige Bäume mit breitem Blätterdach, das in vielen Schichten bis nahe an den Boden reicht. Zu den beliebtesten Arten gehören die Akazien, die ein bestimmendes Element gesunder afrikanischer Savannen sind.

Die Baumästhetik führt uns zur Frage nach dem Ursprung der biophilen Instinkte. Die menschliche Lebensraumpräferenz deckt sich mit der »Savannen-Hypothese«, wonach sich die Menschheit in den Savannen und Übergangswäldern Afrikas entwickelt hat. Nahezu die gesamte Evolutionsgeschichte der Gattung *Homo*, einschließlich des *Homo sapiens* und seiner unmittelbaren Vorfahren, fand in solchen oder ähnlichen Lebensräumen statt. Wenn diese Zeitspanne von ungefähr zwei Millionen Jahren auf 70 Jahre komprimiert würde, dann könnte man sagen, dass die Menschheit 69 Jahre und 8 Monate in ihrer angestammten natürlichen Umgebung verbrachte, bis einige Populationen auf den Gedanken kamen, Landwirtschaft zu betreiben, und in Dörfer zogen, wo sie seit 120 Tagen leben.[7]

Die auf das Verhalten übertragene Savannen-Hypothese besagt, dass *Homo sapiens* wahrscheinlich genetisch auf die Umwelt seiner Vorfahren programmiert ist, so dass wir ihr den Vorzug geben, auch wenn wir heute in Städten aus Glas und Stein leben. Ein Rest der ursprünglichen Vorliebe prägt noch immer unsere geistige Entwicklung und sorgt so dafür, dass wir uns zu Savannen und ähnlichen Landschaften hingezogen fühlen.

Die Savannen-Hypothese der Lebensraumpräferenz mag manchem Leser als eine völlig fehlgeleitete Evolutionslehre anmuten. Aber ist der Gedanke wirklich so absonderlich? Keineswegs: Ein Blick auf das Verhalten von Tieren belehrt uns eines Besseren. Alle Organismen, die sich aus eigener Kraft fortbewegen können, von Protozoen bis zu Schimpansen, suchen sich instinktiv den Lebensraum, den sie benötigen, um überleben und sich vermehren zu können. Die in der Regel komplexen Verhaltensweisen, auf die sie genetisch programmiert sind, werden exakt ausgeführt. Die Erforschung der Lebensraumwahl ist ein wichtiger Zweig der Ökologie, und kein Wissenschaftler, der diesen Teil des Lebenszyklus einer Art untersuchen will, wird dabei je enttäuscht werden. Aus einer Fülle geeigneter Beispiele möchte ich hier die Afrikanische Stechmücke, *Anopheles gambiae*, herausgreifen, die darauf spezialisiert ist, sich von menschlichem Blut zu ernähren. (Infolgedessen ist sie ein Überträger des bösartigen Malariaerregers *Plasmodium falciparum*.) Jedes Weibchen macht sich von dem Tümpel, in dem es geboren ist und seine Larvenzeit verbracht hat, auf den Weg zum nächstgelegenen Dorf, um dort seinen Lebenszyklus zu vollenden. Tagsüber versteckt es sich in irgendwelchen Ritzen des Hauses. Nachts kommt es hervor und fliegt direkt zu einem der Bewohner, wobei es den chemisch charakteristischen Ausdünstungen des menschlichen Körpers folgt. All dies schafft es, ohne auf frühere Erfahrungen zurückgreifen zu können, mit einem Gehirn, das nicht größer ist als ein Salzkorn.

Es sollte folglich nicht überraschen, dass sich der Mensch als eine biologische Art, die in ihrer Evolutionsgeschichte bis vor kurzem auf bestimmte natürliche Umgebungen angewiesen war, eine ästhetische Präferenz für Savannen und Übergangswälder gegenüber einer Reihe anderer natürlicher und künstlicher Umgebungen bewahrt hat. Was wir im Allgemeinen als Ästhetik bezeichnen, ist vielleicht nichts anderes als die angenehmen Empfindungen, die von bestimmten Reizen ausgelöst werden, an die unser Gehirn von Natur aus angepasst ist.

Wenn wir sagen, dass es einen Instinkt oder, besser gesagt, ein Gefüge von Instinkten gibt, das als Biophilie bezeichnet werden kann, bedeutet dies nicht, dass unser Gehirn »fest verdrahtet« ist. Wir marschieren nicht wie Roboter zur nächstgelegenen Seeuferwiese. Vielmehr besitzt das Gehirn eine Neigung für den Erwerb gewisser Präferenzen im Gegensatz zu anderen. Psychologen, die sich mit der geistigen Entwicklung befassen, drücken es so aus, dass wir genetisch dafür prädisponiert sind, gewisse Verhaltensweisen zu erlernen und andere nicht – ein Vorgang, der auch als »vorbereitetes Lernen« bezeichnet wird. So ist die große Mehrheit der Menschen zwar, um ein geläufiges Beispiel zu nennen, darauf vorbereitet, den Text eines Liedes zu erlernen, aber nicht darauf, die Differenzial- und Integralrechnung zu erlernen. Während uns das Erstere Spaß macht, fürchten wir das Letztere. In Übereinstimmung mit dem hier dargelegten, weit gefassten Instinktbegriff gibt es so genannte kritische Phasen in der Kindheit und frühen Reife, in denen Abneigungen, aber auch Lernen leicht erworben werden. Die zeitliche Abfolge dieser kritischen Phasen variiert je nach Verhaltenskategorie. So werden zum Beispiel die sprachlichen Fähigkeiten früher entwickelt als die mathematischen.

Psychologen haben die kritischen Phasen für den Erwerb der Biophilie im Rahmen von Untersuchungen über die kindliche geistige Entwicklung herausgearbeitet. In den ersten sechs Lebensjahren sind Kinder in ihren Reaktionen auf Tiere und die Natur in der Regel egozentrisch und eigennützig. In diesem Alter neigen sie auch am meisten zu einer gleichgültigen oder ängstlichen Haltung gegenüber der natürlichen Umwelt, eine Ausnahme machen sie nur bei wenigen vertrauten Tieren. Zwischen sechs und neun Jahren beginnen sich Kinder für die Lebewesen in der freien Natur zu interessieren und nehmen erstmals wahr, dass Tiere Schmerz und Kummer verspüren können. Zwischen neun und zwölf Jahren wächst ihr Interesse an der natürlichen Umwelt, und ihr Wissen nimmt enorm zu. Zwischen dreizehn und siebzehn Jahren entwickeln sie ein moralisches Empfinden gegenüber Tieren und der Erhaltung der Natur.

Eine in den Vereinigten Staaten durchgeführte Studie deutet darauf hin, dass eine ähnliche zeitliche Abfolge für die Entwicklung der Lebensraumpräferenz gilt. Im Alter von acht bis elf Jahren bevorzugten Kinder, denen Fotos von verschiedensten natürlichen Umgebungen zur Auswahl vorgelegt wurden, Savannenlandschaften gegenüber Laubwäldern, Nadelwäldern, Regenwäldern und Wüsten. Ältere Kinder dagegen entschieden sich ebenso häufig für Laubwälder wie für Savannen, jene Lebensräume, mit denen sie im Laufe ihres Lebens die unmittelbarste Erfahrung hatten. Beide Lebensräume wurden den anderen drei deutlich vorgezogen. Die Ergebnisse zumindest dieser einen Untersuchung stützen also die Savannen-Hypothese. Kinder sind offenbar prädisponiert, zunächst die Lebensräume unserer menschlichen Vorfahren zu bevorzugen und erst später zunehmend die Umgebungen zu favorisieren, in denen sie aufgewachsen sind.[8]

Auch die Art, wie Kinder ihre Umwelt erforschen, ist einer bestimmten Abfolge von Entwicklungsschritten unterworfen. Mit vier Jahren beschränken sich Kinder zumeist auf ihre unmittelbare Umgebung und auf die dort anzutreffenden kleinen Lebewesen – die »Würmer, Eichhörnchen und Tauben« benachbarter Gärten und Straßen, wie David Sobel es in seinem Buch *Children's Special Places* ausdrückt. Im Alter von acht bis elf Jahren weiten sie ihren Aktionsradius auf die Wälder, Felder, Gräben und sonstigen brachliegenden Flächen in der näheren und weiteren Umgebung aus. Häufig bauen sie sich eine Unterkunft wie etwa ein Baumhaus, ein Fort oder eine Höhle, wo sie ungestört lesen, essen, sich mit Freunden verabreden, spielen oder heimlich die Welt beobachten können. Wenn wildnisähnliche, natürliche Umgebungen vorhanden sind, umso besser, aber sie sind nicht zwingend erforderlich. In urbanen Umgebungen wie East Harlem beobachtete man Kinder, die sich in Kellern, Hinterhöfen, verlassenen Lagerhallen und auf brachliegendem Bahngelände Hütten bauten.

Die geheimen Orte der Kindheit, ob sie nun ein Ausdruck des Instinkts sind oder nicht, prädisponieren uns jedenfalls für den Erwerb bestimmter Neigungen und das Üben von Fertigkeiten, die später für das Überleben wertvoll sein können. So verbinden uns die geheimen Verstecke mit einem Ort und stärken unsere Individualität und unser Selbstwertgefühl. Sie fördern unsere Freude beim Bau der Behausung. Wenn es sich um Verstecke in der natürlichen Umwelt handelt, bringen sie uns außerdem der Erde und der Natur näher und können so eine lebenslange tiefe Naturverbundenheit begründen. Diese Erfahrung habe ich selbst als Kind gemacht, als ich im Alter zwischen elf und dreizehn die Wälder Alabamas und Floridas auf der Suche nach kleinen Naturparadiesen durchstreifte. Einmal baute ich an einer entlegenen Stelle im Wald eine kleine Hütte aus jungen Bäumchen und Zweigen. Leider bemerkte ich erst zu spät, dass einige der Schösslinge zur Gattung der Gifteiche gehörten, eines bösartigen Verwandten des Giftefeus. Dies war das letzte Mal, dass ich ein geheimes Versteck baute, aber meine Liebe zur Natur wurde dennoch immer größer.[9]

Wenn die Biophilie tatsächlich ein Teil der menschlichen Natur ist, wenn sie wirklich zu den Instinkten gehört, dann sollten wir in der Lage sein, eine positive Wirkung der natürlichen Umwelt oder natürlicher Organismen auf die Gesundheit des Menschen festzustellen. In der Tat gibt es in der medizinischen und physiologischen Fachliteratur eine Fülle von Studien, die genau diesen Zusammenhang belegen, zumindest wenn man den Begriff »Gesundheit« so weit fasst, wie dies die Weltgesundheitsorganisation tut, nämlich »als Zustand vollständigen körperlichen, geistigen und sozialen Wohlbefindens und nicht nur als Abwesenheit von Krankheit und Gebrechlichkeit«. Hier einige repräsentative Ergebnisse aus veröffentlichten Studien:

- Einer Gruppe von 120 freiwilligen Versuchspersonen wurde ein stressauslösender Film gezeigt, dem anschließend Videoaufnahmen einer natürlichen oder städtischen Umgebung folgten. Nach eigenen subjektiven Angaben erholten sich die Versuchspersonen schneller von ihrem Stressgefühl, wenn sie danach Bilder von natürlichen Umgebungen sahen. Ihre Angaben wurden von vier physiologischen Standardmessungen zur Untersuchung von Stress bestätigt: Herzschlag, systolischer Blutdruck, Gesichtsmuskelspannung und elektrische Leitfähigkeit der Haut. Die Ergebnisse lassen auf eine Beteiligung der parasympathischen Nerven schließen, jenes Teils des autonomen Nervensystems, dessen Aktivierung einen Zustand der Entspannung hervorruft. Das Ergebnis wurde von einer anderen Gruppe freiwilliger Versuchspersonen bestätigt, die aus Studenten bestand, die eine schwierige Mathematikprüfung ablegten. Auch dieser Gruppe wurden anschließend Videoaufnahmen von einer Autofahrt durch eine natürliche Umwelt oder durch eine städtische Umgebung gezeigt.
- Studien über die Gemütsverfassung vor operativen oder zahn-

medizinischen Eingriffen haben übereinstimmend gezeigt, dass Pflanzen und Aquarien Stressgefühle signifikant reduzieren. Natürliche Umgebungen, die durch das Fenster oder auch nur auf Bildern an der Wand betrachtet werden können, haben denselben Effekt.

- Nach einer Operation erholen sich Patienten schneller, wenn ihr Zimmer Ausblick auf eine offene Landschaft oder ein Gewässer bietet. Es treten insgesamt weniger und harmlosere Komplikationen ein, und sie benötigen geringere Dosen an Schmerzmitteln.
- In einer schwedischen Studie, die sich über einen Zeitraum von fünfzehn Jahren erstreckte, reagierten psychiatrische Patienten mit krankhaften Angstzuständen positiv auf Wandbilder von natürlichen Umgebungen, aber negativ und gelegentlich sogar gewalttätig auf die meisten anderen Wanddekorationen (besonders wenn es sich um abstrakte Kunst handelte).
- Vergleichbare Studien in Gefängnissen zeigten, dass Insassen, die aus ihrem Fenster auf nahe gelegene Felder und Wälder blicken konnten, über weniger stressbedingte Symptome wie Kopfschmerzen und Verdauungsstörungen klagten als Insassen, deren Fenster zum Gefängnishof lag.
- Die verbreitete Vorstellung, dass Haustiere stressbedingte Probleme verringern können, wird von verschiedenen Studien bestätigt, die unabhängig voneinander in Australien, Großbritannien und den Vereinigten Staaten durchgeführt wurden. Einer australischen Studie zufolge, die auch Unterschiede hinsichtlich sportlicher Betätigung, Ernährung und Gesellschaftsschicht berücksichtigte, waren Haustiere für eine statistisch signifikante Verringerung des Cholesterinspiegels, der Triglyceride sowie des systolischen Blutdrucks verantwortlich. Eine ähnliche Studie in den Vereinigten Staaten ergab, dass Patienten, die einen Hund als Haustier hielten, nach einem Herzinfarkt eine sechsmal höhere Überlebensrate aufwiesen als Patienten ohne Hund. Ich muss leider hinzufügen, dass ein ähnlicher Vorteil für die Besitzer von Katzen nicht nachgewiesen ist.[10]

Die Konsequenzen der Biophilie für die Präventivmedizin sind beachtlich. Der biophile Instinkt kann – wie die Entscheidung wirtschaftlich abgesicherter Frauen für weniger Kinder – als einer der glücklichen Zufälle der Menschheitsgeschichte betrachtet werden, die es verdienen, genauer erforscht und nutzbringender eingesetzt zu werden. So ist es eine bemerkenswerte Tatsache, dass die durchschnittliche Lebenserwartung in den führenden Industrieländern zwar auf fast achtzig Jahre angestiegen ist, dass jedoch der Beitrag, den die Präventivmedizin hierzu leistet – nicht zuletzt durch die Schaffung gesunder und gesundheitsfördernder Umgebungen –, weit hinter ihrem Potenzial zurückgeblieben ist. Die Häufigkeit von Fettleibigkeit, Diabetes, Melanomen, Asthma, Depression, Hüftfrakturen und Brustkrebs hat seit den achtziger Jahren zugenommen. Trotz der Fortschritte in der Medizin und erhöhter öffentlicher Aufmerksamkeit sind weder die Herzarteriosklerose unter jungen Menschen noch der akute Herzinfarkt unter Menschen mittleren und höheren Alters zurückgegangen. All diese Erkrankungen können durch Präventivmaßnahmen, zu denen in den meisten Fällen die Wiederherstellung einer Beziehung zur natürlichen Umwelt gehört, hinausgezögert oder ganz vermieden werden. Solche Maßnahmen sind überaus kosteneffektiv, da sie kaum mehr erfordern als die Bewahrung natürlicher Lebensräume, eine Verbesserung der Landschaftsgestaltung sowie eine sinnvolle Anordnung der Fenster in öffentlichen Gebäuden.

Natürlich hat die Natur auch eine Kehrseite. Das Gesicht, das sie der Menschheit zuwendet, ist nicht immer freundlich. Fast unsere gesamte Entwicklungsgeschichte hindurch hat es Raubtiere gegeben, die nur darauf warteten, uns zum Abendessen zu verspeisen, giftige Schlangen, die uns mit einem einzigen Biss in den Knöchel töten können, beißende und stechende Spinnen und Insekten, die Entzündungen hervorrufen, und nicht zuletzt Mikroben, die darauf spezialisiert sind, den menschlichen Körper in übel riechende Verwesungsprodukte zu verwandeln.

Der Gefährte der Biophilie ist daher die Biophobie. Wie die Verhaltensweisen der Biophilie werden auch die der Biophobie durch vorbereitetes Lernen erworben. Die individuelle Ausprägung von Biophobien variiert von Mensch zu Mensch je nach Vererbung und Erfahrung. Am einen Ende des biophoben Spektrums befinden sich schwache Gefühle wie Abneigung und Besorgnis. Am anderen Ende dagegen stehen ausgewachsene klinische Phobien, die das sympathische Nervensystem aktivieren und Panik, Übelkeit und kalten Schweiß hervorrufen. Die intensivsten angeborenen Biophobien werden durch Gefahrenquellen hervorgerufen, die in der natürlichen Umwelt seit Menschengedenken existiert haben. Dazu gehören große Höhen, enge Räume, fließende Gewässer, Schlangen, Wölfe, Ratten und Mäuse, Fledermäuse, Spinnen und Blut. Im Gegensatz dazu ist das vorbereitete Lernen als Reaktion auf Messer, schadhafte elektrische Kabel, Autos und Gewehre unbekannt. Obschon diese Gefahrenquellen viel tödlicher sind als die ursprünglichen Bedrohungen der Menschheit, sind sie im evolutionsgeschichtlichen Zeitmaßstab zu jung, um genetisch vorbereitete Lernprozesse in Gang gesetzt zu haben.

Die bestimmenden Merkmale der vererbten Prädisposition sind vielfältig. Eine einzige negative Erfahrung kann ausreichen, um die Reaktion auszulösen und die Furcht für alle Zeiten fest in der Person zu verankern. Der auslösende kritische Reiz kann dabei unerwartet und sehr einfach sein, zum Beispiel das plötzliche Auftauchen eines Tiergesichtes oder das Winden einer Schlange oder eines schlangenähnlichen Objekts in der Nähe. Die Wahrscheinlichkeit, dass sich dieses Erlebnis negativ einprägt, steigt, wenn noch andere Stressfaktoren vorhanden sind. Das Lernen kann sogar stellvertretend, das heißt aus zweiter Hand, erfolgen: Bei manchen Menschen wird die Furcht allein dadurch ausgelöst, dass sie die Panik bei einer anderen Person miterleben oder eine furchteinflößende Erzählung hören.

Menschen, die unter einer Phobie leiden, reagieren unbewusst und praktisch unmittelbar auf unterschwellige Bilder. Als Psychologen Versuchspersonen für höchstens 15 bis 30 Millisekunden mit Bildern von Schlangen oder Spinnen konfrontierten – Zeiträume, die zu kurz sind, um bewusst wahrgenommen zu werden –, reagierten die Personen, die negativ auf diese Tiere konditioniert waren, nach weniger als einer halben Sekunde darauf mit unwillkürlichen Muskelveränderungen im Gesicht. Obwohl diese Reaktion von den Forschern leicht festgestellt werden konnte, waren sich die Versuchspersonen weder der Bilder noch ihrer eigenen Reaktionen darauf bewusst.

Da aversive Reaktionen so genau definiert sind, können die in der Humangenetik verwendeten Standardverfahren benutzt werden, um festzustellen, ob die auftretenden individuellen Unterschiede zumindest teilweise genetischen Ursprungs sind. Das Mittel der Wahl ist dabei die Erblichkeit, ein Maßstab, der standardmäßig in Persönlichkeitsstudien und Untersuchungen über Fettleibigkeit, Neurosen und andere Merkmale, die in menschlichen Populationen unterschiedlich stark verbreitet sind, verwendet wird. Die Erblichkeit (Heredität) eines gegebenen Merkmals ist der Varianzanteil unter den Individuen einer Population, der auf genetische Unterschiede zwischen den Individuen, im Gegensatz zu Unterschieden in der Umwelt, zurückzuführen ist. Die Erblichkeit einer angeborenen Aversion gegen Schlangen, Spinnen, Insekten oder Fledermäuse ist auf ungefähr 30 Prozent geschätzt worden, ein Wert, der für viele menschliche Verhaltensmerkmale gilt. Die Erblichkeit der Anfälligkeit für Agoraphobie, eine extreme Aversion gegen freie Plätze und große Menschenansammlungen, beträgt etwa 40 Prozent.

Ein weiteres charakteristisches Kennzeichen der vorbereiteten Aversion ist das Auftreten einer kritischen Periode, die wie beim biophilen Verhalten den Zeitraum in der Entwicklung bezeichnet, in dem die Anfälligkeit für den Erwerb des Merkmals am größten ist. Im Falle der Schlangenphobie (Ophidiophobie), der Spinnenphobie (Arachnophobie) und anderer Tierphobien ist dieser Zeitraum die Kindheit; in ungefähr 70 Prozent der Fälle manifestiert sich die Phobie bis zum Alter von zehn Jahren. Dagegen befällt die Agoraphobie (Platzangst) vor allem Jugendliche und junge Erwachsene und wird in den meisten Fällen im Alter zwischen fünfzehn und dreißig Jahren ausgelöst.[11]

Wenn die natürliche Umwelt bisweilen imstande ist, moderne Menschen durch die Auslösung uralter Instinkte zu lähmen, so wirkt sich umgekehrt der menschliche Instinkt auch zerstörerisch auf die Natur aus. So begannen die neolithischen Völker vor 10 000 Jahren damit, die Wälder, die bis dahin fast das gesamte bewohnbare Land der Erde bedeckten, in Ackerland, Viehweiden und vereinzelte Waldstücke umzuwandeln. Was sie nicht abholzen konnten, brannten sie nieder. Nachfolgende Generationen setzten diesen Prozess immer weiter fort, so dass heute nur noch ungefähr die Hälfte der ursprünglichen Walddecke erhalten ist. Natürlich benötigte man mehr Nahrung für die wachsende Bevölkerung, aber es gibt noch eine andere Möglichkeit, diesen erbarmungslosen Entwaldungsprozess zu deuten. Damals wie heute sehnten sich die Menschen nach ihren ursprünglichen Lebensräumen. Und so machten sie sich ihren menschlichen Bedürfnissen folgend einfach daran, Savannen zu schaffen. *Homo sapiens* entwickelte sich nicht zu einem Waldbewohner wie die Schimpansen, Gorillas und anderen großen Menschenaffen. Vielmehr spezialisierte er sich auf offene Landschaften. Die heute in ästhetischer Hinsicht als ideal empfundene natürliche Umgebung ist unsere Ersatzsavanne, die Hirtenlandschaft.

Welche Auswirkung hat die Präferenz dieses Lebensraumes auf die Wildnis? Keine andere Frage der Umweltethik ist von so einschneidender Bedeutung. Bevor es menschliche Siedlungen und die Landwirtschaft gab, lebten die Menschen in der Natur oder waren zumindest sehr nah mit ihr verbunden. Als Teil der Natur hatten sie keine Verwendung für den Begriff der Wildnis. Erst die aufkommenden Hirtengesellschaften unterschieden zwischen kultiviertem und unberührtem Land. Mit der zunehmenden Zurückdrängung jungfräulichen Bodens und der Entwicklung immer komplexerer Gesellschaften auf der Grundlage der landwirtschaftlichen Überschüsse wurde die Unterscheidung immer wichtiger. Die Menschen, die in fortgeschritteneren Kulturen lebten, fühlten sich der ungezähmten Welt ihrer Umgebung überlegen. Ihrer Ansicht nach waren sie dazu ausersehen, unter den Göttern zu leben. Das Wort Wildnis erlangte die Bedeutung, die sich in seiner altenglischen Wurzel *wil(d)dēornes* ausdrückte: wild, wüst, ungezähmt. Wildnis – darunter verstanden die bäuerlichen und städtischen Gesellschaften undurchdringliche, dunkle Wälder, abweisende Gebirge, dornige Wüsten, das offene Meer und alle anderen unbezwungenen und vielleicht auch unbezwinglichen Orte der Erde. Die Wildnis war das Reich wilder Tiere und Menschen, böser Geister und des bedrohlichen, gestaltlosen Unbekannten.

Mit der europäischen Eroberung der Neuen Welt entwickelte sich die Vorstellung von Wildnis als eines Grenzgebietes, das nur darauf wartete, in Besitz genommen zu werden. Dieses Bild prägte sich besonders in den Vereinigten Staaten aus, dessen frühe Geschichte geographisch als ein Siegeszug über einen unentwickelten und fruchtbaren Kontinent nach Westen beschrieben werden kann.

Dann kam ein Wendepunkt. Mit der Erschließung der letzten amerikanischen Grenzgebiete um das Jahr 1890 herum war die Wildnis zu einer knappen Ressource geworden, die Gefahr lief, vollständig vernichtet zu werden, und somit plötzlich schützenswert war. Die amerikanische Naturschutzbewegung war geboren und stützte sich auf die von Henry David Thoreau, John Muir und anderen Propheten des neunzehnten Jahrhunderts geschaffene Naturschutzethik. Langsam fasste sie in den Vereinigten Staaten, in Europa und anderen Ländern Fuß. Ihre Kernaussage lautete, dass die Menschen dumm wären, wenn sie ihre Zukunft durch die vollständige Umgestaltung des Planeten aufs Spiel setzte. Besonders die Wildnis, so mahnten die frühen Naturschützer, sei für die Menschheit von unschätzbarer Bedeutung. Ein Vorreiter der Bewegung war Theodore Roosevelt, der erklärte: »Ich hasse Menschen, die das Land ausplündern.«

Was verstehen wir heute, in einer weitgehend vom Menschen umgestalteten Welt, unter Wildnis? Das, was sie schon immer gewesen ist: ein Gebiet, das sich selbst erhält, das schon existiert hat, bevor der Mensch kam, und in dem, gemäß der Formulierung des amerikanischen Gesetzes zum Schutz der Wildnis (Wilderness Act) von 1964, »die Erde und ihre Lebensgemeinschaften vom Menschen nicht gestört werden und wo der Mensch ein Besucher ist, der nicht bleibt«. Zu den letzten großen Wildnisgebieten der Welt gehören die Regenwälder des Amazonasgebiets, des Kongos und Neuguineas, die immergrünen Nadelwälder Nordamerikas und Eurasiens sowie die alten Wüstengebiete der Erde, die Polarregionen und die offenen Ozeane.[12]

Einige Menschen werden sicherlich behaupten, dass wahre Wildnisgebiete längst der Vergangenheit angehören. Sie weisen zu Recht darauf hin, dass es nur sehr wenige Orte auf der Erde gibt, die der Mensch noch nicht betreten hat. Jährlich werden 5 Prozent der Landfläche der Erde verbrannt, und die dabei produzierten Rauchwolken und Stickstoffoxide verbreiten sich fast um die ganze Welt. Die Treibhausgase nehmen zu, die Temperaturen steigen weltweit, Gletscher und Bergwälder ziehen sich immer weiter zurück. Mit Ausnahme weniger Regionen im tropischen Asien und Afrika haben die meisten terrestrischen Lebensräume den überwiegenden Teil ihrer größeren Säugetiere, Vögel und Reptilien eingebüßt, was zu einer Destabilisierung der Populationen vieler anderer Tier- und Pflanzenarten geführt hat. Während die Flächen der verbliebenen Wildnisgebiete immer weiter schrumpfen, werden sie gleichzeitig von immer mehr fremden Arten besiedelt, wodurch sich die einheimische Flora und Fauna stetig verringert. Je kleiner die Fläche von Naturschutzgebieten ist, desto mehr sind wir gezwungen, durch künstliche Eingriffe den teilweisen Kollaps ihrer Ökosysteme zu verhindern.

All das ist wahr. Dennoch ist die Behauptung unzutreffend, die überlebenden Wildnisgebiete seien nicht das, was ihr Name signalisiere, vielmehr seien sie zu einem Teil des menschlichen Einflussgebiets verkommen. Das Argument ist ein Trugschluss. Es ist so, als würde man das Himalayagebirge auf eine Stufe mit dem Gangesdelta stellen, weil die Oberfläche des Planeten schließlich nur eine geometrische Fläche sei. Vergleichen Sie eine Weide mit einem tropischen Regenwald, segeln Sie von einem Yachthafen zu einem Korallenriff, und Sie werden den Unterschied erkennen. Die ursprüngliche Welt in all ihrer Pracht ist noch nicht verschwunden, und es liegt an uns, sie zu schützen und uns an ihr zu erfreuen. Die Wahrnehmung von Wildnis ist eine Frage des Maßstabs. Selbst in gestörten Umgebungen, aus denen ein Großteil der einheimischen Pflanzen und Wirbeltiere längst verschwunden ist, erhalten winzige wirbellose Tiere, Bakterien und Protozoen den ursprünglichen Nährboden aufrecht. Solche »Mikrowildnisse« sind leichter zugänglich als die natürlichen Wildnisgebiete großen Maßstabs. Gewöhnlich sind sie nur wenige Gehminuten statt vieler Flugstunden entfernt und warten nur darauf, mit dem Mikroskop erforscht zu werden. Ein einziger Baum in einem Stadtpark, der Lebensraum für Tausende von Arten bietet, ist gleichsam eine Insel mit einer Miniaturwelt aus Bergen, Tälern, Seen und unterirdischen Höhlen. Wissenschaftler haben erst begonnen, diese kompakten Welten genau zu untersuchen. Lehrer und Dozenten machen bis jetzt noch erstaunlich wenig Gebrauch von ihnen, um Schülern und Studenten die Wunder des Lebens nahe zu bringen. Und auch die ihnen innewohnende Mikroästhetik ist eine noch unerforschte Wildnis für den schöpferischen Geist.

Für die Schaffung von Mikroreservaten sprechen gute Gründe. Ein Hektar Regenwald an einem Berghang in Honduras, ein Randstreifen mit heimischen Gräsern an einer Straße in Iowa oder ein natürlicher Schlammtümpel am Rande eines Golfplatzes in Florida sind wertvolle und schützenswerte Biotope, selbst wenn die größeren einheimischen Organismen, die einst in ihnen lebten, verschwunden sind.

Aber auch wenn es unendlich viel besser ist, Mikroreservate zu haben als überhaupt keine Schutzgebiete, sind sie doch kein Ersatz für Makro- und Megaschutzzonen, die Lebensraum für voll entwickelte Biotope und auch größere Tiere bieten. Zwar können Menschen sich durchaus für wilde, fleischfressende Fadenwürmer und formverändernde Rädertierchen in einem Tropfen Seewasser interessieren, doch reagieren wir intellektuell und emotional stärker auf die größeren Lebensformen. Keiner meiner Bekannten, mit

Ausnahme einiger Mikrobiologen, käme auf die Idee, die städtische Müllhalde zu besuchen, nur weil dort Berichten zufolge eine faszinierende Fülle von Bakterien lebt. In einigen subarktischen kanadischen Städten pilgern jedoch Touristen und Einheimische gleichermaßen zu den örtlichen Müllkippen, um Eisbären bei der Futtersuche zu beobachten.

Der vielfältige Wert wilder Lebensräume wird noch durch einen weiteren Aspekt gesteigert: ihre Rätselhaftigkeit. Ohne Geheimnisse verliert das Leben an Reiz. Das vollständig Bekannte ist für den rastlosen Geist wie eine betäubende Leere. Sogar eine Laborratte sucht das Abenteuer des Labyrinths.

Uns zieht die Welt der Natur in den Bann. Wir sind uns bewusst, dass ihre Struktur und Komplexität ebenso wie ihre Geschichte alle Größenordnungen übertrifft, die sich das menschliche Vorstellungsvermögen bislang auszumalen vermochte. Geheimnisse, die entschlüsselt werden, bringen nur weitere Geheimnisse hervor. Für den Naturforscher löst jeder Besuch naturbelassener Lebensräume aufs Neue eine in ihrer Spontaneität kindliche Aufregung aus, die häufig gemischt ist mit einer ängstlichen Vorahnung. Auf diese Weise sollte Leben eigentlich stets gelebt werden.

Als Beispiel für ein solches Erlebnis möchte ich aus Hunderten persönlicher Erinnerungen, die sich mir lebhaft eingeprägt haben, eine herausgreifen. Es war im Sommer 1965 in den Dry Tortugas, an der Spitze der Florida Keys. Ich stehe am Ufer von Garden Key, mit dem Rücken zu Fort Jefferson, und schaue über eine schmale Meerenge hinüber nach Bush Key, wo Tausende nistender Seeschwalben den Mangrovensumpf und den Uferstreifen bevölkern. Ich habe ein Boot und werde bald hinüberfahren, aber genau jetzt verspüre ich einen unwiderstehlichen Drang, stattdessen hinüberzuschwimmen. Die Strecke beträgt ungefähr dreißig Meter, vielleicht weniger. Die Gezeitenströmung vom Golf von Mexiko zur Florida Bay ist momentan zu schwach, um eine Gefahr darzustellen. Scheinbar sind keine Probleme zu erwarten, wenn ich mich zum Schwimmen entschlösse. Dann betrachte ich die bewegte Wasseroberfläche genauer. Wie tief ist das Wasser in der Mitte der Meerenge? Welches Tier könnte von unten heraufschwimmen und mir begegnen? Ein Barrakuda? Am gleichen Morgen hatte ich ein Exemplar von 1,50 Meter Länge in der Nähe der Hafenanlagen gesehen. Was weiß ich über die Haie in dieser Gegend? Hammerkopfhaie und Stierhaie kommen in tieferen Gewässern häufig vor und sind bekannt dafür, dass sie auch schon Menschen angegriffen haben. Große weiße Haie werden ebenfalls gelegentlich gesichtet. Haiangriffe sind zwar sehr selten in dieser Gegend, doch würde ich die dramatische Ausnahme sein? Während ich noch zögere und nachdenke, verspüre ich nicht mehr nur den Wunsch hinüberzuschwimmen, sondern zu tauchen und den Meeresboden zu erforschen. Ich möchte ihn Zentimeter für Zentimeter erkunden, genauso wie ich dies mit den Inseln getan habe, um zu sehen, was alles dort lebt und gelegentlich vom Golf angeschwemmt wird.

Der Impuls hinüberzuschwimmen verschwindet ebenso schnell, wie er gekommen ist, aber ich beschließe, eines Tages zurückzukehren, um diesen Ort, auf den ich zufällig gestoßen bin, näher kennen zu lernen. Ich möchte ihn und seine Bewohner zu einem Teil meines Lebens machen. Der Episode haftet zwar etwas Verrücktes an, aber sie ist gleichzeitig überaus real, ursprünglich und zutiefst befriedigend.

Irgendwann in unserem Leben sehnen wir uns nach dem Tor zur paradiesischen Welt – ein Streben, das den Naturforscher sein ganzes Leben lang in Bann hält. Es ist das instinktive Nachbild, das uns in Tagträumen befällt, und ein Urquell der Hoffnung. Seine Geheimnisse tragen, wenn sie den Geist beflügeln und gelöst werden, zu einer besseren Beherrschung unseres Daseins bei. Ignorieren wir sie, hinterlassen sie eine emotionale Leere. Wie hat sich eine so merkwürdige Eigenschaft der menschlichen Natur entwickelt? Niemand kann diese Frage mit letzter Sicherheit beantworten, doch die Evolutionsgenetik legt folgenden Schluss nahe: Selbst wenn nur einer von tausend Menschen überlebte, weil er genetisch dafür prädisponiert war, das Unbekannte zu erforschen und daran auch unter schwierigen Umständen festzuhalten, dann hätte die natürliche Selektion über viele Generationen hinweg diese Prädisposition in der gesamten menschlichen Rasse verankert und auf diese Weise die Fähigkeit, zu staunen und Wagnisse einzugehen, begründet.

Wir brauchen die Natur und insbesondere ihre Hochburgen, die Wildnis. Sie ist die fremde Welt, der unsere Spezies ihren Aufstieg zu verdanken hat, und sie ist auch unsere sichere Heimat, in die wir zurückkehren können. Sie bietet uns die Vielfalt, für die unser Geist geschaffen ist.

Kapitel 7

Die Lösung

Die menschliche Gattung gleicht dem Riesen Antaios der griechischen Mythologie. Dieser Sohn der Erdgöttin Gaia schöpfte aus jeder Berührung mit der Erde neue Kraft und benutzte diese dazu, alle Fremden zum Kampf herauszufordern und zu besiegen. Herakles, der von diesem Geheimnis erfuhr, konnte Antaios schließlich überwältigen, indem er ihn hochhob und so lange in der Luft festhielt, bis dessen Kräfte erlahmten. Auch wir, die sterblichen Menschen, leiden unter der Trennung von der Erde, doch haben wir unsere Notlage selbst herbeigeführt. Zudem schwächen wir durch unser Verhalten auch die Erde.

Was die Menschheit sich selbst und der Erde gegenwärtig zufügt, ist, um eine moderne Metapher zu verwenden, das Ergebnis einer missglückten Anlagestrategie. Nachdem wir uns der natürlichen Ressourcen der Erde bemächtigt hatten, entschlossen wir uns, sie in eine Anlage mit kurzer Laufzeit zu investieren, deren Gewinne progressiv steigen. Dies schien zunächst eine durchaus vernünftige Entscheidung zu sein, und viele halten sie auch heute noch für richtig. Sie schlägt sich nicht nur in einem Anstieg der Pro-Kopf-Produktion und des Pro-Kopf-Verbrauchs nieder, sondern auch in einem Überfluss an Konsumgütern und Nahrung auf den Märkten und einer großen Zahl optimistischer Ökonomen. Allerdings gibt es einen Haken: Die wichtigsten Bestandteile des natürlichen Kapitals – Ackerland, Grundwasser, Wälder, Fischgründe und Erdöl – stehen nur begrenzt zur Verfügung und wachsen nicht mit den Gewinnen mit. Sie werden im Gegenteil durch Übernutzung und Umweltzerstörung entwertet. Angesichts des anhaltenden Bevölkerungswachstums und des steigenden Verbrauchs nehmen die pro Kopf zur Verfügung stehenden Ressourcen ab. Die langfristigen Aussichten sind wenig verheißungsvoll. Nachdem wir uns endlich dieser Gefahr bewusst geworden sind, haben wir uns auf die verzweifelte Suche nach Ersatz gemacht.

Die auf kurzfristige Profite gerichtete Ausbeutung der Natur – im Gegensatz zu ihrer treuhänderischen Bewahrung – geht mit zwei Begleiterscheinungen einher, die immer dringender unserer Aufmerksamkeit bedürfen. Die erste ist die wirtschaftliche Ungleichheit: Relativ gesehen werden die Reichen immer reicher und die Armen immer ärmer. Die Vereinten Nationen wiesen 1999 in ihrem *Human Development Report* darauf hin, dass sich die Einkommenskluft zwischen dem reichsten und dem ärmsten Fünftel der Weltbevölkerung von 30 : 1 im Jahr 1960 über 60 : 1 im Jahr 1990 bis auf 74 : 1 im Jahr 1995 erweitert hat.[1] Die reichen Länder sind außerdem überwiegend verschwenderische Verbraucher, und so ergibt sich aus der Einkommenskluft die folgende beunruhigende Konsequenz: Will die übrige Weltbevölkerung mit Hilfe der vorhandenen Technologie das Konsumniveau der Vereinigten Staaten erreichen, braucht sie dafür vier weitere Planeten wie die Erde.[2]

Europa liegt in der Statistik nur knapp hinter den Vereinigten Staaten, und die aufstrebenden asiatischen Volkswirtschaften, die »asiatischen Tiger«, sind energisch dabei aufzuholen. Die Einkommenskluft bildet den Nährboden für Ressentiments und Fanatismus, die wiederum dazu führen, dass selbst die stärksten Nationen, mit den Vereinigten Staaten an der Spitze, eine Politik betreiben, die von schlechtem Gewissen und einer wachsenden Furcht vor fanatischen Selbstmordattentätern geprägt ist.

Die zweite Begleiterscheinung – um die es hier vorrangig geht – ist die sich beschleunigende Vernichtung der natürlichen Ökosysteme und das damit einhergehende rapide Artensterben. Der bereits eingetretene Schaden ist nicht wieder gutzumachen, jedenfalls nicht in einer Zeitspanne, die der menschliche Geist begreifen kann. Die fossilen Funde belegen, dass die Entwicklung neuer Faunen und Floren Millionen von Jahre benötigt, um eine Fülle wie in prähumaner Zeit zu erreichen. Je länger wir deshalb dieser zerstörerischen Entwicklung ihren Lauf lassen, desto mehr werden künftige Generationen unter den Folgen zu leiden haben – Folgen, die zum Teil jetzt schon spürbar sind, und andere, deren schmerzliche Wirkung wir erst noch kennen lernen werden.

Warum, so werden unsere Nachfahren fragen, haben wir es zugelassen, dass durch die unnötige Ausrottung anderer Arten unser eigenes Leben auf der Erde so unwiderruflich verarmt ist? Diese hypothetische Frage ist keine leere Rhetorik radikaler Umweltschützer, sondern Ausdruck einer wachsenden Besorgnis in führenden Kreisen von Wissenschaft, Religion, Wirtschaft und Politik ebenso wie in der gebildeten Öffentlichkeit.

Wie lässt sich das Problem der biologischen Verarmung lösen? Die Antwort, die ich im Folgenden ausführen will, ist gedämpft optimistisch. Sie besteht im Wesentlichen darin, dass wir heute immerhin eine genaue Vorstellung von dem Ausmaß und der Tragweite des Problems haben und dass sich eine erste konstruktive Handlungsstrategie zur Rettung der Floren und Faunen der Welt abzeichnet. Die Grundlage der neuen Strategie ist – wie stets bei menschlichen Unternehmungen – ethischer Natur. Moralische Erwägungen sind keine kulturellen Artefakte, die aus Bequemlichkeit erfunden wurden. Sie sind und waren schon immer das Bindemittel, das die Gesellschaft zusammenhält, die unentbehrliche Triebkraft, um Vereinbarungen zu treffen und einzuhalten, und sie haben so dazu beigetragen, das Überleben der menschlichen Art zu sichern. Jede Gesellschaft lässt sich von ethischen Geboten leiten und verlangt von ihren Mitgliedern, dass sie die auf ethischen Regeln beruhenden Stammesgesetze befolgen und sich einer moralischen Führung unterwerfen. Diese Eigenschaft muss uns nicht erst eingebläut werden. Es gibt im Gegenteil Hinweise darauf, dass wir uns instinktiv ethisch verhalten oder zumindest von anderen ethisches Verhalten fordern. So haben Psychologen entdeckt, dass es eine erbliche Veranlagung gibt, Betrüger zu erkennen und mit äußerster moralischer Entrüstung auf sie zu reagieren. So gut wie alle Menschen sind wahre Meister darin, Selbsttäuschung bei anderen aufzuspüren, und ebensolche Meister, sich eigenen Selbsttäuschungen hinzugeben. Täglich werden wir von selbstgerechtem Gerede überflutet. Wir machen anderen moralische Vorhaltungen und sehnen uns in all unseren Beziehungen nach Aufrichtigkeit. Der Tyrann präsentiert sich als die Lauterkeit in Person und beruft sich auf das Vaterland und ökonomische Zwänge, um seine Untaten zu rechtfertigen. Und selbst von einem verurteilten Verbrecher erwartet man, dass er Reue zeigt, und tatsächlich erklärt er, dass er zum Zeitpunkt der Tat entweder nicht zurechnungsfähig war oder sich für persönlich erlittenes Unrecht entschädigte.

Und jeder befolgt irgendeine Art der Umweltethik, selbst wenn sie dazu dient, noch aus dem Abholzen der letzten ursprünglichen Wälder oder dem Eindämmen der letzten Wildgewässer eine Tugend zu machen. Es war nötig, um die Wirtschaft anzukurbeln oder um Arbeitsplätze zu retten, so heißt es. Es war nötig, um dem Brennstoffmangel entgegenzuwirken oder um Land zu erschließen.

Na hören Sie mal, der Mensch kommt schließlich zuerst! Mit Sicherheit jedenfalls vor Strandmäusen und Läusekraut. Ich erinnere mich lebhaft an ein Gespräch, das ich 1968 mit einem Taxifahrer in Key West hatte. Als wir zufällig auf die brennenden Everglades im Norden zu sprechen kamen, sagte er: »Es ist jammerschade. Die Everglades sind ein wunderbarer Ort. Aber irgendwann muss die Wildnis ja doch der Zivilisation weichen. Das ist der Fortschritt – der unausweichliche Lauf der Dinge.«

Alle Menschen sind außerdem erklärte Umweltschützer. Niemand würde je sagen: »Zum Teufel mit der Natur!« Andererseits würde auch niemand je fordern, die Natur in ihren ursprünglichen Zustand zurückzuversetzen. Wenn wir uns auf den Gesellschaftsvertrag beziehen, der dem menschlichen Zusammenleben zu Grunde liegt, verhält es sich vielmehr so, dass die typischen Vertreter einer »Wir zuerst«-Ethik – die den Menschen an die erste Stelle setzt – kurzfristige Ziele mit der Umwelt verbinden, während die typischen Vertreter einer Umweltethik langfristige Ziele verfolgen. Beide sind aufrichtig, und an dem, was sie zu sagen haben, ist etwas Wahres dran. Die Vertreter der »Wir zuerst«-Denkweise halten es für notwendig, hier und da kleine Eingriffe in die Umwelt vorzunehmen. Die Umweltschützer halten dem entgegen, dass die Natur an den vielen tausend Eingriffen, die sie bereits hinnehmen musste, zu Grunde gehen wird. Wie lassen sich also die jeweils besten Argumente der kurz- und der langfristigen Sichtweise miteinander verbinden? Vielleicht führt eine optimale Mischung kurz- und langfristiger Ziele zu einem Konsens, der – trotz der jahrzehntelangen erbitterten Auseinandersetzungen – befriedigender ist, als jede Seite im Falle ihres alleinigen Sieges für möglich gehalten hätte? Insgeheim, davon bin ich überzeugt, strebt niemand den totalen Sieg an. Denn auch die Anhänger der »Wir zuerst«-Ethik lieben Parks, und auch die Umweltweltschützer benutzen kraftstoffbetriebene Fahrzeuge, um dorthin zu gelangen.

Der erste Schritt zu einer Lösung besteht darin, jegliche Ansprüche moralischer Überlegenheit, die auf politischer Ideologie oder religiösem Dogma beruhen, aufzugeben. Die Umweltprobleme sind zu kompliziert geworden, als dass sie durch blinden Glauben und unnachgiebiges Pochen auf die eigenen besten Absichten gelöst werden könnten.

Der nächste Schritt besteht in der Abrüstung. Die gefährlichsten Waffen, derer es sich zu entledigen gilt, sind die Stereotype, die klischeehaften Kriegsparolen, die von den Extremisten beider Seiten für den öffentlichen Gebrauch verfasst werden. Ich kenne sie nur zu gut aus jahrelanger Erfahrung als Mitglied im Verwaltungsrat von Umweltschutzorganisationen, als Teilnehmer umweltpolitischer Konferenzen und als Berater in Regierungsdiensten. Um ehrlich zu sein, bin ich ein wenig kriegsmüde geworden. Die Klischees lassen sich nicht einfach abtun, man begegnet ihnen zu häufig. Außerdem enthalten sie durchaus manchmal einen wahren Kern. Wenn man sich ihrer jedoch bewusst geworden ist, kann man sie in dem Bemühen, eine gemeinsame Basis zu finden, vermeiden. Im Folgenden möchte ich die typischen Diffamierungen anhand eines klischeehaften Streitgesprächs imaginärer Gegner verdeutlichen.

Das Klischeebild des Umweltschützers aus der Sicht der Vertreter einer »Wir zuerst«-Ethik

Umweltschützer oder Naturschützer, so nennen sie sich selbst. Wir nennen sie Grüne, Ökospinner oder Umweltextremisten. Umweltschutz, wie er von diesen Leuten forciert wird, geht immer zu weit, da sie ihn als Instrument benutzen, um politischen Einfluss zu gewinnen. Die Ökospinner haben eine diffuse und größtenteils verborgene Zielsetzung, die im politischen Spektrum sehr weit links angeordnet ist. An die Macht zu kommen – das ist ihr eigentliches Anliegen. Ihr Ziel ist es, die Regierung aufzublähen, besonders die Bundesregierung. Sie fordern Umweltgesetze und Aufsichtsbehörden, damit für ihresgleichen öffentliche Arbeitsplätze in der Verwaltung, als Rechtsanwälte und Berater geschaffen werden. Was bei diesem Jobschacher auf dem Spiel steht, sind nicht nur unsere Steuergelder, sondern ist letztlich auch unsere Freiheit. Wenn diese Leute in der Regierung sitzen, darf man keine Sekunde in seiner Wachsamkeit nachlassen, denn sonst ist unser Eigentum in Gefahr. Es braucht nur irgendein Student bei einem Ferienjob eine gefährdete rote Spinne auf Ihrem Grundstück zu finden, und ehe Sie sich versehen, werden Sie mit Hilfe des Gesetzes zum Schutz bedrohter Arten völlig ausgeschaltet. Sie können an keine Landerschließungsfirma mehr verkaufen, Sie können Ihr eigenes Waldstück nicht mehr so nutzen, wie Sie es wollen. Ja, Investoren können nicht einmal mehr auf die Öl- und Gasvorräte zugreifen, die unser Land so dringend benötigt. Bitte verstehen Sie mich nicht falsch. Ich bin für Umweltschutz und gebe natürlich zu, dass die

Ausrottung von Arten sehr bedauerlich ist. Aber man darf beim Umweltschutz nicht das Augenmaß verlieren. Am besten ist es, wenn der Naturschutz in privater Hand liegt. Landbesitzer wissen am ehesten, was für ihr Land gut ist. Sie kümmern sich um die dort lebenden Pflanzen und Tiere. Sollen sie die nötigen Schutzmaßnahmen ergreifen. Sie sind die wahre Basis dieses Landes. Was wir brauchen, ist eine starke und weiter wachsende freie Marktwirtschaft und keinen schleichenden Sozialismus. Und das ist auch das Beste für die Umwelt.

Das Klischeebild der »Wir zuerst«-Verfechter aus der Sicht der Umweltschützer

»Kritiker« an der Umweltschutzbewegung, so nennen sie sich selbst. In Wirklichkeit sind sie Anti-Umweltschützer, wie sie im Buche stehen. Mit ihrer Behauptung, die Umwelt liege ihnen am Herzen, erweisen sie sich als die schlimmsten Heuchler, die es gibt. Worum es ihnen wirklich geht, besonders den Firmenchefs und großen Landbesitzern, ist unbeschränkter Kapitalismus und Landentwicklung über alles. Ihr rechtslastiges politisches Programm verstecken sie hinter einer Verharmlosung des Klimawandels und des Artensterbens. Wirtschaftliches Wachstum – das ist stets ihr höchstes und vielleicht einziges Ziel. Ihre Vorstellung von Naturschutz besteht darin, Forellen in Bächen auszusetzen und Bäume um Golfplätze zu pflanzen. Wenn sie von treuhänderischer Bewahrung der Natur reden, meinen sie Subventionen für Holzfäller und Viehzüchter. Vor Gericht würde man die Anti-Umweltschützer auslachen, wenn sie nicht so eng mit den Mächtigen der Wirtschaftswelt verknüpft wären. Und achten Sie einmal darauf, wie wenig Aufmerksamkeit der Umweltschutz in der internationalen Politik genießt. Auf den großen Konferenzen der Welthandelsorganisation und anderer Zusammenkünfte der Reichen und Mächtigen werden die Vertreter des Umweltschutzes kaum je auch nur angehört. Der einzige Weg, der uns offen steht, ist der Protest. Dadurch hoffen wir, die Aufmerksamkeit der Medien zu erregen und unsere ungewählten Herrscher zumindest dazu zu bringen, einmal aus dem Fenster zu schauen. Der Begriff »Konservative« ist in Amerika durch die Rechten ad absurdum geführt worden, denn was genau versuchen sie zu bewahren? Gewiss nicht die Umwelt, sondern nur ihre eigenen selbstsüchtigen Interessen.

Es gibt Anhänger beider Lager, die mit diesen oder ähnlichen Argumenten für ihre Sache eintreten. Und weil so viele Leute auf beiden Seiten an sie glauben, bleiben die Beschuldigungen wie ein Stachel haften. Das Misstrauen und die Verärgerung, die darin zum Ausdruck kommen, lähmen jede weitere Diskussion. Schlimmer noch, in einer Zeit, in der die Medien von der kontroversen Auseinandersetzung leben, spaltet eine solche kämpferische Herangehensweise die Menschen und treibt sie aus der Mitte in entgegengesetzte, extreme Lager.

Doch diese Auseinandersetzung kann nicht durch den Sieg einer der beiden Parteien beigelegt werden. In Wahrheit wollen doch alle eine produktive Wirtschaft und viele gut bezahlte Arbeitsplätze. Fast alle Menschen stimmen außerdem darin überein, dass Privateigentum ein unantastbares Grundrecht ist. Andererseits schätzt jeder eine saubere Umwelt. Zumindest in den Vereinigten Staaten genießt der Umweltschutz fast den Status einer heiligen Pflicht. Eine Studie, die 1996 von dem Meinungsforschungsinstitut Belden and Russonello für die U.S. Consultative Group on Biological Diversity durchgeführt wurde, belegt, dass 79 Prozent der Amerikaner einer gesunden und ansprechenden Umwelt höchste Bedeutung beimaßen. 71 Prozent stimmten der Aussage zu: »Die Natur ist Gottes Schöpfung, und die Menschen sollten Gottes Werk respektieren.«[3] Erst wenn diese beiden legitimen Ziele, das Streben nach Wohlstand und die Bewahrung der Schöpfung, einander als Gegensätze gegenübergestellt werden, wird die Sache kompliziert. Und wenn dann noch – wie so häufig – entgegengesetzte politische Ideologien den Konflikt zusätzlich verschärfen, wird das Problem unlösbar.

Der ethische Lösungsansatz besteht darin, alle nicht zum Thema gehörenden Elemente politischer Ideologie zu erkennen, zu isolieren und aus der Diskussion zu verbannen, um so die gemeinsame Basis zu finden, auf der wirtschaftlicher Fortschritt und Naturschutz als ein und dasselbe Ziel betrachtet werden.

Die Leitprinzipien einer gemeinsamen Umweltschutzbewegung müssen und werden zwangsläufig auf lange Zeiträume ausgerichtet sein. Wenn uns zweihundert Jahre Umweltschutzbewegung eines gelehrt haben, dann ist es die Einsicht, dass ein Sinneswandel immer dann eintritt, wenn die Menschen über den eigenen Tellerrand hinausschauen und die Interessen anderer und der Natur in ihre Sicht mit einbeziehen. Besser noch ist es, wenn sie auch ihren räumlichen Horizont erweitern, von der Gemeinde zur Nation und darüber hinaus, und wenn ihr zeitlicher Horizont über die eigene Lebensspanne hinaus mehrere Generationen und schließlich sogar die ferne Zukunft der Menschheit umfasst.

Die Wertvorstellungen der »Wir zuerst«-Verfechter sind grundsätzlich ebenso ethisch wie jene der traditionellen Umweltschützer, aber ihre Argumente drehen sich vornehmlich um Methodik und kurzfristige Ergebnisse. Ihre Werte sind auch nicht, wie so häufig angenommen, nur ein Spiegelbild kapitalistischen Gedankenguts. Auch die Vorstände und Manager großer Unternehmen sind Menschen mit einer Familie, und sie haben dieselben Bedürfnisse nach einer intakten, biologisch vielfältigen Welt wie alle anderen. Viele engagieren sich in leitender Funktion in der Umweltschutzbewegung. Es ist an der Zeit einzusehen, dass ihr Engagement für den Erfolg unentbehrlich ist. Die Weltwirtschaft wird heute von Risikokapital und technologischer Innovation vorangetrieben; eine Rückkehr zu einer ländlichen Gesellschaft ist nicht möglich. Auch wird es keinen zweiten sozialistischen Rettungsversuch geben, jedenfalls nicht nach sowjetischem Vorbild. Ganz im Gegenteil, der Zusammenbruch des Sozialismus hat sich für die Natur überwiegend als sehr vorteilhaft erwiesen. Fast überall, wo das sozialistische Experiment stattfand, erlitt die Umwelt größeren Schaden als in den kapitalistischen Ländern. Totalitarismus, gleichgültig welcher Couleur, ist ein Pakt mit dem Teufel: Er bedeutet vollständige Unterjochung um den Preis einer zerstörten Umwelt.

Der von der modernen Technik angetriebene Kapitalismus bewegt sich wie ein Moloch mit unaufhaltsamer Wucht vorwärts. Seine Stoßkraft wird noch verstärkt durch die Milliarden armer Menschen in den Entwicklungsländern, die danach streben, am materiellen Wohlstand der Industrienationen teilzuhaben. Seine Richtung ist jedoch mit Hilfe einer auf allgemeinem Konsens beruhenden langfristigen Umweltethik beeinflussbar. Die Alternative ist klar: Entweder wird der Moloch das, was von der Natur übrig geblieben ist, in absehbarer Zukunft verschlingen, oder wir lenken ihn in eine neue Richtung, um so die Umwelt zu retten.

Wissenschaft und Technik selbst geben durch ihr exponentielles Wachstum allen Anlass zu Optimismus. Am beeindruckendsten ist der Wissenszuwachs derzeit in der Computerbranche. Die Zeit, in der sich die Leistungsfähigkeit der Computer verdoppelt, ist mittlerweile auf ein Jahr gesunken. Die Auswirkungen, die dies haben wird, sind nicht vorhersagbar, aber mit großer Wahrscheinlichkeit wird das Verständnis der Menschen von sich selbst davon profitieren. Viele Neurobiologen glauben, dass sich unsere Kenntnis der biologischen Grundlagen von Geist und Verhalten in den nächsten Jahrzehnten beträchtlich vertiefen wird. Dies wiederum ist die Grundlage für eine fundiertere Sozialwissenschaft und eine verbesserte Fähigkeit, politische und wirtschaftliche Katastrophen frühzeitig zu erkennen und zu vermeiden.

Auch was die globale Umwelt und die verfügbaren Ressourcen angeht, zeichnet sich ein besseres Verständnis ab. Konkrete Messgrößen wie der ökologische Fußabdruck und der Living Planet Index bilden die Grundlage einer klügeren Wirtschaftsplanung. Wissenschaft und Technik bergen das Potenzial für eine Steigerung der Nahrungsmittelerzeugung bei gleichzeitiger Verringerung der dazu benötigten Rohstoffe und Energie – beides Voraussetzungen für einen langfristig erfolgreichen Umweltschutz und eine auf dem Prinzip der Nachhaltigkeit beruhende Wirtschaft.

All diese Informationen stehen mittlerweile »online« zur Verfügung. Sie erlauben es den Menschen überall auf der Welt, den Planeten so zu sehen, wie er von Astronauten aus dem Weltall wahrgenommen wird: als eine von einer hauchdünnen Schicht Leben umgebene Kugel, die viel zu empfindlich ist, als dass man sie beliebigen Belastungen aussetzen dürfte. Eine wachsende Zahl von Führungskräften aus Wirtschaft, Religion und Politik hat sich dieser weitsichtigen Denkweise angeschlossen. Sie haben begriffen, dass die Menschheit in einem Engpass steckt, der durch Überbevölkerung und Verschwendung der Ressourcen herbeigeführt wurde. Sie stimmen zumindest prinzipiell darin überein, dass ein umsichtiges Vorgehen erforderlich ist, um den Engpass unbeschadet zu überwinden.

Einer zahlenmäßig stabilen Weltbevölkerung zu einem angemessenen Lebensstandard zu verhelfen, während gleichzeitig die natürliche Umwelt geschützt und wiederhergestellt wird, ist ein ehrenhaftes und erreichbares Ziel. Damit möchte ich auf einen weiteren Umstand zu sprechen kommen, der Anlass zu vorsichtigem Optimismus bietet: die wachsende Bedeutung, die der Umwelt in den Religionen beigemessen wird. Diese Entwicklung ist nicht nur wegen des moralischen Gewichts der Religionen von Bedeutung, sondern auch auf Grund ihres konservativen Charakters und ihrer Glaubwürdigkeit. Geistliche Führer sind notwendigerweise sehr vorsichtig, was die Auswahl der Werte betrifft, für die sie eintreten. Die heiligen Schriften, auf die sie sich berufen, erlauben kaum nachträgliche Ergänzungen. In der modernen Zeit, in der das Wissen über die materielle Welt ebenso wie über die menschliche Zwangslage rapide Fortschritte gemacht hat, sind die religiösen Führer der ethischen Entwicklung eher gefolgt, als dass sie sie maßgeblich bestimmt hätten. Als Erste wagten sich Heilige und Radikaltheologen auf das neue Gebiet. Ihnen folgten wachsende Scharen von Gläubigen und erst allmählich, zögernd die Bischöfe, Patriarchen und Imame.

Für die abrahamischen Religionen – Judaismus, Christentum und Islam – steht die Umweltethik in Einklang mit dem Glauben an die Heiligkeit der Erde und der Vorstellung, dass die Natur Gottes Schöpfung sei. Im dreizehnten Jahrhundert schloss der heilige Franz von Assisi Gottes Geschöpfe, seine erklärten »Brüder und Schwestern«, explizit in seine Gebete mit ein und rühmte die »wunderbare Beziehung« zwischen Menschheit und Natur. In der Schöpfungsgeschichte, 1, 28, heißt es: »Und Gott segnete sie und sprach zu ihnen: Seid fruchtbar und mehrt euch und füllt die Erde und macht sie euch untertan und herrscht über die Fische im Meer und über die Vögel unter dem Himmel und über alles Getier, das auf Erden kriecht.« Dieses Bibelzitat wurde oft herangezogen, um die rücksichtslose Umgestaltung der Natur nach den Bedürfnissen des Menschen zu rechtfertigen. Heute wird sie eher im Sinne einer Schirmherrschaft des Menschen über die Natur interpretiert. So bekräftigte Papst Johannes Paul II., dass die ökologische Krise eine moralische Frage sei. Und Patriarch Bartholomäus I., das geistige Oberhaupt der 250 Millionen orthodoxen Christen auf der Welt, mahnte im Stil eines alttestamentarischen Propheten: »Die Arten auszurotten und die biologische Vielfalt der göttlichen Schöpfung zu zerstören, die Unversehrtheit der Erde durch Klimaveränderung und die Vernichtung der natürlichen Wälder und Feuchtgebiete zu beeinträchtigen, die Gewässer, die Böden, die Luft und die gesamte Natur auf der Erde zu vergiften – dies ist Sünde.«

Einige protestantische Konfessionen engagieren sich aktiv im Umweltschutz, darunter auch evangelische Glaubensgemeinschaften, die zu einer wörtlichen Interpretation der Bibel neigen. Im Jahr 1988 brachte Reverend Stan L. LeQuire, Direktor des Evangelical Environmental Network, die Sache auf den Punkt: »Wir [amerikanischen] Evangelischen erkennen mehr und mehr an, dass

Umweltprobleme weder in republikanische noch in demokratische Zuständigkeit fallen, sondern in Wirklichkeit den wunderbaren Lehren der Heiligen Schrift unterliegen, die uns gebieten, Gott zu ehren, indem wir seine Schöpfung achten.« Sein Evangelisches Netzwerk beließ es nicht bei Worten. Als der US-Kongress das Gesetz zum Schutz bedrohter Arten verwässern wollte, steuerten die zum Netzwerk gehörenden »Noah-Gemeinden« eine Million Dollar zu einer erfolgreichen Gegenkampagne bei.

Nach evangelischer Auffassung kann Gott noch immer die Gottlosen strafen, und sei es nur durch die unheilvollen Konsequenzen ihrer eigenen Handlungen. Hören wir, was Janisse Ray zu sagen hat, eine junge US-amerikanische Dichterin, die in ihren 1999 erschienenen Erinnerungen *Ecology of a Cracker Childhood* die Zerstörung der Sumpfkiefernwälder in ihrem heimatlichen Bundesstaat Georgia beklagt. Ihre Mahnung trifft genau den Ton einer evangelischen Predigt in den USA:

»Wenn Sie einen Wald abholzen, so rate ich Ihnen, beten Sie unaufhörlich zu Gott. Beten Sie, während Sie eine Straße in den Wald hineintreiben, Kabel verlegen und sich auf Ihrem Bulldozer zwischen den Bäumen hindurchzwängen. Sprechen Sie zu Gott, während Sie den Wald durchstreifen und Baumstämme mit blauen Strichen markieren, und beten Sie auch, wenn Sie mit den Holzspänen und den zersägten Stämmen handeln und wenn Sie freitags die Lohnzettel schreiben und die Dieselrechnung bezahlen – beten Sie, und wenn es nur ein kaum hörbares Wispern Ihrer Lippen ist. Wenn Sie die Axt oder die Motorsäge nehmen und damit grob einen Baum nach dem anderen zu Fall bringen, dann rate ich Ihnen, beten Sie besonders inständig zu Gott. Und beten Sie auch, wenn Sie die Bäume wegschleifen. Gott liebt es nicht, wenn seine Wälder gefällt werden. Dies lässt sein Herz erkalten und vor Schmerz zusammenzucken. Verwundert fragt er sich, was mit seiner Schöpfung geschehen ist, wodurch sein Kind verdorben wurde.«[4]

Auch einige römisch-katholische Diözesen und jüdische Synagogen haben sich aktiv der Umweltschutzbewegung angeschlossen.[5] Die Religious Campaign for Forest Conservation wurde im Jahr 2000 als konfessionsübergreifende Interessengruppe jüdischer und christlicher Umweltschützer gegründet, mit dem Ziel, gemeinsam für den Schutz der Wälder einzutreten. Ihre Mitglieder vertreten die Ansicht, dass alle Aktivitäten, die die natürliche Umwelt zerstören, Ungerechtigkeit und wirtschaftliche Ungleichheit fördern. Sie halten sie darüber hinaus für »ein beklagenswertes Zeichen des spirituellen Bankrotts, da sie Gott verleugnen und den Niedergang der menschlichen Gesellschaft herbeiführen«.[6]

Ich erinnere mich an eine Veranstaltung im Herbst 1986. Ein Ausschuss der römisch-katholischen Bischöfe in den Vereinigten Staaten lud mich zu einer Diskussion über das Verhältnis zwischen Wissenschaft und Religion ein. An der zweitägigen Veranstaltung in der Nähe von Detroit nahmen außer mir noch drei andere Wissenschaftler und eine Gruppe katholischer Laientheologen teil. Ein Theologieprofessor meinte im Laufe der Diskussion: »Mit Thomas von Aquin verschwand die Wissenschaft aus der Kirche, und wir haben sie nie zurückgeholt.« Die Zeiten haben sich geändert. Am Ende unserer breit gefächerten und freimütigen Diskussionen erstellten die Bischöfe eine Liste von Themen, die im Anschluss an die Konferenz vertieft werden sollten. An zweitoberster Stelle standen Umwelt und Naturschutz.

Bei einer späteren Gelegenheit, die ebenfalls symptomatisch für den Trend zu einem moralischen Konsens ist, wurde ich von meinem Freund Bruce Babbitt, der unter Präsident Clinton das Amt des Innenministers bekleidete, eingeladen, mit ihm, einem anderen Wissenschaftler sowie einigen führenden Geistlichen über unsere jeweilige Rolle im Umweltschutz zu diskutieren. Die Atmosphäre war überaus konstruktiv, ja fast schon konspirativ. Zum Abschluss der Diskussion resümierte Babbitt, wenn es gelänge, die zwei mächtigsten Kräfte in Amerika – Religion und Wissenschaft – zu einer gemeinsamen Position im Umweltschutz zu bewegen, so wären die Umweltprobleme Amerikas schnell gelöst.

Eine solche Zusammenarbeit ist machbar. Ich denke oft, dass die Wertvorstellungen, die religiös ebenso wie weltlich orientierte Menschen mit der Umwelt verbinden, einer angeborenen Naturverbundenheit entspringen. Sie verspüren dasselbe Mitgefühl für Tiere, reagieren mit derselben ästhetischen Faszination auf Blumen und Vögel und empfinden dieselbe Ehrfurcht vor den Geheimnissen einer ursprünglichen Wildnis. Natürlich unterscheiden sich die weltlichen und geistlichen Denker hinsichtlich ihrer Erklärung des Ursprungs dieser Gefühle. Uneinigkeit besteht auch darüber, welcher letzten Instanz die Beurteilung der ethisch so dringend gebotenen treuhänderischen Bewahrung der Natur obliegen soll. Doch diese epistemologischen Unterschiede, so wichtig sie in anderen Bereichen des öffentlichen Lebens sein mögen, können im Fall der Umwelt getrost vernachlässigt werden. Umfragen zeigen, dass zumindest in den Vereinigten Staaten Menschen aller sozioökonomischen Gruppen und Konfessionen den Umweltschutz befürworten, wenn sie gut informiert sind – und zwar hauptsächlich aus moralischen Gründen. Selbst Umweltsünder zollen der Moral ihren Tribut. Sie versichern uns, dass das Fällen alter Bäume unter bestimmten Umständen dazu beiträgt, Feuerschäden zu vermindern, und auf diese Weise der Natur förderlich ist. Sie beteuern, dass die Folgen der globalen Erwärmung letztlich vielleicht gar nicht so schlimm sind. Und sie geben zu, dass es eine gute Sache ist, Pandabären, Gorillas und Adler unter Naturschutz zu stellen.

Die öffentliche Meinung hat ein solches Maß an Übereinstimmung erreicht, dass die Umweltprobleme nicht länger nur der Anlass, sondern auch die beste Methode sind, um den Naturschutz in der Gesellschaft durchzusetzen. Das Ziel ist erreichbar, mag es auch gewaltige Anstrengungen kosten. In den vergangenen zwei Jahrzehnten haben Wissenschaftler und Umweltschützer eine Strategie entwickelt, die auf den Schutz der meisten noch erhaltenen Ökosysteme und Arten zielt. Die Eckpfeiler dieser Strategie sind:

• Sofortiger Schutz der globalen Hot Spots, der Zentren der biologischen Vielfalt. Diese Ökosysteme beherbergen nicht nur die größte Konzentration einmaliger Arten weltweit, sondern gehören auch zu den am stärksten bedrohten Lebensräumen auf der Welt. Zu den wertvollsten dieser Ökosysteme zu Lande gehören die letzten verbliebenen Reste der Regenwälder auf Hawaii, den Westindischen Inseln, in Ecuador, an der brasilianischen Atlantikküste, in Westafrika, auf Madagaskar, den Philippinen, in Indochina und Indien. Sie umfassen außerdem die Buschlandschaften mediterranen Klimas in Süfafrika, Südwestaustralien und Südkalifornien. Fünfundzwanzig dieser besonderen Ökosysteme bedecken nur 1,4 Prozent der Landoberfläche der Erde, dies entspricht der Fläche von Texas und Alaska zusammengenommen. Trotzdem sind sie die letzte Heimat für 43,8 Prozent aller bekannten Gefäßpflanzen und 35,6 Prozent der bekannten Säugetiere, Vögel, Reptilien und Amphibien – ein stattlicher Teil der globalen Artenvielfalt. In der Vergangenheit sind diese 25 Hot Spots durch Rodung und Erschließung bereits um 88 Prozent ihrer ursprünglichen Fläche reduziert worden; einige von ihnen könnten innerhalb weniger Jahrzehnte völlig ausgelöscht werden, wenn diesen Eingriffen nicht Einhalt geboten wird.[7]

- Schutz der verbliebenen Urwälder, die als die letzten ursprünglichen Wildnisgebiete einen weiteren großen Teil der Artenvielfalt beheimaten. Es handelt sich um die Regenwälder im Amazonasbecken und im Bergland von Guyana, im Kongo und in Neuguinea sowie um die borealen (gemäßigten) Nadelwälder Kanadas, Alaskas, Russlands, Finnlands und Skandinaviens.
- Kein weiteres Abholzen alter Waldbestände. Der Verlust oder die Schädigung solcher Primärwälder muss mit einer schwindenden biologischen Vielfalt teuer bezahlt werden, besonders in den tropischen Wäldern. Geradezu katastrophale Auswirkungen hat der Kahlschlag in den bewaldeten Hot Spots. Gleichzeitig muss den heimischen Sekundärwäldern Zeit gegeben werden, sich zu erneuern. Es ist an der Zeit, dass die Holz verarbeitende Industrie auf Bäume aus Plantagenwirtschaft ausweicht. Die Produktion von Nutzholz und Zellstoff sollte in Baumplantagen auf bereits erschlossenem Land mit größtmöglicher Effizienz und Produktivität unter Verwendung qualitativ hochwertiger und schnellwüchsiger Arten durchgeführt werden. Zu diesem Zweck wäre es nützlich, eine internationale Vereinbarung ähnlich den Abkommen von Montreal und Kyoto zu treffen, die die weitere Zerstörung von alten Waldbeständen verbietet und damit für die Holz verarbeitende Industrie weltweit einheitliche Bedingungen schafft.
- Stärkere Berücksichtigung der Seen und Flüsse weltweit. Sie gehören auch außerhalb der Hot Spots und der letzten ursprünglichen Wildnisgebiete zu den bedrohtesten Ökosystemen überhaupt. Besonders in den Gewässern der tropischen und der gemäßigt warmen Gebiete ist die Zahl der bedrohten Arten pro Flächeneinheit so hoch wie in keinem anderen Lebensraum.
- Bestimmung der artenreichsten und am stärksten gefährdeten Meeresökosysteme der Welt. Diese Gebiete sind mit derselben Priorität zu behandeln wie die auf dem Land befindlichen Hot Spots. An erster Stelle sind hier zweifellos die Korallenriffe zu nennen, die mit ihrem extrem hohen Artenreichtum die Regenwälder der Meere darstellen. Mehr als die Hälfte der Korallen-

riffe auf der Welt haben durch Übernutzung und steigende Temperaturen kritische Schäden erlitten, darunter die Korallenriffe der Malediven sowie ein Teil der Riffe der Karibik und der Philippinen.

- Vollständige Erfassung des Artenreichtums der Welt, um größtmögliche Kosteneffizienz und Wirksamkeit der Naturschutzmaßnahmen zu gewährleisten. Wissenschaftler schätzen, dass mindestens 10 Prozent der Blütenpflanzen, ein Großteil der Tiere und eine unüberschaubare Anzahl von Mikroorganismen noch unentdeckt sind und folglich keine Informationen über ihre Gefährdung vorliegen. Mit der zunehmenden Erfassung aller Arten entsteht eine biologische Enzyklopädie, die nicht nur dem Naturschutz, sondern auch Wissenschaft, Industrie, Landwirtschaft und Medizin wertvolle Dienste leisten wird. Die erweiterte und vervollständigte Weltkarte der biologischen Vielfalt wird das Instrument sein, das die Teilgebiete der Biologie miteinander vereint.

- Einbeziehung der gesamten Bandbreite globaler Ökosysteme in eine weltweite Naturschutzstrategie. Der Naturschutz darf sich nicht nur auf die artenreichsten Lebensräume wie tropische Wälder und Korallenriffe erstrecken, sondern er muss auch die Wüsten und arktischen Tundren einbeziehen, deren seltene und anspruchslose Lebensformen nicht minder einmalig und schützenswert sind.

- Naturschutz muss profitabel sein. Es müssen Wege gefunden werden, um das Einkommen jener Menschen, die in oder am Rand von Naturschutzgebieten leben, zu erhöhen. Man muss dafür sorgen, dass sie ein Eigeninteresse an der Erhaltung der natürlichen Umwelt haben, und man muss sie beruflich in die Schutzbemühungen einbinden. Die Produktivität der bereits in Acker- und Weideland umgewandelten Landflächen in der Nähe von Schutzzonen muss gesteigert werden, während gleichzeitig die Sicherheitsmaßnahmen im Umkreis der Schutzgebiete zu verschärfen sind. Auch in den Naturreservaten selbst können Einnahmequellen erschlossen werden. Man muss die Regierungen, besonders in den Entwicklungsländern, davon überzeugen, dass mit Ökotourismus, Bioprospecting sowie mit dem Handel von Emissionsrechten langfristig mehr Einnahmen zu erzielen sind als aus der Rodung und landwirtschaftlichen Nutzung derselben Landfläche.

- Effizientere Nutzung der biologischen Vielfalt zu Gunsten der gesamten Weltwirtschaft. Dazu gehört Erweiterung der Feldforschung und biotechnologischer Labormethoden zur Entwicklung neuer Anbausorten, Viehzüchtungen, Fischkulturen, Zuchthölzer, Arzneimittel sowie medizinisch und biologisch wirksamer Bakterien. Wenn sich gentechnisch veränderte Anbausorten nach sorgfältiger, strenger Prüfung ihrer ernährungstechnischen und ökologischen Sicherheit, wie in Kapitel 5 dargelegt, als unbedenklich erweisen, sollten sie Verwendung finden. Sie können nicht nur dazu beitragen, den Hunger in der Welt zu bekämpfen, sondern auch den Druck auf die natürliche Umwelt und die darin enthaltene Artenvielfalt zu verringern.

- Initiierung von Projekten zur Wiederherstellung natürlicher Lebensräume. Gegenwärtig sind ungefähr 10 Prozent der Landfläche der Erde auf dem Papier als Schutzgebiete ausgewiesen. Selbst wenn die Einhaltung der Schutzmaßnahmen rigoros überwacht würde, reicht diese Fläche nicht aus, um mehr als nur einen bescheidenen Bruchteil der wild lebenden Arten zu retten. Ein Großteil der Pflanzen- und Tierarten kommt nur noch in so kleinen Populationen vor, dass ihr Überleben fraglich ist. Jedes kleine Gebiet, das den Schutzzonen hinzugefügt wird, trägt dazu bei, dass mehr Arten den durch Überbevölkerung und Entwicklung ausgelösten Engpass unbeschadet überstehen – zum Nutzen künftiger Generationen. Auf lange Sicht sollte ein höheres Ziel angestrebt werden, und je früher dies geschieht, desto besser. Auf die Gefahr hin, als Extremist angesehen zu werden – der ich in Fragen des Naturschutzes zugegebenermaßen bin –, schlage ich 50 Prozent vor. Die Hälfte der Erde für die Menschheit, die andere Hälfte für die übrigen Lebensformen. Auf diese Weise stellen wir sicher, dass die Erde ihre natürliche Fähigkeit zur Regeneration behält und weiterhin lebenswert bleibt.

- Erhöhung der Kapazität zoologischer und botanischer Gärten zur Durchführung von Zuchtprogrammen für bedrohte Arten – eine Aufgabe, der sich die meisten zoologischen und botanischen Gärten bereits widmen. Auch das Klonen von Arten ist in Erwägung zu ziehen, wenn alle anderen Erhaltungsversuche scheitern. Weitere Maßnahmen bestehen im Ausbau existierender Samen- und Sporenbanken und in der Schaffung von Lagern zur Aufbewahrung tiefgekühlter Embryonen und Gewebeproben. Allerdings sind solche Maßnahmen kostenintensiv und können bestenfalls als Ergänzung dienen. Darüber hinaus sind sie für die große Mehrheit der Arten ungeeignet, insbesondere für die zahllosen Protisten, Bakterien, Archaebakterien, Pilze, Insekten und anderen Wirbellosen, die die Grundlage der Biosphäre bilden. Und selbst wenn es mit gewaltigem Aufwand irgendwie gelänge, diese Arten ebenfalls künstlich zu lagern, wäre es später dennoch praktisch unmöglich, sie wieder zu lebensfähigen Ökosystemen zusammenzufügen. Die einzig sichere und auch billigste Methode zur Rettung der Arten – und allem Anschein nach auch die gesündeste – besteht darin, ihre Lebensräume, die natürlichen Ökosysteme, zu erhalten.

- Förderung von Maßnahmen zur Bremsung des Bevölkerungswachstums. Die Menschheit sollte überall auf der Welt angeleitet werden, nach einer Verringerung ihrer Biomasse und einer Verkleinerung ihres ökologischen Fußabdrucks zu streben. Die Folge wäre eine sicherere und bessere menschliche Zukunftsperspektive und eine florierende Artenvielfalt um uns herum.[8]

Die Erde hat noch genügend Ressourcen und der menschliche Geist genügend Erfindungsreichtum, um nicht nur die Welternährung zum jetzigen Zeitpunkt sicherzustellen, sondern auch eine Steigerung des Lebensstandards für eine wachsende Bevölkerung bis mindestens zur Mitte des 21. Jahrhunderts zu ermöglichen. Auch der Großteil der noch überlebenden Ökosysteme und Arten kann geschützt werden. Von diesen beiden Zielen, dem humanitären und dem ökologischen, ist das letztere das weitaus billigere. Schon ein Tausendstel des gegenwärtigen weltweiten Inlandsprodukts von rund 30 Billionen Dollar würde zur Verwirklichung eines globalen Umwelt- und Naturschutzes weitgehend ausreichen. Der Schutz und die Pflege der bestehenden Naturschutzgebiete der Welt, ein wichtiges Schlüsselelement in der Gesamtstrategie, könnten bereits mit einer Kaffeesteuer von einem Cent pro Tasse finanziert werden.[9]

Ob und wie schnell die Bemühungen um die globale Erhaltung der Umwelt Früchte tragen werden, hängt davon ab, wie sich die Zusammenarbeit zwischen den drei weltlichen Eckpfeilern einer zivilisierten Gesellschaft – Regierung, privater Sektor sowie Wissenschaft und Technik – gestaltet.

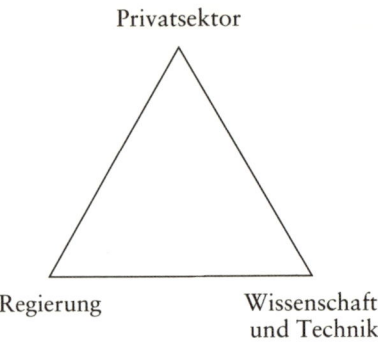

Privatsektor

Regierung   Wissenschaft
und Technik

Die Regierungen entwerfen Gesetze und Ausführungsbestimmungen, die – sofern sie ethischen Grundsätzen entsprechen – den Regierten langfristig nutzen. Sie behandeln die Umwelt als ein öffentliches Gut, das ihnen zur treuhänderischen Bewahrung anvertraut wurde. Darüber hinaus sind sie in internationale Verträge eingebunden, die den globalen Schutz der Umwelt zum Ziel haben. Dazu gehören zum Beispiel die 1982 geschlossene Konvention der Vereinten Nationen über das Seerecht, das 1987 verabschiedete Protokoll von Montreal über Produktionsbeschränkungen und später -verbote für Chemikalien, die zu einem Abbau der Ozonschicht führen, sowie die 1992 im Rahmen des Umweltgipfels von Rio geschlossene Konvention über die biologische Vielfalt. Der private Sektor, der innerhalb der von der Regierung in Erfüllung ihrer treuhänderischen Aufgaben definierten Grenzen tätig ist, ist die Triebkraft der Gesellschaft. Eine starke Wirtschaft steigert die materielle Lebensqualität und erlaubt es der Bevölkerung, sich in allen ihr wichtig erscheinenden Bereichen zu betätigen, so auch in der Umwelt. Sie fördert die Weiterentwicklung von Wissenschaft und Technik und ermöglicht es uns auf diese Weise, zu einem tieferen Verständnis der Welt zu gelangen und unser Leben selbst zu steuern. Das wiederum schafft die Voraussetzungen für ein erfülltes Leben.

Die enge Verknüpfung dieser drei Schlüsselbereiche ist für den globalen Naturschutz unabdingbar. Die Entwicklungen, die sich hier abzeichnen, sind ermutigend. Unzählige private und öffentlich unterstützte Institutionen engagieren sich in Umweltinitiativen, die vor zwanzig Jahren unvorstellbar waren. Die in der Vergangenheit eher schwache öffentliche Unterstützung des Umweltschutzes nimmt überall auf der Welt deutlich zu. Unter den Entwicklungsländern verfolgen Mexiko, Ecuador, Brasilien, Papua-Neuguinea und Madagaskar bereits nationale Programme zur Erhaltung ihrer am stärksten bedrohten natürlichen Lebensräume.

Eine Vorreiterrolle in der globalen Umweltschutzbewegung nehmen die Nichtregierungsorganisationen (Nongovernmental Organizations, NGOs) ein. Ihre Größe variiert beträchtlich von vergleichsweise großen Organisationen wie Conservation International, Wildlife Conservation Society oder World Wide Fund for Nature bis hin zu viel kleineren, spezialisierten Gruppen, für die ich stellvertretend folgende kleine Auswahl nennen will: Seacology Foundation (Inseln), Ecotrust (gemäßigte Regenwälder Nordamerikas), Xerces Society (Insekten und andere Wirbellose), Bat Conservation International (Fledermäuse) und Balikpapan Orangutan Society (Orang-Utans).[10] Im Jahr 1956 verzeichnete die Union of International Organizations 985 Nichtregierungsorganisationen, die sich humanitären und/oder ökologischen Zielen widmeten. Bis 1996 war ihre Zahl auf mehr als 20 000 angestiegen.[11] Die Mitgliederzahl und die Zusammenarbeit nahmen in diesem Zeitraum kontinuierlich zu, ein Trend, der heute durch die Nutzung des Internets für Werbung und Kommunikation noch verstärkt wird. Ende der neunziger Jahre war jeder zwanzigste Amerikaner zahlendes Mitglied einer Umweltschutzorganisation, während in Dänemark sogar auf jeden Bürger mehr als eine Mitgliedschaft entfiel.[12] In den Verwaltungsräten und Beratungsausschüssen sitzen Wissenschaftler, Führungskräfte aus der Wirtschaft, private Investoren, Medienstars und andere private Bürger, die sich der Sache des Umweltschutzes verpflichtet fühlen.

Der rasche Aufstieg der Nichtregierungsorganisationen spiegelt die in der globalen Umweltschutzbewegung verbreitete Auffassung wider, dass die Zerstörung der Umwelt ein kritisches Maß erreicht hat. Wie in einer verzweifelten Schlacht, in der ein Rückzug außer Frage steht, ist die Bereitschaft groß, neue Strategien auszuprobieren. Die Führung übernehmen jene, die zur Entwicklung solcher neuen Strategien in der Lage sind. Die Regierungen zeichnen sich dabei in der Regel durch eine zögerliche, ja geradezu lethargische Haltung aus. Sie werden von den Aufgaben der militärischen Verteidigung, der politischen Allianzen und der Wirtschaft so stark beansprucht, dass sie sich mit der Zerstörung der Natur nicht wirksam auseinander setzen können. Die Öffentlichkeit sorgt sich zwar um die Natur, doch denkt sie dabei vor allem an die Umweltverschmutzung und den Klimawandel. Obwohl sich die meisten Menschen in den wohlhabenderen Industrieländern für einen Umweltschutz in ihren Ländern einsetzen, kümmern sie sich kaum um die schwindende biologische Vielfalt in den Entwicklungsländern, wo die Verluste am größten sind. Der Gedanke, Steuergelder für Naturschutzgebiete in Peru oder Vietnam auszugeben, liegt den meisten Menschen so fern, dass sie ihn überhaupt nicht ernst nehmen.

Diese Lücke haben die internationalen Nichtregierungsorganisationen, denen zunehmend finanzielle Mittel zur Verfügung stehen, geschlossen. Obwohl Mitgliedsbeiträge und Spenden von wesentlicher Bedeutung für die Finanzierung der NGOs sind, wird ein unverhältnismäßig großer Teil von wenigen wohlhabenden Bürgern und den Unternehmen, die sie leiten, aufgebracht. Die zweihundert reichsten Unternehmen der Welt bilden ein Imperium, dessen Kapital dem Vermögen der ärmsten 80 Prozent der Weltbevölkerung entspricht.[13] Ihre Manager und Hauptaktionäre sitzen an den Schalthebeln der wirtschaftlichen und politischen Macht und haben vermutlich die erforderliche Bildung und das nötige Bewusstsein, um die ökologische und humanitäre Notwendigkeit eines globalen Umweltschutzes zu begreifen. Angezogen von charismatischen Führungspersönlichkeiten innerhalb der Nichtregierungsorganisationen, setzen immer mehr Führungskräfte aus der Wirtschaft ihr Vermögen und ihre Zeit für den Umweltschutz ein.

Eine der bekanntesten Nichtregierungsorganisationen, die von den regelmäßigen Beiträgen ihrer Mitglieder ebenso wie von großzügigen Spenden einzelner Personen profitiert, ist die amerikanische Naturschutzorganisation World Wildlife Fund.* Als Mitglied des Direktoriums war es mir von 1984 bis 1994 vergönnt, aus unmittelbarer Nähe mitzuerleben, wie die ihr zur Verfügung stehen-

---

* Der World Wildlife Fund ist der amerikanische Ableger der internationalen Naturschutzorganisation World Wide Fund for Nature (früher World Wildlife Fund International), die ihren Sitz im schweizerischen Gland hat. Beide Organisationen benutzen das Akronym WWF (das leider auch von der World Wrestling Federation, dem Weltverband der Ringer, beansprucht wird), und beide benutzen den bekannten stilisierten Panda als Logo. Der World Wildlife Fund ist die größte nationale Tochterorganisation des World Wide Fund for Nature. Insgesamt beschäftigen die nationalen Partnerorganisationen mehr als 3000 Angestellte. Die Einnahmen aller nationalen Organisationen belaufen sich auf mehr als 300 Millionen Dollar.

den Geldmittel und ihr Einfluss wuchsen. Die Mitgliederzahl verzehnfachte sich in diesem Zeitraum von ungefähr 100 000 auf über eine Million, wo sie sich einpendelte, denn durch die immer größere Zahl konkurrierender Organisationen ist der Markt allmählich gesättigt. Gleichzeitig vollzog sich ein tief greifender Wandel im Selbstverständnis und in der Arbeitsweise des World Wildlife Fund und anderer großer Naturschutzorganisationen. Anfang der achtziger Jahre konzentrierte sich der WWF auf die in Fachkreisen als charismatisch bezeichneten Arten der Megafauna – Pandabären, Nashörner, Wildkatzen, Bären, Adler und andere markante große Tiere sowie auf die von ihnen benötigten Lebensräume. Der Grund dafür war vorwiegend ästhetischer Natur – vergleichbar dem Wunsch, historische Gebäude und landschaftliche Schönheit zu bewahren. Bald wandelte sich die Perspektive des WWF jedoch radikal. Zunehmend rückten ganze Ökosysteme in den Mittelpunkt der Aufmerksamkeit – und zwar nicht nur solche, in denen charismatische Tiere beheimatet waren, sondern auch weniger bekannte, wenn sie Lebensraum für eine nennenswerte Anzahl bedrohter Arten boten. Der World Wildlife Fund vergaß zwar nie die Pandabären, Tiger und anderen symbolträchtigen Tiere seiner Anfangszeit, doch weitete er seinen Kreuzzug kontinuierlich aus, bis er schließlich die gesamte bedrohte Artenvielfalt der Erde einschloss.

Eine weitere Veränderung, die sich innerhalb des WWF vollzog, bestand darin, die – zum großen Teil verarmten – Menschen, die in oder in der Nähe von schützenswerten Ökosystemen leben, als Partner in die Schutzbemühungen einzubeziehen. Dies hatte nicht nur humanitäre Gründe, sondern diente auch der Erhaltung der biologischen Vielfalt, denn schließlich liegt es auf der Hand, dass man von niemandem erwarten kann, Schutzgebiete zu schonen, wenn er zur Deckung lebenswichtiger Bedürfnisse wie Nahrung und Brennstoff auf sie angewiesen ist. Ein abgezäuntes und bewachtes Waldstück stellt einen grausamen Affront für die ausgesperrten hungrigen Menschen dar und lässt sich auch langfristig nicht aufrechterhalten. Der Journalist François Bikoro aus Kamerun brachte dies klar zum Ausdruck, als er auf Versuche der Weltbank und des World Wide Fund for Nature, die Abholzung in den zentralafrikanischen Regenwäldern zu stoppen, wie folgt Stellung nahm: »Ihr habt Eure Umwelt zerstört, um Eure Entwicklung voranzutreiben. Nun wollt Ihr uns davon abhalten, dasselbe zu tun.

Was haben wir davon? Ihr habt Fernseher und Autos, aber keine Bäume. Die Menschen wollen wissen, welchen Nutzen sie davon haben, wenn sie den Wald erhalten.« Dem hielt Claude Martin, Generaldirektor des World Wide Fund for Nature, das größere Gesamtbild entgegen: Wenn der Regenwald erst verschwunden ist – was bei der gegenwärtigen Abholzungsrate ungefähr um das Jahr 2020 der Fall sein dürfte –, wird es keine Jobs mehr geben.[14] Das bereits abgeholzte Land in der Region ist überwiegend verlassen, und die dort herrschende Armut ist größer als jemals zuvor. Aber Menschen, die ihre Familien zu ernähren haben, sehen nicht das Gesamtbild, und eine rein am Naturschutz orientierte Politik geht an ihren Bedürfnissen vorbei.

Aus diesem Grund erweiterten der WWF und andere Organisationen ihre Ziele um das Folgende: Entwicklung einer Strategie zur Unterstützung und Förderung von Schutzgebieten, um aus ihnen ein wirtschaftliches Guthaben zu machen. Zu den entsprechenden Maßnahmen gehören partnerschaftliche Einbeziehung der Bewohner der Region, Schaffung von Anreizen für den verantwortungsvollen Umgang mit dem Reservat, Ausbildung zu Naturführern und Experten der einheimischen Flora und Fauna. Und nicht zuletzt: Überzeugung der Regierung, dass die Schutzgebiete ein wertvolles nationales Erbe und eine wichtige Einkommensquelle sind.

Bei der Planung globaler Strategien erkannten der WWF und andere Nichtregierungsorganisationen außerdem, dass es zur Rettung ganzer Ökosysteme erforderlich ist, umfassende wissenschaftliche Kenntnisse über sie zu besitzen: Welches sind die artenreichsten und zugleich die am stärksten gefährdeten Lebensräume? Welche Fläche ist mindestens notwendig, um sie zu erhalten? Wie wirken sich physikalische Störungen aus, und welche Wirkung haben invasive Arten? Was ist mit den Menschen, die in der Nähe der Schutzgebiete leben, den künftigen Partnern beim Umweltschutz? Unter welchen wirtschaftlichen und politischen Bedingungen leben sie? Welche Sitten und Gebräuche haben sie? Wie stehen sie zur Umwelt? Haben sie besondere Bedürfnisse? Der WWF reagiert darauf mit der Gründung eines eigenen Forschungsprogramms, dessen Experten mit den WWF-Regionalbüros bei der Auswahl und Betreuung der Projekte eng zusammenarbeiten. Die Organisation The Nature Conservancy (TNC) rief das Natural Heritage Program ins Leben mit dem Ziel, zunächst alle Tier- und Pflanzenarten in den Vereinigten Staaten zu erfassen und später – im Rahmen der unabhängigen Association for Biodiversity Information – alle bedrohten Arten der westlichen Hemisphäre. Conservation International initiierte das Rapid Assessment Program, um die Kartierung der weniger bekannten Hot Spot- und Wildnisgebiete voranzutreiben, und gründete in einem weiteren Schritt das Center for Applied Biodiversity Sciences (CABS), um die eigene Forschung – von der Systematik über die Ökologie und Ökonomie bis hin zur Anthropologie – zu unterstützen. Das CABS förderte darüber hinaus eine beispiellose Zusammenarbeit innerhalb der wissenschaftlichen Gemeinschaft, indem es nicht nur bereitwillig seine Daten zur Verfügung stellte, sondern auch die Hälfte der ihm zur Verfügung stehenden Projektmittel in die Zusammenarbeit mit anderen Organisationen steckte. Die Finanzierung solcher gemeinsamen Projekte hat nicht nur die Effektivität, sondern auch die Glaubwürdigkeit der Naturschutzforschung erhöht.

Alle größeren Naturschutzorganisationen sind auf ähnliche Weise entstanden und haben ein kräftiges Wachstum erlebt. Im Jahr 1999 konnten die sechs größten in den USA ansässigen Organisationen folgende Mitgliederzahlen verzeichnen:

World Wildlife Fund	1 200 000
The Nature Conservancy	1 021 000
National Wildlife Federation	835 000
Sierra Club	392 000
National Parks Conservation Association	390 000
National Audubon Society	385 000[15]

Das Budget dieser Organisationen – zusammen mit dem von Conservation International, die zwar weniger Mitglieder hat, sich dafür aber auf einen Kreis wohlhabenderer Sponsoren verlassen kann – lag zwischen 50 und 100 Millionen Dollar jährlich. In dem Bemühen, diesen Finanzrahmen zu erhöhen, lancierte The Nature Conservancy im März 2000 eine auf drei Jahre angelegte Kampagne mit dem Ziel, eine Milliarde Dollar für den Erwerb von Naturschutzgebieten aufzubringen. Mit diesem Geld sollen zweihundert der wertvollsten natürlichen Lebensräume in den Vereinigten Staaten und weltweit erhalten und bereits bestehende Schutzgebiete verbessert werden.[16] Dass TNC dazu befähigt ist, beweisen ihre bisherigen Leistungen: Von 1998 bis 1999 konnte TNC durch Schenkungen und Käufe insgesamt 360 000 Hektar (3600 Quadratkilometer) ökologisch wertvoller Landflächen in den USA erwerben. Damit erhöhte sich die Fläche der seit der Gründung von TNC vor 48 Jahren in ihrer Obhut befindlichen Naturschutzgebiete auf rund 46 000 Quadratkilometer – das entspricht in etwa der Fläche der Schweiz.[17] Conservation International erhielt im Jahr 2001 eine Spende über 52,8 Millionen Dollar von der Gordon E. and Betty I. Moore Foundation, um die Forschung in tropischen Wildnisgebieten und Hot Spots zu verstärken und die Schutzgebiete auszuweiten. Auch der World Wildlife Fund hat sein Spendenaufkommen erhöht, da immer mehr auf dem Spiel steht. 1997 lud der brasilianische Präsident Fernando Henrique Cardoso den WWF ein, an der Planung und Finanzierung der Verwaltung eines neuen Parksystems mitzuwirken, das sich über rund 400 000 Quadratkilometer oder 10 Prozent der Gesamtfläche des Amazonasgebiets erstrecken soll, eine Fläche, die größer ist als Kalifornien. Die Kosten für die langfristige Erhaltung des Parksystems belaufen sich auf 270 Millionen Dollar. Holzschlag und Bergbau sollen verboten werden, während Jagd und Fischfang nur den Ureinwohnern gestattet sein sollen. Das Projekt wurde im Jahr 2001 gestartet und soll über einen Zeitraum von zehn Jahren stufenweise erweitert werden, wobei die Finanzierung hauptsächlich über internationale Hilfs- und Kreditorganisationen erfolgt.[18]

In den siebziger Jahren, als ich mich einer kleinen Gruppe von Wissenschaftlern anschloss, die sich aktiv in der Umwelt- und Naturschutzbewegung engagierten – darunter Paul Ehrlich, Thomas Lovejoy, Norman Myers, Peter Raven und George Schaller –, kam den Nichtregierungsorganisationen, die wir berieten, noch die Rolle von Predigern und Bittstellern zu. Sie wiesen auf die in bedrohlichem Maße schwindende Fauna und Flora der Welt hin. Sie machten Bestandsaufnahmen und beschrieben viele der bedrohten Arten – eine Aufgabe, die mit besonderer Kompetenz von der International Union for Conservation of Nature and Natural Resources (IUCN) und den von ihr geführten Roten Listen erfüllt wurde. (Heute ist die Organisation offiziell unter dem Namen World Conservation Union oder Weltnaturschutzunion bekannt.) Die frühen Naturschutzgruppen betrieben einzelne Kampagnen, so gut dies ihre beschränkten finanziellen Mittel erlaubten. Am erfolgreichsten waren sie immer dann, wenn es um Pandabären, Tiger und andere charismatische Arten ging. Mit ihrem Einsatz für den Schutz der biologischen Vielfalt mussten sie sich gegen Skepsis und Gleichgültigkeit durchsetzen. Mich hat es stets erbittert, die biologische Vielfalt wie in einer Gerichtsverhandlung verteidigen und um ihre Schonung bitten zu müssen. Und besonders ärgert es mich, wenn ich gelegentlich in meinem eigenen Land dazu gezwungen bin, diese Rolle zu übernehmen.

In der Anfangszeit der globalen Naturschutzbewegung schien die Zerstörung der natürlichen Lebensräume und der in ihnen lebenden Arten ein schier unaufhaltsamer Prozess zu sein. Damals wie heute sind die tropischen Wälder, in denen die meisten Pflanzen- und Tierarten der Erde leben, am stärksten von der anhaltenden Zerstörung betroffen. Von Beginn an stand fest, dass der Kampf um die Rettung der biologischen Vielfalt in den Wäldern entschieden werden wird. In den siebziger Jahren, als wir erstmals eine vorsichtige Bestandsaufnahme machten, war die Hälfte der ursprünglichen Wälder bereits verschwunden, und die Entwaldung schritt weltweit mit einer jährlichen Rate von ein bis zwei Prozent der noch intakten Walddecke voran. Bis zum Jahr 2000 schien sich dieser Rückgang auf knapp 137 000 Quadratkilometer pro Jahr verlangsamt zu haben, was einer Entwaldungsrate von weniger als einem Prozent der noch verbliebenen Walddecke von 14 Millionen Quadratkilometern entspricht. Es besteht jedoch kein Grund zu voreiligem Optimismus, denn der Rückgang ist zum Teil darauf zurückzuführen, dass für die Abholzung leicht zugängliche Waldgebiete zunehmend knapper werden. In manchen Regenwäldern, wie zum Beispiel in Teilen Indonesiens und West- und Zentralafrikas, steigt die Verlustrate weiter. Auch die reichen Laub- und Nadelwälder Westchinas und der Südhänge des Himalayas sind stark gefährdet. Nepal, das einst über eine reiche Walddecke verfügte, ist heute weitgehend kahl.

In den neunziger Jahren verfügten die größeren der weltweit agierenden Nichtregierungsorganisationen bereits über genügend Einfluss und Geldmittel, um selbst konkrete Maßnahmen zur Rettung von Wäldern und bedrohten natürlichen Lebensräumen zu ergreifen. In Verhandlungen mit Vertretern von Wirtschaft und Politik schufen sie Partnerschaften mit Unternehmen, Regierungen und internationalen Kredit- und Hilfsorganisationen, um die Verwirklichung ihrer großräumigen Ziele voranzutreiben.

Die Nichtregierungsorganisationen wurden außerdem erfindungsreicher. Sie erkannten, dass die Fläche der geschützten Land-

und Küstenwassergebiete bei weitem nicht ausreicht, um die gesamte biologische Vielfalt der Welt zu retten. Gleichzeitig stellten sie fest, dass in vielen Teilen der Welt, insbesondere in waldreichen tropischen Ländern mit der höchsten Konzentration an Biodiversität, Schutzgebiete zu vergleichsweise geringen Kosten erweitert oder geschaffen werden können. Diesen Umstand machten sich die Organisationen zu Nutze, um Vereinbarungen zu schließen, die für die jeweiligen Partnerländer in ökologischer wie auch in ökonomischer Hinsicht attraktiv waren. Zu den ersten Neuerungen, die in den achtziger Jahren eingeführt wurden, gehörten die so genannten Debt-for-Nature-Swaps, bei denen Schuldenerlässe als Gegenleistung für Umweltschutzmaßnahmen gewährt werden. Der Gedanke ist bemerkenswert einfach: Man sammelt Geld, um einen Teil der Schuldtitel eines Landes mit einem Abschlag zu erwerben, oder bringt Gläubigerbanken dazu, Schuldtitel zu spenden. Diese Schuldtitel werden dann zu günstigen Bedingungen in heimische Währung umgetauscht und für den Naturschutz eingesetzt, zum Beispiel durch den Erwerb von Land für Schutzgebiete, durch die Finanzierung von Maßnahmen zur Umwelterziehung oder durch die Verbesserung der Verwaltung und Pflege bestehender Schutzgebiete. Dass solche Transaktionen machbar sind, liegt daran, dass so viele Entwicklungsländer kurz vor der Zahlungsunfähigkeit stehen. Anfang der neunziger Jahre waren bereits mehr als zwanzig solcher Vereinbarungen mit Ländern wie Bolivien, Costa Rica, der Dominikanischen Republik, Ecuador, Mexiko, Madagaskar, Sambia, den Philippinen und Polen über einen Wert von insgesamt 110 Millionen Dollar geschlossen worden.

Ende der neunziger Jahre wurde der globale Umweltschutz durch eine Reihe weiterer Initiativen geradezu revolutioniert. Eine der wichtigsten betrifft den Erwerb von Naturschutzkonzessionen, wodurch große Gebiete tropischer Wälder mit einem Schlag vor der Zerstörung bewahrt werden können. Der Umweltökonom Richard Rice sprach von einem »Umweltschutz im Zeitraffertempo«.[19] Eine Konzession ist ein Landnutzungsrecht, das von der Regierung für einen bestimmten Zweck erteilt wird. In der Vergangenheit wurden die meisten solcher Verträge zwischen Entwicklungsländern und großen, meist ausländischen Holzfirmen geschlossen, die sich auf diese Weise die Einschlagrechte sicherten. Diese geschäftliche Praxis schien so profitabel und die Holzindustrie so mächtig zu sein, dass die Zerstörung der Wälder weltweit unabwendbar schien. Wie sich herausgestellt hat, entspricht dies ganz und gar nicht den Tatsachen. Die Gewinnspanne der Holzindustrie ist in den meisten tropischen Ländern so gering, dass die Firmen für die Einschlagrechte nur wenige Dollar pro Hektar Waldfläche bieten können, ein Betrag, der von entschlossenen Umweltschutzorganisationen überboten werden kann.

Die erste Naturschutzkonzession erwarb Conservation International (CI) im Jahr 2000 von Guyana, der einstigen britischen Kolonie an der Nordküste Südamerikas. Guyanas wichtigste Naturgüter, auf die die Nation zu Recht stolz ist, sind seine unberührten Regenwälder im Landesinneren. Gegen eine Zeichnungsgebühr von 20 000 Dollar und eine jährliche Nutzungsgebühr von 0,37 Dollar pro Hektar erwarb Conservation International das Nutzungsrecht für ein Gebiet von 80 000 Hektar im abgelegenen Südosten des Landes. Weitere finanzielle Mittel wurden von CI für die Verwaltung des Naturschutzgebiets bereitgestellt. Die Laufzeit ist zunächst auf drei Jahre festgelegt. Innerhalb dieses Zeitraums wollen die Vertragsparteien über die Nutzungsbedingungen für eine anschließende Laufzeit von 25 Jahren verhandeln. Jagd und Fischfang sollen der indianischen Bevölkerung weiterhin gestattet sein, ebenso eine kleinräumige Landwirtschaft auf dem Niveau, wie sie seit Jahrtausenden dort praktiziert wird.[20]

Guyana profitiert auf vielfältige Weise von dieser Vereinbarung. In finanzieller Hinsicht verdient es daran mindestens ebenso gut wie an der Erteilung einer Konzession für den Holzeinschlag. Gleichzeitig bewahrt es jedoch seine reiche natürliche Umwelt und gewinnt Zeit, um weitere Einkommensquellen aus einer nachhaltigen Nutzung der Natur zu erschließen – beispielsweise durch einen umweltverträglichen Tourismus oder die Suche nach nützlichen Pflanzenprodukten. Möglicherweise kann Guyana eines Tages sogar Gutschriften für die dank seiner intakten Wälder erzielten Kohlenstoffreduktionen verkaufen. Der Handel mit Emissionsrechten wird vom Protokoll der Klimakonferenz von Kyoto als ein Mittel zur Reduktion der Emission von Kohlenstoffdioxid und anderen Treibhausgasen in die Erdatmosphäre vorgesehen. Dabei können arme Länder allein dadurch Geld verdienen, dass sie ihre Wälder bewahren.

Ermutigt von diesem ersten Erfolg, hat Conservation International Verhandlungen mit Bolivien, Brasilien, Peru, Kambodscha, Indonesien und Madagaskar aufgenommen, um mit ihnen ähnliche Abmachungen wie mit Guyana zu treffen. Zum Zeitpunkt der Entstehung dieses Buches haben alle Länder ihre prinzipielle Bereitschaft signalisiert. Es gibt noch andere Initiativen. So wurde in manchen Fällen ein großräumiger Naturschutz durch den Kauf von Holzeinschlagrechten erzielt. Der Organisation Nature Conservancy gelang es 1998, die Fläche des Noel Kempff Mercado National Park in Boliven zu verdoppeln, indem sie die Rechte für ein angrenzendes Waldgebiet von 650 000 Hektar für zweieinhalb Dollar pro Hektar erwarb. Ein Jahr später erweiterte Conservation International den bolivianischen Madidi National Park um 45 000 Hektar durch den Erwerb der Einschlagrechte für 2,20 Dollar pro Hektar.[21] Beide Vereinbarungen bedeuteten eine große Errungenschaft für den Umweltschutz. Teile der beiden Nationalparks liegen in den tropischen Anden, einer Hochlandregion, die sich von Venezuela westwärts nach Kolumbien und von dort südlich über Ecuador und Peru bis nach Bolivien erstreckt und unzählige isolierte Gebirgskämme und Täler umfasst. Die tropischen Anden bilden vermutlich den artenreichsten Hot Spot der Welt; sie enthalten 40 000 bis 50 000 Pflanzenarten – das entspricht einem Anteil von 15 bis 17 Prozent an der Fauna weltweit –, von denen 20 000 Arten nur dort heimisch sind. Doch der Zustand der Umwelt in dieser Region ist äußerst prekär. Nur ungefähr ein Viertel der ursprünglichen Walddecke ist noch intakt, und selbst dieser kleine Rest schwindet rasch.

Im Jahr 1998 erhielt Surinam, das ehemals niederländische Nachbarland Guyanas, durch Vermittlung von Conservation International eine private Schenkung in Höhe von einer Million Dollar zur Gründung einer Stiftung zur Erhaltung seiner Wälder. Damit begannen die Bemühungen um die Schaffung des zusammenhängenden Central Suriname Nature Reserve, das mit 1,6 Millionen Hektar eines der größten und vermutlich unberührtesten Tropenwaldgebiete der Welt unter Naturschutz ist. Weitere Mittel erhält die Stiftung, die inzwischen von der Regierung formell unter dem Namen Suriname Conservation Foundation eingesetzt wurde, von Conservation International, der Globalen Umweltfazilität, einer 1991 vom Entwicklungsprogramm der Vereinten Nationen ins Leben gerufenen Einrichtung zur Finanzierung von Umweltprojekten, sowie von der United Nations Foundation, einer Organisation, die von dem amerikanischen Unternehmer Ted Turner mit Hilfe privater Sponsoren gegründet wurde. Fünfzehn Millionen Dollar hatten sich die Verwalter der Stiftung als unmittelbares Ziel gesetzt – davon hatte man bis zum Jahr 2001 bereits mehr als die Hälfte eingenommen. Obwohl diese Summe, gemessen an der üblichen Größenordnung internationaler Hilfsgelder, bescheiden ist, geht man davon aus, dass sie durch weitere Spenden und Einkünfte aus einer nachhaltigen Waldbewirtschaftung weiter wachsen wird. Noch bedeutsamer ist, dass sie ausreichte, um die Regierung davon abzuhalten, Konzessionen für den Holzeinschlag zu vergeben, und sie zu überzeugen, ihre noch intakte Wildnis für die Nachwelt zu erhalten. Das Zusammenwirken von Biologie, Wirtschaft und Diplomatie ist ein Abenteuer ganz neuer Art. Um dies an einem Beispiel zu verdeutlichen, folgt hier der Bericht von Russell A. Mittermeier, der als Präsident von Conservation International maßgeblich am Zustandekommen der Surinam-Naturschutzkonzession beteiligt war:

»Surinam besitzt, gemessen an seiner Landfläche, den höchsten Regenwaldanteil von allen Ländern auf der Welt. Mitte der neunziger Jahre wurde es von malaysischen und indonesischen Holzkonglomeraten entdeckt, denen in Südostasien allmählich die Wälder für den Holzschlag ausgingen. Drei Unternehmen versuchten, Konzessionen für drei Millionen Hektar Waldfläche zu erwerben. Um dies zu verhindern, starteten wir eine intensive internationale Medienkampagne und interne Aktionen, die von unserem CI-Surinam-Programm koordiniert wurden. Dieses Programm wird ausschließlich von Surinamern geleitet. Eine Konzession für 150 000 Hektar wurde erteilt, aber die anderen wurden auf Eis gelegt. Die Gefahr war damit jedoch nicht gebannt. Mitte 1997 wurde ein neues Angebot diskutiert, dessen Annahme unmittelbar an das Raleighvallen-Voltzberg Nature Reserve angrenzende Waldgebiete dem Holzschlag preisgegeben hätte. Dies war das wichtigste Naturschutzgebiet des Landes (und außerdem Gegenstand meiner Doktorarbeit, so dass ich ein gewisses persönliches Interesse an der Sache hatte). Wir begannen, verschiedene mögliche Optionen zu diskutieren, wie man sowohl das Naturschutzgebiet als auch das Quellgebiet des unberührten Coppename River, der durch das Gebiet verläuft, dauerhaft schützen könnte. Auf der Karte sahen Ian Bowles und ich, dass man bei einer Erweiterung des Raleighvallen-Schutzgebiets nach Süden zur Einbeziehung des Quellgebiets des Coppename River auf ein weiteres bereits bestehendes Naturschutzgebiet stößt, den Tafelberg. Daraufhin fingen wir an, in größeren Kategorien zu denken, und zogen auch das noch weiter südlich gelegene dritte große Schutzgebiet im Landesinneren in Betracht, das Eilerts de Haan Reserve. Wir entwickelten eine Reihe von Szenarien, wie man diese Gebiete verbinden und den Coppename River schützen könnte, und einigten uns schließlich auf ein Konzept, das vorsah, insgesamt 1,6 Millionen Hektar als Schutzgebiet auszuweisen, was eine Vervierfachung der Fläche aller drei bestehenden Schutzgebiete bedeutete. Ursprünglich hatten wir das Schutzgebiet noch weiter nach Süden ausdehnen wollen, doch als wir die Trio-Indianer zu Rate zogen, mit denen wir seit 15 Jahren zusammenarbeiten, sagten sie uns, dass sie das Gebiet dort beanspruchten.

Im Januar 1998 hatte ich ein Treffen mit Präsident Jules Wijdenbosch und seinem Umweltminister, um mit ihnen über dieses Konzept zu sprechen. Pete [Peter Seligmann, Vorsitzender des Verwaltungsrats von Conservation National] hatte inzwischen, um die Sache ins Rollen zu bringen, einen privaten Geldgeber gefunden, der sich bereit erklärte, eine Million Dollar zur Verfügung zu stellen, so dass ich in der Lage war, der Regierung ein vorläufiges Angebot zu unterbreiten. Ich sagte ihnen, dass wir das Projekt mit einer Million Dollar starten und später weitere Mittel auftreiben würden. Sie forderten mich auf, einen Entwurf auszuarbeiten. Über die nächsten fünf Monate wechselten wir Briefe und unterzeichneten eine gemeinsame Absichtserklärung, und im Juni waren wir soweit, dass wir mit dem Einverständnis der Regierung die Schaffung des Naturschutzgebietes bekannt geben konnten. Dies fand auf einer Pressekonferenz in New York statt, an der CI-Vorstandsmitglied Harrison Ford und als Vertreter Surinams Wim Udenhout, der frühere Botschafter Surinams in den Vereinigten Staaten und damalige Berater des Präsidenten von Surinam, teilnahmen. Mohammed El-Ashry, Geschäftsführender Direktor der Globalen Umweltfazilität (GEF), ließ einen Brief auf der Pressekonferenz verlesen, in dem er ebenfalls seine Unterstüzung des Projekts erklärte. Einen Monat später war die Gründung offiziell vollzogen.

Über die nächsten zwei Jahre arbeiteten wir gemeinsam mit der

GEF die Details ihrer Unterstützung des Projekts aus. Die United Nations Foundation erklärte sich bereit, das Projekt mit 1,7 Millionen Dollar zu fördern. Weitere Mittel erhielten wir von der Goldman Foundation und anderen privaten Geldgebern. Darüber hinaus schlugen wir der UNESCO das Schutzgebiet zur Anerkennung als Weltnaturerbe vor. Daneben begannen wir mit den Vorbereitungen für die Einrichtung eines Vorstands für die Suriname Conservation Foundation, so der Name, den die Surinamer für die Stiftung gewählt hatten. Alles verlief so reibungslos, wie man es sich nur wünschen konnte, und bis November 2000 waren wir so weit, dass wir die Suriname Conservation Foundation offiziell ins Leben rufen konnten. Dies taten wir im November 2000, und es war uns eine besondere Freude, dass genau an dem Tag, an dem wir die erste Sitzung der Suriname Conservation Foundation abhielten, die UNESCO die Aufnahme des Schutzgebietes in die Liste des Weltkultur- und -naturerbes bekannt gab.

In der Zwischenzeit hatte in Surinam ein Regierungswechsel stattgefunden. Die Regierung von Präsident Jules Wijdenbosch, die das Naturschutzgebiet erklärt hatte, war abgewählt worden, und an Wijdenboschs Stelle war Ronald Venetiaan getreten, der auch schon unmittelbar vor Wijdenbosch Präsident gewesen war. Es gab Befürchtungen, er könne versuchen, die von Wijdenbosch eingeleiteten Maßnahmen rückgängig zu machen, doch das passierte nicht. Botschafter Wim Udenhout, der inzwischen das CI-Programm leitete, arbeitete eng mit dem neuen Präsidenten zusammen. Gemeinsam trafen wir im November mit Venetiaan zusammen, und er versicherte uns seiner Unterstützung. Alles scheint also gute Fortschritte zu machen.

Ich glaube, dass wir mit der Einrichtung des Central Suriname Nature Reserve eine Art Rekord aufgestellt haben. Erste Diskussionen fanden im Januar 1998 statt; offiziell verkündet wurde das Schutzgebiet im Juli 1998. Die Aufnahme in die Liste des Weltkultur- und -naturerbes erfolgte im November 2000, und ebenfalls im November 2000 wurde die Stiftung mit einer Anfangsinvestition von acht Millionen Dollar gegründet.«[22]

Die Surinam-Initiative verdeutlicht die dritte und letzte Stufe eines effizienten Umweltschutzes. Die erste besteht in der Schaffung einzelner Schutzgebiete. Heute bemüht man sich besonders darum,

Schutzgebiete mit hoher Artenvielfalt auf dem Land oder in flachen Küstengewässern einzurichten, obwohl sie theoretisch auch im offenen Meer oder auf dem Meeresgrund möglich wären. Schutzgebiete sind der Kern der Umweltschutzpolitik, aber oft zögern sie das Problem nur hinaus. Wenn sie nicht von Anfang an über eine gewisse Größe verfügen, sind sie anfällig für Eingriffe durch den Menschen und das Eindringen fremder Organismen. Selbst wenn sie gut geschützt werden, gleichen sie Inseln in einem Meer zunehmender menschlicher Aktivität. Isoliert von Lebensräumen ähnlicher Beschaffenheit, werden einige Arten auf solchen Inseln unweigerlich aussterben. Je kleiner das Schutzgebiet, desto höher die Aussterberate. Die zweite logische Stufe in einem wohl durchdachten Naturschutzprogramm besteht daher in der Vergrößerung von Schutzgebieten, indem man versucht, die ursprünglichen Lebensbedingungen des Habitats auch in der Peripherie des Schutzgebiets wiederherzustellen und entwickelte Gebiete der näheren Umgebung zurückzugewinnen.

Die letzte Stufe des Umweltschutzes, die erstmals von Surinam mit Unterstützung internationaler Nichtregierungsorganisationen erklommen wurde, besteht in der Bewahrung oder Wiederherstellung von Wildnis durch die Errichtung großräumiger natürlicher Korridore, die bestehende Nationalparks und Naturschutzgebiete miteinander verbinden.

Ein echtes Wildnisschutzgebiet bewahrt ganze Faunen und Floren für die Zukunft. So finden in ihm auch die größeren Raubtiere der Region Schutz, wie zum Beispiel Wölfe, Jaguare und Harpyien. In manchen Fällen kann es sinnvoll sein, Wildnisschutzgebiete durch ganze Kontinente verlaufen zu lassen. Dies ist etwa das Ziel des so genannten Wildlands Project und anderer visionärer Naturschutzorganisationen. Fortschritte dieser Größenordnung setzen jedoch neue Maßstäbe voraus, was Wissenschaft, Finanzierung und politischen Konsens betrifft. Sie werden Teil einer neuen ausgeklügelten Raumordnung sein, die sich geographischer Informationssysteme bedienen wird. Bei dieser inzwischen erprobten Technik werden digitalisierte Bilder von Lebensräumen und Verbreitungsgebieten von Arten über geographische Karten gelegt, die die Topographie, Hydrologie, Siedlungsräume, Landwirtschaft, Industrie und Verkehrswege einer Region darstellen. Die dabei gewonnenen Erkenntnisse werden dann im politischen Planungs- und Entscheidungsprozess als Argumentationshilfe für die Gründung von Naturschutzgebieten und Korridoren zwischen Naturschutzgebieten verwendet. Solche Megaschutzgebiete sind keine wilde, utopische Vision. Sie sind eine Fortschreibung gängiger Naturschutzvorstellungen im Interesse künftiger Generationen. Auf dem amerikanischen Kontinent zum Beispiel kann man sich mehrere großflächige Schutzgebietskorridore vorstellen, zusammengesetzt aus den Überbleibseln naturbelassener Lebensräume von Alaska bis Bolivien. Insbesondere für Nordamerika hat die Organisation Wildlands Project Pläne für einen Korridor vom Yukon bis zum Yellowstone National Park vorgestellt. Ein weiterer Schutzgebietskorridor, das Sky Islands Wildland Network, könnte die wilden Hochlandhabitate New Mexicos und Arizonas mit ähnlichen Lebensräumen in Nordmexiko verbinden. Ein dritter Korridor, der Appalachenkorridor, könnte aus einem mehr oder weniger zusammenhängenden Waldgebiet bestehen, das von Westpennsylvania bis nach Ostkentucky reicht. In den Vereinigten Staaten wie auch in anderen Teilen der Welt ist es jetzt an der Zeit, solche Korridorprojekte in Angriff zu nehmen, denn die letzten Naturgebiete schwinden rasch, und wenn sie erst zerstört sind, ist die Gelegenheit unwiederbringlich verloren.[23]

Am verheißungsvollsten sind die Aussichten für einen großräumigen Naturschutz auf jeder der drei Stufen in Entwicklungsländern mit ausgedehnten Wildnisgebieten und geringer Bevölkerung. Surinam beispielsweise ist ungefähr so groß wie der Bundesstaat New York, hat aber nur 425 000 Einwohner (Stand 1997), von denen 90 Prozent in der Küstenregion leben, die Hälfte davon in der Hauptstadt Paramaribo oder in ihrem Einzugsgebiet. Legt man die Maßstäbe des internationalen Handels an, so bieten Konzessionen und Stiftungen für den Naturschutz den Empfängerländern unmittelbare und langfristige wirtschaftliche Vorteile – von dem unermesslichen Gewinn für den eigenen und den globalen Naturschutz ganz zu schweigen. Dieselbe Rechnung kann man natürlich auch für andere Länder aufmachen, doch die Rahmenbedingungen werden härter. In dicht bevölkerten Ländern, in denen ein intensiver Wettbewerb um unentwickeltes Land herrscht, steigen die Preise steil an, und für Naturschutzorganisationen wird es zunehmend schwieriger, mit privaten Firmen zu konkurrieren. Doch es ist möglich – wenn Geldgeber, öffentliche Unterstützung und Einfallsreichtum vorhanden sind. Eine der effektivsten Methoden zur Akquisition von Land besteht in Kauf oder Schenkung von Besitzern, die ihr Eigentum als unversehrtes Naturschutzgebiet bewahrt sehen wollen. Als führend hat sich hier die amerikanische Naturschutzorganisation The Nature Conservancy (TNC) erwiesen: Keine andere nichtstaatliche Naturschutzorganisation verfügt über ein so ausgedehntes Netz von Naturschutzgebieten. Meine eigene produktive Erfahrung mit TNC geht auf das Jahr 1968 zurück. Eingebunden in ein Team junger Wissenschaftler, arbeitete ich mit der damals noch relativ jungen Organisation und dem Bundesstaat Florida zusammen, um Lignumvitae Key zu erwerben, eine kleine Insel mitten in den Florida Keys, auf denen die am besten erhaltenen urwüchsigen Tieflandwälder fast der gesamten Westindischen Inseln zu finden sind. Das lange Zeit in Privatbesitz befindliche Lignumvitae Key stand damals gerade zum Verkauf. Hier zeigt sich übrigens eine Besonderheit der amerikanischen Landbesitzverhältnisse, die den Erfolg von TNC maßgeblich beeinflusst hat: Von den 34 Millionen privaten Landbesitzern in den Vereinigten Staaten, die gemeinsam über eine Fläche von rund vier Millionen Quadratkilometern verfügen, besitzen fünf Prozent – weniger als ein Prozent der gesamten amerikanischen Bevölkerung – drei Viertel der Fläche.[24] Es ist nicht anzunehmen, dass sich an dieser Verteilung seit 1968 viel geändert hat. Das Potenzial für den Erwerb großer Landgebiete durch Kauf oder Schenkung von vermögenden Privatpersonen ist in Amerika aus diesem Grund enorm. Und dies bedeutet, dass Schutzgebiete in der Regel nicht aus vielen einzeln verhandelten Parzellen zusammengestückelt werden müssen.

Zu den jüngsten und spektakulärsten Neuerwerbungen, die TNC getätigt hat, gehört Palmyra, eine kleine amerikanische Inselgruppe im Pazifik – eines von zwei Atollen in der Feuchtzone des tropischen Äquatorgürtels, die in historischer Zeit nie besiedelt waren. 37 Millionen Dollar kosteten die kleinen Inseln mit einer Landfläche von insgesamt 275 Hektar und unberührten Korallenriffen auf 6000 Hektar; doch sie sind ihren Preis voll und ganz wert.

Etwa um dieselbe Zeit unterstützte TNC Bemühungen um den Erwerb und Schutz eines Teils des Cuatro Ciénagas-Sumpfgebietes in der Chihuahua-Wüste im nördlichen Zentralmexiko. Diese Region besitzt seltene, von Grundwasser gespeiste Feucht- und Sumpfbiotope, die auf Grund ihrer extremen Abgeschiedenheit einzigartige Pflanzen, Reptilien, Fische und Wirbellose hervorgebracht haben.[25]

Auch andere Organisationen greifen zu, wenn sich die Gelegenheit bietet. So erwarb Conservation International kürzlich dank der Spende ihres Verwaltungsratsmitglieds Gordon Moore, des Mitgründers von Intel, ein umfangreiches Gebiet des Pantanal, des größten tropischen Schwemmlandgebiets der Erde, das sich im Grenzgebiet zwischen Brasilien, Paraguay und Bolivien befindet. Die Chancen für solche Landkäufe sind fast überall in Lateinamerika ausgezeichnet, wo, wie in den Vereinigten Staaten, riesige Landgebiete einem vergleichsweise kleinen Teil der Bevölkerung gehören. Die Schaffung von Naturschutzgebieten wird erleichtert, wenn Verschiebungen im Markt dafür sorgen, dass privater Landbesitz weniger profitabel ist. Im Pantanal ist die wichtigste Einnahmequelle für Devisen lange Zeit die Viehzucht gewesen, die auf den nicht überschwemmten Gebieten der Hochebene praktiziert wurde. Durch die zunehmende Konkurrenz von Viehzuchtbetrieben, die näher an den brasilianischen Verarbeitungszentren und Märkten liegen, wurden die Profite jedoch immer geringer. Inzwischen ist es gewinnbringender, das Land in Schutzgebiete umzuwandeln. Bereits heute erwirtschaftet der Ökotourismus höhere Hektarerträge als die Viehzucht auf vergleichbaren Nachbargrundstücken.

In Costa Rica, wo die Grundstückspreise niedrig sind, gibt es in Regenwäldern und anderen natürlichen Lebensräumen eine Fülle privater Naturschutzgebiete, die von Nichtregierungsorganisationen oder aufstrebenden ökologischen Tourismusunternehmen des Landes geschaffen wurden. Der Tourismus hat sich in Costa Rica zur wichtigsten Einnahmequelle für Devisen entwickelt und übertrifft an Bedeutung sogar den ehemals führenden Bananenexport.[26]

Die Nichtregierungsorganisationen, die für den privaten Sektor das wichtigste Instrument im Umweltschutz darstellen, unterscheiden sich durch einige der vorteilhafteren Eigenschaften marktwirtschaftlicher Unternehmen von staatlichen Behörden.[27] Sie sind zielstrebiger als Regierungsbehörden, weniger bürokratisch, rechenschaftspflichtig gegenüber ehrenamtlichen unabhängigen Verwaltungsräten und werden von Personen geleitet, die in häufigen Abständen nach der Originalität und Qualität ihrer Arbeit bewertet werden. Sie suchen günstige Gelegenheiten und streben nach Expansion. Außerdem benutzen sie dieselbe Sprache wie Wirtschaftsunternehmer. Bei der Akquisition ökologisch wertvoller

Landgebiete analysieren die Strategen der NGOs die Interessen aller *Anspruchsberechtigten* – angefangen bei den einheimischen Völkern, Regierungsangestellten und Sponsoren bis hin zu potenziellen Ökotouristen und Konsumenten marktfähiger Produkte. Sie gehen *Partnerschaften* mit regionalen Umweltschutzorganisationen, Gemeinderäten und Stiftungen ein. Sie benutzen diese Partnerschaften, um das nötige *Kapital für die Investitionen* in ihre Projekte *aufzubringen* und um die Umweltethik zu fördern. Zu den effektivsten Partnerschaften zählen jene zwischen Organisationen wie Weltbank, Global Environmental Fund und Vereinten Nationen einerseits und Naturschutzorganisationen wie Conservation International, Weltnaturschutzunion und World Wide Fund for Nature andererseits. Im Gegensatz zu vielen großen Wirtschaftsunternehmen versuchen sich die globalen Nichtregierungsorganisationen jedoch von der jeweiligen Regierungspolitik und politischer Ideologie fernzuhalten. Sie verfolgen unbeirrt nur ein Ziel, nämlich die Förderung der biologischen Vielfalt.

Dabei hilft es den globalen Nichtregierungsorganisationen, dass die Entwicklungsländer, die den Großteil der Biodiversität dieses Planeten beherbergen, auch am stärksten von wirtschaftlicher Hilfe abhängen. Dies führt dazu, dass sich in den Entwicklungsländern bedeutende Fortschritte im Umweltschutz kosteneffektiv erzielen lassen und zu Ergebnissen führen, die für alle beteiligten Parteien befriedigend sind. Den Nichtregierungsorganisationen fällt dabei angesichts der lethargischen Haltung der Regierungen in den wohlhabenden Industrieländern und der Gleichgültigkeit der Durchschnittsbürger gegenüber den Faunen und Floren entfernter, verarmter Länder notgedrungen die Führungsrolle zu. Dies bewirkt allerdings, dass die Entwicklungsländer selbst wenig Anreize haben, ihre spärlichen Ressourcen in die Erhaltung der Umwelt zu investieren, so wertvoll das letztlich auch sein mag.

Dennoch wird den Regierungen im Norden wie im Süden auf lange Sicht nichts anderes übrig bleiben, als den Nichtregierungsorganisationen ihre schwere Bürde abzunehmen. Eine jüngere Studie schätzt den Investitionsaufwand, der erforderlich ist, um zumindest eine repräsentative Auswahl der Ökosysteme der Erde zu erhalten, auf circa 28 Milliarden Dollar. Mit einer vergleichbaren Summe ließe sich durch Investitionen in die biologisch reichsten Segmente, insbesondere in den Tropen, eine sehr hohe Zahl von Arten erhalten. Wissenschaftler, die an der von Conservation

International im Jahr 2000 organisierten Konferenz »Defying Nature's End« teilnahmen, schätzten, dass vier Milliarden Dollar benötigt werden, um die Pflege und Verwaltung der derzeit zumindest auf dem Papier bestehenden Schutzgebiete mit einer Gesamtfläche von zwei Millionen Quadratkilometern urwüchsigen tropischen Regenwaldes zu gewährleisten – sowohl was den Schutz der einheimischen Völker als auch den Schutz der Biodiversität betrifft – und um den Erwerb und die Verwaltung der restlichen zwei Millionen Quadratkilometer zu finanzieren. Das Ergebnis wäre ein dauerhafter Wildnisgürtel entlang des Äquators, der groß genug ist, um einen bedeutenden Teil der globalen Biodiversität zu erhalten, darunter die größten und spektakulärsten Tiere wie Jaguare und Gorillas.[28]

Dagegen sind die Hot Spot-Gebiete der Welt, die weniger als zwei Prozent der Landfläche der Erde einnehmen, aber etwa die Hälfte ihrer Tier- und Pflanzenarten beherbergen, ein klareres, gleichwohl schwierigeres Ziel. Da sie oftmals schon gravierende Flächeneinbußen hinnehmen mussten, liegen sie häufig inmitten dicht besiedelter Gebiete und sind infolgedessen teuer in der Anschaffung und im Unterhalt. Ungefähr 24 Milliarden Dollar sind nötig, um die bereits unter Schutz gestellten 800 000 Quadratkilometer für alle Zeiten zu verwalten, weitere 400 000 Quadratkilometer neu zu erwerben und diese ebenfalls zu bewahren. Durch Verträge, Konzessionen und eine möglichst schonende Nutzung der natürlichen Ressourcen können die Investitionen für die Länder, in deren Regierungsgewalt die Gebiete fallen, attraktiv gemacht werden.

Die tropischen Wildnisgebiete und die wertvollsten Hot Spots auf dem Land und in Küstengewässern, die zusammen vielleicht 70 Prozent der Pflanzen- und Tierarten der Erde beherbergen, können mit einer einzigen Investition von knapp 30 Milliarden Dollar gerettet werden. Wenn Ihnen diese Summe hoch erscheinen mag, bedenken Sie bitte, dass sie nur einem Tausendstel des jährlichen Bruttosozialprodukts aller Länder entspricht oder – aus einem anderen Blickwinkel gesehen – einem Tausendstel des Werts, der der Welt jährlich von den natürlichen Ökosystemen kostenlos als Dienstleistung zur Verfügung gestellt wird.

Im Jahr 2000 wurden insgesamt – öffentliche und private Mittel zusammengenommen – nur ungefähr sechs Milliarden Dollar für die Erhaltung der natürlichen Ökosysteme bereitgestellt. Es ist unrealistisch anzunehmen, dass die Nichtregierungsorganisationen allein das erforderliche Kapital aufbringen können, um die bedrohtesten und artenreichsten Ökosysteme für alle Zeiten zu schützen. Die NGOs erfüllen also zurzeit eher die Rolle einer Noteinsatztruppe: Sie erkennen Probleme, entwickeln Lösungsstrategien und ergreifen regionale Maßnahmen, wenn die erforderlichen Geldmittel aufgebracht werden können.

Einen Teil des staatlichen Finanzierungsbedarfs könnte man aus der Beendigung widersinniger Subventionen decken – solcher Subventionen also, die zwar einzelnen Industriezweigen nutzen, sich für das Land insgesamt aber nicht auszahlen und der Umwelt sogar schaden. Der Meeresfischfang ist dafür ein hervorragendes Beispiel. Die globale Fangmenge ist, gemessen am Aufwand, ungefähr 100 Milliarden Dollar wert, wird jedoch für 80 Milliarden Dollar verkauft. Für die Differenz kommen die Regierungen in Form staatlicher Subventionen auf. Der Vorteil für die Konsumenten wird durch die verheerenden Auswirkungen auf die Fischgründe mehr als aufgewogen. Die Subventionen sind einer der Gründe, warum heute alle bedeutenden Hochseefanggebiete überfischt sind. Einige der wertvollsten Arten, wie zum Beispiel Kabeljau und Schellfisch im Nordatlantik, sind so stark zurückgegangen, dass die von ihnen abhängigen Industrien entweder Bankrott erlitten oder sich auf andere Fischarten verlegten. Auch Viehzucht und Bergbau profitieren häufig von widersinnigen Subventionen. In Deutschland wird der Kohlebergbau so hoch subventioniert, dass es billiger wäre, alle Gruben zu schließen und die Arbeitnehmer bei vollem Lohnausgleich nach Hause zu schicken.

In einer 1998 veröffentlichten Analyse bezifferten Norman Myers und Jennifer Kent von der Universität Oxford die jährlichen weltweiten Subventionen im Bereich der Landwirtschaft auf 390 bis 520 Milliarden Dollar, im Bereich fossiler Brennstoffe und Kernenergie auf 110 Milliarden Dollar und im Bereich Wasserwirtschaft auf 220 Milliarden Dollar. All diese und andere Subventionen zusammengenommen belaufen sich auf über zwei Billionen Dollar, von denen ein Großteil sowohl unseren Volkswirtschaften als auch unseren Regierungen schadet. In den Vereinigten Staaten entfällt auf jeden Bürger eine Subventionslast von durchschnittlich 2000 Dollar im Jahr, was die Vorstellung von der freien amerikanischen Marktwirtschaft Lügen straft. Einen hohen, wenngleich schwer bezifferbaren Preis fordern die Subventionen auch von der natürlichen Umwelt, zu deren Lasten der Konsum und die Ausbeutung der natürlichen Ressourcen gehen.[29]

Den Regierungen obliegt aber nicht nur die Wirtschaftspolitik, sondern auch der Abschluss und die Einhaltung von Verträgen zum Schutz der globalen Umwelt. Das Protokoll von Montreal hat dazu beigetragen, die Emission von Fluorchlorkohlenwasserstoffen (FCKW), die zu einem Abbau der schützenden Ozonschicht in der oberen Atmosphäre führen, zu reduzieren, und wird sie schließlich ganz beseitigen. Die vollständige Umsetzung der im Protokoll von Kyoto formulierten Ziele wird die Freisetzung von Kohlendioxid und anderen Treibhausgasen verlangsamen, die eine rasche globale Klimaerwärmung auszulösen drohen. Im Jahr 2001 scheint es allerdings genauso gefährdet zu sein wie der Große Panda.

Weniger bekannt sind die internationalen Verträge, die auf den Schutz der biologischen Vielfalt zielen. Das Artenschutzabkommen CITES verbietet den gewerbsmäßigen Handel mit gefährdeten Tier- und Pflanzenarten über Landesgrenzen hinweg. Seltene Kakteen und Papageien fallen ebenso unter das Abkommen wie die Stoßzähne von Elefanten und die Knochen von Tigern. Seit seiner Unterzeichnung im Jahr 1973 hat CITES wirksam dazu beigetragen, die Ausbeutung seltener Arten zu reduzieren, doch ist das Abkommen bei weitem nicht perfekt. Die Konvention zum Schutz wandernder Wildtierarten (CMS), die seit 1983 in Kraft ist, schützt gefährdete wandernde Tiere wie zum Beispiel Schneekraniche und europäische Fledermäuse, die auf ihren jährlichen Wanderungen nationale Grenzen überschreiten.

Der wohl bekannteste und weitreichendste internationale Vertrag ist jedoch die Konvention über biologische Vielfalt, die 1992 auf dem Umweltgipfel in Rio de Janeiro verabschiedet wurde. Die mittlerweile von 178 Ländern ratifizierte Vereinbarung sieht die Bestandsaufnahme nationaler Floren und Faunen vor, die Errichtung von Nationalparks und Schutzgebieten sowie die Identifizierung und den Schutz bedrohter Arten.[30]

Die Vertragshoheit der Regierungen kann auch dazu genutzt werden, umstrittene Gebiete in internationale »Friedensparks« zu verwandeln. So wie Schwerter zu Pflugscharen umgeschmiedet werden können, ist es möglich, Schlachtfelder zu Naturschutzgebieten zu machen. Der bedeutendste Kandidat für eine solche Maßnahme ist die entmilitarisierte Zone zwischen Nord- und Südkorea. Seitdem der Waffenstillstand 1953 den Koreakrieg beendete, ist die entmilitarisierte Zone ein Niemandsland, das sich als vier Kilometer breiter und 240 Kilometer langer Korridor quer über die koreanische Halbinsel zieht. Sie kann praktisch ohne Kostenaufwand in das größte und beste Wildnisschutzgebiet eines künftigen geeinten Koreas verwandelt werden. Fast ein halbes Jahrhundert lang konnte sich der Wald in der hügeligen Landschaft ungestört entwickeln. Spuren lassen auf die Anwesenheit von Leoparden schließen, und möglicherweise gibt es sogar Tiger. Der Vorschlag, die entmilitarisierte Zone in einen Naturpark zu verwandeln, geht auf Ke Chung Kim zurück, einen Amerikaner koreanischer Herkunft, und wird seitdem vom DMZ Forum weiterverfolgt, einer internationalen nichtstaatlichen Gruppierung, die sich ausschließlich diesem Zweck verschrieben hat.[31] Ähnliches ist im wieder vereinigten Deutschland für den ehemalige Grenzstreifen vorgesehen und zum Teil bereits verwirklicht worden.

Wie ausgeprägt die Umweltethik eines Landes ist, lässt sich daran ermessen, wie vorausschauend und effektiv seine Gesetzgebung zum Schutz der biologischen Vielfalt ist. In der Geschichte der Vereinigten Staaten ist das bedeutendste Naturschutzgesetz zweifellos der so genannte Endangered Species Act.[32] Dieses beispiellos weitreichende Gesetz zum Schutz bedrohter Arten wurde 1973 mit 390 gegen 12 Stimmen vom Repräsentantenhaus und mit 92 gegen 0 Stimmen vom Senat gebilligt und anschließend von Präsident Nixon verabschiedet. Es sieht vor, dass jede bedrohte Pflanzen- und Tierart in die Liste der gefährdeten Arten aufgenommen werden kann. Die frühere Gesetzgebung hatte nur Wirbeltiere, Weichtiere und Krustentiere geschützt. Nach den Bestimmungen des Endangered Species Act zählen nun der Tennessee-Purpursonnenhut, der San Rafael-Kaktus und der amerikanische Totengräber-Käfer ebenso zu den rechtmäßigen Schutzbefohlenen des amerikanischen Volkes wie der Florida-Puma und der Goldwangen-Waldsänger *(Dendroica chrysoparia)*. Im Falle der Vögel, Säugetiere und anderen Wirbeltiere wurden außerdem nicht nur Arten, sondern auch lokale Unterarten in die Schutzbestimmungen mit aufgenommen. (Die Unterarten von Wirbellosen und Pflanzen bleiben jedoch ausgeschlossen.) Schließlich wurden nicht nur solche Arten und Unterarten als bedroht klassifiziert, die sich bereits am Rande des Aussterbens befinden, sondern auch solche, bei denen mit einer Gefährdung zu rechnen ist.

Seit seinem Inkrafttreten wurde das Gesetz von seinen Bewunderern gelobt, von seinen Gegnern bekämpft und vom Kongress abgeändert. Die bedeutsamste Ergänzung, die im Jahr 1982 vorgenommen wurde, betrifft die so genannten Lebensraumerhaltungspläne. Diese Änderung erlaubt Landbesitzern nämlich die unbeabsichtigte Vernichtung geschützter Pflanzen und Tiere als Begleiterscheinung ihrer ansonsten rechtmäßigen Tätigkeit, wenn sie dafür Maßnahmen ergreifen, die den betroffenen Arten insgesamt förderlich sind. Um einen solchen Fall ging es beim Kokardenspecht im Süden der Vereinigten Staaten, der in seinem Bestand gefährdet ist, seitdem immer mehr große Kiefern, die seine ausschließlichen Brutplätze darstellen, gefällt werden. In einer Vereinbarung mit dem US-Innenministerium, dem die Durchführung des Gesetzes zum Schutz bedrohter Arten obliegt, verpflichtete sich die International Paper Company, im Gegenzug für die Genehmigung, Teile ihrer Wälder abzuholzen, in einem anderen Teil ein Schutzgebiet einzurichten und die Brutplätze für die Spechte zu verbessern.

Da der Endangered Species Act so etwas wie ein Grundgesetz der Biodiversität darstellt, sind seine Auswirkungen über die Jahre hinweg sorgfältig beobachtet worden. Wie jeder Naturschutzbiologe vorhergesagt hätte, ist die Bilanz gemischt. Einerseits konnten aufsehenerregende Erfolge verzeichnet werden. Die Bestände des amerikanischen Alligators, des Grauwals, des Weißkopfseeadlers, des Wanderfalken und der östlichen Populationen des Braunpelikans haben sich so weit erholt, dass man sie aus der Liste der bedrohten Arten streichen konnte oder zur Streichung vorgeschlagen hat. Dagegen hat sich der Rückgang anderer Arten bis zur Auslöschung fortgesetzt; davon betroffen sind zum Beispiel die Strandammer *Ammodramus maritimus nigrenscens* und der Maryland-Darter. In seiner jüngsten Bilanz aus dem Jahr 1995 kam der U.S. Fish and Wildlife Service, die Behörde, die innerhalb des Innenministeriums für die Umsetzung des Endangered Species Act verantwortlich ist, zu dem Schluss, dass sich weniger als 10 Prozent der aufgeführten Arten erholten, während 40 Prozent weiter zurückgingen. Über die verbleibenden 50 Prozent der Arten war entweder nichts bekannt, oder ihre Bestände waren stabil geblieben.

Kritiker, die das Gesetz gern abgeschwächt sehen möchten, behaupten unter Verweis auf diese Zahlen, das Gesetz sei ein Fehlschlag. Ebenso gut könnten sie die Notaufnahmestation in einem Krankenhaus als Fehlschlag bezeichnen, denn hier sterben mehr

Menschen als gesund entlassen werden. Sinnvoller wäre es, auf eine bessere finanzielle Ausstattung und fachkundige Betreuung für Amerikas Naturschutzgebiete zu drängen, so wie dies die Öffentlichkeit gewöhnlich im Fall der Krankenhausambulanzen tut. Die Kritiker behaupten weiterhin, dass selbst die geretteten Arten das Gesetz nicht wert seien, da seine Einhaltung die wirtschaftliche Entwicklung der Vereinigten Staaten behindere. Nichts könnte falscher sein. Im schlimmsten Fall wird die wirtschaftliche Entwicklung durch das Gesetz verändert und in neue Bahnen gelenkt. Oftmals erhöht es durch die Schaffung von Freizeit- und Erholungsgebieten den Wert von Grundstücken. Wo würden sich Landerschließungsunternehmen und Leichtindustrie lieber ansiedeln, neben einem Douglas-Tannenwald oder einem Meer von Baumstümpfen? Vollständig verhindert wurden Entwicklungs- und Erschließungsmaßnahmen jedenfalls nur sehr selten. Von 98 237 Projekten, die der amerikanischen Bundesregierung zwischen 1987 und 1992 im Rahmen von zwischenbehördlichen Konsultationen zur Begutachtung vorgelegt wurden, kam es nur bei 55 durch die Anwendung des Endangered Species Act zu einem Verbot. Dies hängt nicht zuletzt damit zusammen, dass sich bedrohte Arten vorwiegend auf geographisch begrenzte Hot Spots konzentrieren, wie zum Beispiel die Regenwälder Hawaiis oder den Lake Wales Sand Ridge, ein Buschland in Zentralflorida. Nur wenige bedrohte Arten leben dort, wo sich Landwirtschaft und Viehzucht in den Vereinigten Staaten konzentrieren – und wo auch ein Großteil der Proteste gegen das Gesetz seinen Ursprung hat.

In einer demokratischeren Welt werden es letztlich die Wünsche und ethischen Vorstellungen der Menschen, nicht ihrer Führer sein, die der Regierung und den Nichtregierungsorganisationen Einfluss verleihen oder ihnen die Macht entziehen. Sie werden darüber entscheiden, ob es mehr oder weniger Schutzgebiete geben soll und welche Arten überleben oder aussterben. Dies ist der Grund, warum mich der Aufstieg der nichtstaatlichen Naturschutzorganisationen persönlich so ermutigt. Die Fähigkeit der Menschen, Initiativen zu entwickeln, die der Situation angemessen sind, vom Schutz eines lokalen Uferwaldgebiets oder einer gefährdeten Froschart bis zur Unterstützung von Regenwaldschutzgebieten und internationalen Verträgen, ist stark ausgeprägt und nimmt weiter zu. Es ist außerdem davon auszugehen, dass die Erforschung der biologischen Vielfalt und die Sorge um ihre Erhaltung im Bildungswesen an Bedeutung gewinnen werden – vom Kindergarten bis zur Universität. Gibt es eine bessere Methode, Menschen die Wissenschaft näher zu bringen, als sie ihnen als lebensbejahende anstatt als unkontrollierte, zerstörerische Kraft zu präsentieren?

Auf die Gefahr hin, politisch korrekt zu erscheinen, möchte ich zum Abschluss meines Buches den Protestgruppen meine Anerkennung aussprechen. Wie wütende Bienen umschwärmen sie die Treffen der Welthandelsorganisation, der Weltbank und des Weltwirtschaftsforums. Sie boykottieren Restaurantketten, die ihnen nicht umweltfreundlich genug sind. Sie versammeln sich in großer Zahl auf den Zufahrtstraßen zu Holzeinschlaggebieten. Irritiert fragen sich die Führungskräfte, die Zielscheibe des Protests sind: »Wer sind diese Leute? Was wollen sie?« Die Antworten sind einfach. Es sind Leute, die sich durch eine gesichtslose Macht von den Konferenztischen ausgeschlossen fühlen und die den hinter verschlossenen Türen getroffenen Entscheidungen, die ihr Leben beeinflussen, misstrauen. Sie haben nicht Unrecht. Unterstützt von Regierungschefs, die sich einer Wachstumswirtschaft verpflichtet fühlen, sind die Vorstände und Geschäftsführer der größten Wirtschaftsunternehmen die Herren der industrialisierten Welt. Wie die Fürsten von einst können sie, zumindest in der Wirtschaft, per Dekret regieren. Die Demonstranten fordern: Gebt uns – und der Natur – ein Mitspracherecht.

Die Protestgruppen sind das Frühwarnsystem, sozusagen die Immunreaktion, der Natur. Sie fordern uns auf zuzuhören. Julia (Butterfly) Hill, die junge Dame, die von Dezember 1997 bis Dezember 1999 in sechzig Meter Höhe in einem kalifornischen Redwood-Mammutbaum lebte, um diese Bäume vor der Abholzung zu retten, wollte nur ihre Meinung kundtun und andere überzeugen. Ihr Argument war einfach: Es ist unrecht, diese urzeitlichen Riesen zu fällen, selbst wenn man sie besitzt. Sie unterlag. Sie überzeugte das Unternehmen Pacific Lumber MAXXAM nur, ihren Baum und eine Fläche von einem Hektar im Umkreis um diesen Baum zu schonen. Doch die meisten Menschen in den Vereinigten Staaten kennen heute ihren Namen und den des Baumes (Luna). Wie viele kennen die Namen der Manager, die anordneten, mit dem Fällen der Bäume außerhalb der winzigen Schutzzone fortzufahren?

Ich gebe zu, dass manche Protestgruppen durch die gewaltsamen Aktionen einiger weniger in Verruf geraten sind. Demonstranten, die die Polizei angreifen, die Baustellen in Brand setzen und

Nägel in Bäume schlagen, die gefällt werden sollen, müssen bestraft werden. Die große Mehrheit der Demonstranten, die geräuschvoll protestierenden Streikposten im Schildkrötenkostüm oder in der Aufmachung von Obdachlosen, versammeln sich jedoch, um gleiches Recht für die Armen und die Natur zu fordern. Ich bin dankbar, dass es sie gibt. Ihre Weisheit ist tiefer, als ihre Sprechchöre und die stampfenden Füße vermuten lassen, tiefer als die vieler ihrer mächtigen Gegner. Mit der Hilfe der Medien, die von der kontroversen Auseinandersetzung leben, erhalten sie den öffentlichen Diskurs über entscheidende Themen aufrecht, die ansonsten auf die leichte Schulter genommen würden. Und wenn sie übereinstimmend eher linken Ideologien anhängen, was macht das schon? Ihre jugendliche Energie rüttelt uns auf und stellt ein therapeutisches Gegengewicht zu dem Zynismus dar, der für die konservative Politik so charakteristisch ist.

Wie ich darzulegen versucht habe, besteht das zentrale Problem des 21. Jahrhunderts darin, den Armen dieser Welt einen angemessenen Lebensstandard zu ermöglichen und gleichzeitig die Natur weitgehend zu bewahren. Sowohl die Armut als auch die schwindende biologische Vielfalt konzentrieren sich in den Entwicklungsländern. Die Armen, von denen 800 Millionen ohne sanitäre Einrichtungen, sauberes Wasser und ausreichende Nahrung leben, haben in einer zerstörten Umwelt wenig Hoffnung auf eine Verbesserung ihrer Lebensumstände. Umgekehrt können die Regionen mit der höchsten Biodiversität dem unverminderten Druck einer landhungrigen, verzweifelten Bevölkerung nicht standhalten.

Ich hoffe, es ist mir gelungen, überzeugend darzulegen, warum so viele besonnene Menschen verschiedenster Herkunft und Berufe glauben, dass das Problem gelöst werden kann. Ausreichende Mittel sind vorhanden. Diejenigen, die über sie verfügen, haben viele Gründe, dieses Ziel in Angriff zu nehmen, nicht zuletzt um ihrer eigenen Sicherheit willen. Letztlich hängen der Erfolg oder das Scheitern jedoch von einer ethischen Entscheidung ab – einer Entscheidung, an der wir, die wir heute leben, gemessen werden. Ich glaube, wir werden die richtige Entscheidung treffen. Eine Zivilisation, die in der Lage ist, sich Gott vorzustellen und die Besiedelung des Weltalls in Angriff zu nehmen, wird sicherlich einen Weg finden, die Unversehrtheit dieses Planeten und seine wunderbare Fülle des Lebens zu erhalten.

222

Anmerkungen

Prolog

1 Über die zunehmende Verbreitung des Roten Ahorns *(Acer rubrum)* in den Wäldern im Osten der Vereinigten Staaten siehe Marc D. Abrams, *BioScience* 48, 5 (1998), S. 355 – 364.

2 Quantitative Angaben zur hohen Dichte der Bodenorganismen machen zum Beispiel Peter M. Groffman in *Trends in Ecology & Evolution* 12, 8 (1997), S. 301f., sowie Peter M. Groffman und Patrick J. Bohlen, in: *BioScience* 49, 2 (1999), S. 139 – 148.

3 Peter Alden aus Concord, Massachusetts, Initiator des ersten Tages der Artenvielfalt in Neuengland, hat die insgesamt 1904 an diesem Tag gefundenen Pflanzen-, Tier- und Pilzarten in einem unveröffentlichten Bericht mit dem Titel »World's First 1000+ Species Biodiversity Day« (1998) zusammengestellt. Der Bericht kann von Peter Alden angefordert werden und befindet sich auch in meinem eigenen Archiv in der Library of Congress.

4 Die von Henry David Thoreau jüngst posthum erschienenen Werke sind: *Faith in a Seed: The Dispersion of Seeds and Other Late Natural History Writings* (Washington, D.C., 1993) und *Wild Fruits: Thoreau's Rediscovered Last Manuscript* (New York 2000), beide herausgegeben von Bradley P. Dean.

5 Ich danke Stefan Cover, der führenden Kapazität auf dem Gebiet der nordamerikanischen Ameisen, für seinen Hinweis, dass der von Thoreau beschriebene Ameisenkrieg ein Raubzug war, den vermutlich die rot-braune *Formica subintegra* auf die größere, schwarze *Formica subsericea* unternahm, um Sklaven zu erbeuten. Beide Arten kommen in der Umgebung des Walden-Sees häufig vor.

6 Thoreaus Beiträge zur Wissenschaft, einschließlich seiner Überlegungen zur Artenfolge der Waldbäume, wurden von Michael Berger in *Annals of Science* 53 (1996), S. 381 – 397, ausführlich diskutiert. Der Artikel lässt darauf schließen, dass Thoreau, wenn er länger gelebt hätte, ebenso als großer Naturforscher wie als einflussreicher Pionier der Naturschutzbewegung in die Geschichte eingegangen wäre.

7 Henry David Thoreau, *Walden. Ein Leben mit der Natur,* übers. von Erika Ziha, München 1999, S. 100.

8 Der Philosoph, der das Leben als Zwangslage beschrieb, war George Santayana.

9 Die abrahamische Vorstellung von der Welt als Quell von Milch und Honig ist Aldo Leopolds *Am Anfang war die Erde* (München 1992, Originalausgabe New York 1949) entnommen.

10 Der Begriff geht auf den amerikanischen Ökologen und Waldexperten Aldo Leopold zurück, der ihn 1924 erstmals verwandte, um eine achtsame Haltung gegenüber der urwüchsigen Natur einzufordern. Die Landethik ist bis heute ein Vorbild für amerikanische Naturschützer.

Kapitel 1

1 Zum Leben in den McMurdo-Trockentälern siehe John C. Priscu, in: *BioScience* 49, 12 (1999), S. 959; Ross A. Virginia und Diana H. Wall, ebd., S. 973 – 983, und Diane M. McKnight et al., ebd., S. 985 – 995. Ich danke Diana Wall für den in einer persönlichen Mitteilung gegebenen Hinweis auf die jüngst in den Trockentälern entdeckten Milben und Springschwänze.

2 Über die jüngere Forschung zu Lebensformen im antarktischen Meereis berichten Kathryn S. Brown in: *Science* 276 (1997), S. 353f.; Alison Mitchell in: *Nature* 387 (1997), S. 125, sowie James B. McClintock und Bill J. Baker in: *American Scientist* 86, 3 (1998), S. 254 – 263.

3 Zu thermophilen Mikroben, die in nahezu siedendem Wasser leben, und anderen Extremophilen siehe Michael T. Madigan und Barry L. Marrs, in: *Spektrum der Wissenschaft* (Juni 1997), S. 86 – 93.

4 Zur Erforschung der Lebensformen im Challenger Deep, dem tiefsten Punkt des Meeresbodens, siehe Richard Monastersky, in: *Science News* 153, 24 (1998), S. 379.

5 Das extrem strahlungsresistente Bakterium *Deinococcus radiodurans* wird von Patrick Huyghe, in: *The Sciences* 38, 4 (Juli/August 1998), S. 16 – 19, beschrieben.

6 Siehe Will Hively, in: *Discover* 18 (Mai 1997), S. 76 – 85.

7 James K. Fredrickson und Tullis C. Onstoll, in: *Spektrum der Wissenschaft* (Dezember 1996), S. 66 – 71; W. S. Fyte, in: *Science* 273 (1996), S. 448, und Richard A. Kerr, in: *Science* 276 (1997), S. 703f.

8 Siehe Kathy A. Svitil, in: *Discover* 18 (Mai 1997), S. 86ff.; Richard A. Kerr, in: *Science* 277 (1997), S. 764f.; Michael H. Carr et. al., in: *Nature* 391 (1998), S. 363ff.; Robert T. Pappalardo, James W. Head und Ronald Greeley, in: *Spektrum der Wissenschaft* (Dezember 1999), S. 42 – 53; Christopher F. Chyba, in: *Nature* 403 (2000), S. 381f. Ich danke Matthew J. Holman für seine Informationen zur inneren Wärme des Mars und für seinen Hinweis auf das jüngste Modell von F. Sohl und T. Spohn, in: *Journal of Geophysical Research* 102, E1 (1997), S. 1613 – 1635.

9 Siehe Warwick F. Vincent, in: *Science* 286 (1999), S. 2094f., sowie Frank D. Carsey und Joan C. Horvath, in: *Scientific American* 281, 4 (Oktober 1999), S. 62.

10 Zur Flora und Fauna der Movile-Höhle in Rumänien siehe E. Skindrud, in: *Science News* 149 (1996), S. 405; zu den Lebensformen der Cueva de Villa Luz siehe Charles Petit, in: *U.S. News & World Report* 124, 5 (9. Februar 1998), S. 59f.

11 Zur wissenschaftlichen Untermauerung der Gaia-Hypothese siehe Jim Harris und Tom Wakeford, in: *Trends in Ecology & Evolution* 11, 8 (1996), S. 315f., und David M. Wilkinson, ebd., 14, 7 (1999), S. 256f. Die neuesten Ergebnisse der Gaia-Forschung sind im *Gaia Circular* nachzulesen, dem Mitteilungsblatt der Society for Research and Education in the Earth System Science. James Lovelock, der Begründer der Gaia-Hypothese, beschreibt ihre Entstehungsgeschichte in seiner Lebenserinnerung *Homage to Gaia: The Life of an Independent Scientist* (New York 2000).

12 Zu einer ausführlicheren Beschreibung der Klassifikationsprinzipien und einer Darstellung über den evolutionären Ursprung der Arten siehe Edward O. Wilson, *Der Wert der Vielfalt* (München 1995).

13 Siehe Sallie W. Chisholm et al., in: *Nature* 334 (1988), S. 340 – 343, und Conrad W. Mullineaux, in: *Science* 283 (1999), S. 801f.
14 Siehe Farooq Azam, in: *Science* 280 (1998), 694ff.
15 Siehe Robert M. May, in: *Nature* 352 (1991), S. 75 – 476, und Gilbert Chin, in: *Science* 289 (2000), S. 833.
16 Siehe Claus Nielsen, in: *Nature* 392 (1998), S. 25f., und Tom Bongers und Howard Ferris, in: *Trends in Ecology & Evolution* 14, 6 (1999), S. 224 bis 228.
17 Zum neu entdeckten Stamm der Cycliophoren siehe Simon Conway Morris, in: *Nature* 378 (1995), S. 661f., sowie Peter Funch und Reinhardt M. Kristensen, in: *Nature* 378 (1995), S. 711 – 714.
18 Die Stämme der wirbellosen Tiere werden von Richard C. und Gary J. Brusca in ihrem Standardlehrbuch *Invertebrates* (Sunderland, MA, 1990) definiert und eingehend beschrieben.
19 Über die anhaltende Entdeckung von Blütenpflanzen in den Vereinigten Staaten und Kanada berichtet Susan Milius, in: *Science News* 155, 1 (1999), S. 8ff.
20 Siehe James Hanken, in: *Trends in Ecology & Evolution* 14, 1 (1999), S. 7ff., sowie persönliche Mitteilung.
21 Zur Entdeckung neuer Säugetierarten siehe Bruce D. Patterson, in: *Biodiversity Letters* 2, 3 (1994), S. 79-86, und Virginia Morrell, in: *Science* 273 (1996), S. 1491.
22 Persönliche Mitteilung von Russell A. Mittermeier.
23 Über die Entdeckung des Sao-La und anderer größerer Säugetiere in Vietnam berichten Alan Rabinowitz, in: *Natural History* 106, 3 (April 1997), S. 14 – 18; John Whitfield, in: *Nature* 396 (1998), S. 410, und Daniel Drollette, in: *The Sciences* 40, 1 (Januar/Februar 2000), S. 16 – 19.
24 Siehe Trevor Price, in: *Trends in Ecology & Evolution* 11, 8 (1996), S. 314f.
25 Über die im brasilianischen Bundesstaat Bahia von einem Wissenschaftlerteam des Botanischen Gartens in New York ermittelte Rekordzahl an Baumarten berichtete James Brook in der *New York Times* (30. März 1993). Zu dem von Gerardo Lamas, Robert K. Robbins und Donald J. Harvey aufgestellten Schmetterlingsrekord siehe *Publicaciones del Museo de Historia Natural, Universidad Nacional Mayor de San Marcos* (Ser. A: Zoologia) 40 (1990), S. 1 – 19.
26 Siehe K. J. M. Dickinson, A. F. Mark und B. Dawkins, in: *Journal of Biogeography* 20 (1993), S. 687 – 705.
27 Siehe Jane Ellen Stevens, in: *BioScience* 46, 5 (1996), S. 314 – 317.

Kapitel 2

1 Der ökologische Fußabdruck als Maß der durch den Menschen verursachten Umweltbelastung wurde von William E. Rees und Mathis Wackernagel entwickelt. Siehe AnnMari Jansson et al. (Hrsg.), *Investing in Natural Capital: The Ecological Economics Approach to Sustainability* (Washington, D.C., 1994), S. 362 – 390. Überarbeitet wurde der Begriff von Mathis Wackernagel in einer persönlichen Mitteilung vom 24. Januar 2000 (Redefining Progress, 1 Kearny St., San Francisco, CA) sowie in Wackernagel et al., *Living Planet Report 2000* (Gland 2000), S. 10ff.
2 Der hier vorgestellte Begriff des Jahrhunderts der Umwelt ist in leicht ab-

gewandelter Form meinem Artikel »Century of the Environment« entnommen. In: *Foreign Policy* 119 (Sommer 2000), S. 34f.

3 Die in dem Dialog zwischen Ökonom und Ökologen angeführten Daten und Argumente stammen aus vielen Quellen. Zu den aktuellsten gehören die Jahresberichte des World Wide Fund for Nature, *Living Planet Report*, 1998 und 1999 (Gland), und des World Conservation Monitoring Center (Cambridge, England). Sehr informativ ist auch die vom World Resources Institute in Zusammenarbeit mit den Umwelt- und Entwicklungsprogrammen der Vereinten Nationen sowie der Weltbank herausgegebene Publikation *World Resources 2000–2001: People and Ecosystems: The Fraying Web of Life* (Oxford 2000; Washington, D.C., 2000). Eine Zusammenfassung ist erhältlich unter http://www.elsevier. com/locate/worldresources.

4 Siehe zum Beispiel Joel E. Cohen, *How Many People Can the Earth Support?* (New York 1995); Lori S. Ashford, »Population Policy: Consensus and challenges«, und Jeanne A. Noble, in: *Consequences* 2, 2 (1996), S. 25 – 33; Lester R. Brown, Gary Gardner und Brian Halweil, *Beyond Malthus: Sixteen Dimensions of the Population Problem* (Worldwatch Paper 143, Washington, D.C., 1998), sowie *Global Environmental Outlook 2000* (United Nations Environment Programme, London 1999). Die Zukunftsprojektionen bis zum Jahr 2050 entstammen zum Teil dem Buch *World Population Prospects: The 1998 Revision*, Band 1: *Comprehensive Tables* (New York 1999).

5 Siehe *The New York Times 1999, World Almanac.*

6 Siehe Lester R. Brown et al., *Beyond Malthus*, a.a.O.

7 Diese Obergrenze wurde von John M. Gowdy und Carl N. McDaniel errechnet und in der Zeitschrift *Ecological Economics* veröffentlicht (Journal of the International Society for Ecological Economics, Amsterdam, Niederlande) 15, 3 (1995), S. 181 – 192.

8 Siehe Ian Crawford, in: *Scientific American* 283, 1 (Juli 2000), S. 38 – 43.

9 Die Informationen über Chinas Wasserressourcen und sein landwirtschaftliches Potenzial stammen überwiegend aus der MEDEA-Studie »China agriculture: cultivated land area, grain projections, and implications«, die 1997 für den National Intelligence Council (NIC) erstellt wurde. Der National Intelligence Council ist die Dachorganisation aller amerikanischen Nachrichtendienste. Als weitere Quelle habe ich das Buch *Pillar of Sand: Can the Irrigation Miracle Last?* von Sandra Postel benutzt (New York 1999). Ich danke Michael B. McElroy, einem der Autoren des MEDEA-Berichts, für seine Informationen über die chinesische Politik seit 1997.

Kapitel 3

1 Der Living Planet Index wird im jährlich im schweizerischen Gland erscheinenden *Living Planet Report* (1998 – 2000) des World Wide Fund for Nature, der New Economics Foundation und des World Conservation Monitoring Centre vorgestellt und dokumentiert. Untermauert wird diese Bewertung des Zustands der natürlichen Umwelt von einem weiteren Bericht, den das World Resources Institute in Zusammenarbeit mit den Umwelt- und Entwicklungsprogrammen der Vereinten Nationen sowie der Weltbank herausgeben hat: *World Resources 2000–2001: People and Ecosystems: The Fraying Web of Life* (Oxford 2000; Washington, D.C.,

2000). Eine Zusammenfassung dieses Berichts ist erhältlich unter http://www.elsevier.com/locate/worldresources.

2 Siehe Edward O. Wilson, *Der Wert der Vielfalt* (München 1995); Elizabeth Royte, in: *National Geographic* 188, 3 (September 1995), S. 4 – 37; Lucius G. Eldredge und Scott E. Miller, in: *Bishop Museum Occasional Papers* (Honolulu) 48 (1997), S. 3 – 22; James K. Liebherr und Dan A. Polhemus, in: *Pacific Science* 51, 4 (1997), S. 490 – 504; Stuart L. Pimm, Michael P. Moulton und Lenora J. Justice, in: *Philosophical Transactions of the Royal Society of London* (Ser. B: Biological Sciences) 344, 1307 (1994), S. 27 – 33; L. G. Eldredge und S. E. Miller, in: *Bishop Museum Occasional Papers* (Honolulu) 55 (1998), S. 3 – 15; Warren L. Wagner et al., ebd., 60 (1999), S. 1 – 58; und George W. Staples et al., ebd., 65 (2000), S. 1 – 35.

3 Siehe als gute und knappe Darstellung Richard B. Primack, *A Primer of Conservation Biology* (2. Aufl., Sunderland, MA, 2000). Unter der Vielzahl wissenschaftlicher Zeitschriften, die sich mit dieser neuen Teildisziplin der Biologie beschäftigen, ist die allgemeinste und repräsentativste Publikation *Conservation Biology*, die von Blackwell Science (Boston, MA) für die International Society of Conservation Biology herausgegeben wird.

4 Siehe die in Zusammenarbeit mit dem World Wildlife Fund Canada herausgegebenen Publikationen der Marmot Recovery Foundation, einer Stiftung, die sich die Rettung der Murmeltiere zum Ziel gesetzt hat (Vancouver, British Columbia, http://www.marmots.org). Ich danke Andrew A. Bryant, der führenden Kapazität auf dem Gebiet des Vancouver-Island-Murmeltiers, für aktuelle Informationen zur Situation der Spezies.

5 Zur Vernichtung der heimischen Baumschneckenarten auf Hawaii und den Gesellschafts-Inseln siehe IUCN Invertebrate Red Data Book (1983). Eine detailliertere Beschreibung liefern James Murray et al., in: *Pacific Science* 42, 3 u. 4 (1988), S. 150 – 153, sowie Nancy B. Benton et al., *America's Least Wanted* (Arlington, VA, 1996). Ich danke Bryan C. Clarke und Werner Loher für zusätzliche Informationen über das Schicksal der *Partulina*-Schnecken auf Moorea.

6 Die maßgebliche Publikation zum Rückgang der Frösche und anderer Amphibien stammt von Jeff E. Houlahan et al., die in einer umfangreichen Studie die Daten von 200 Biologen über 936 Populationen aus 30 Ländern (vorwiegend Europa und Nordamerika) auswerteten. Vgl. *Nature* 404 (2000), S. 752 – 755. Über einen ähnlichen Rückgang der Reptilien berichten J. Whitfield Gibbons et al., in: *BioScience* 50, 8 (2000), S. 653 – 666.

7 Ronald L. Westemeier et al. analysierten die Rolle der Inzuchtdepression beim Niedergang von Arten am Beispiel des Präriehuhns: *Science* 282 (1998), S. 1695 – 1698. Über die Inzuchtdepression beim Gemeinen Scheckenfalter berichten Ilik Saccheri et al., in: *Nature* 392 (1998), S. 491 bis 494. Über den Gepard siehe T. M. Caro und M. Karen Laurenson, in: *Science* 263 (1994), S. 485f.

8 Über die Vernichtung der wild lebenden Population des Schaus-Schwalbenschwanz durch den Hurrikan Andrew berichtet Michael J. Bean, in: *Wings* (Xerces Society, Portland, OR) 17, 2 (1993), S. 12 – 15.

9 Siehe Edward O. Wilson, *Der Wert der Vielfalt* (München 1995).

10 Siehe William Stolzenburg, in: *Nature Conservancy* (November/Dezember 1992), S. 17 – 23. Die verheerenden Folgen, die die Eindämmung des

Black Warrior und des Tombigbee River in Alabama für die dreißig dort heimischen Arten hatte, dokumentierten James D. Williams et al., in: *Bulletin of the Alabama Museum of Natural History* 13 (1992), S. 1–10.

11 Zur Zerstörung der natürlichen Lebensräume, insbesondere der Wälder, in den Vereinigten Staaten (mit Hinweisen zur Situation in anderen Ländern) siehe Reed F. Noss und Robert L. Peters, in: *Endangered Ecosystems: A Status Report of America's Vanishing Habitat and Wildlife* (Washington, D.C., 1995); R. L. Peters und R. F. Noss, in: *Defenders* (Herbst 1995), S. 16–27, sowie Reed F. Noss, Edward T. LaRoe III und J. Michael Scott, *Endangered Ecosystems of the United States: A Preliminary Assessment of Loss and Degradation* (Washington, D.C., 1995).

12 Siehe William D. Newmark, in: *Conservation Biology* 9, 3 (1995), S. 512 bis 526.

13 Mit der Situation der Tropenwälder unter besonderer Berücksichtigung des Amazonaswaldes befassen sich zahlreiche Publikationen: *Living Planet Report* 1998 (Gland 1998); William F. Laurance et al., in: *Ecology* 79, 6 (1998), S. 2032–2040, und W. F. Laurance, in: *Natural History* 1107, 6 (Juli/August 1998), S. 34–51; Nick Brown, in: *Trends in Ecology & Evolution* 13, 1 (1998), S. 41; Emil Salim und Ola Ullsten, *Our Forests, Our Future* (Report of the World Commission on Forests and Sustainable Development, Cambridge, UK, 1999); Claude Gascon, G. Bruce Williamson und Gustavo A. B. da Fonseca, in: *Science* 288 (2000), S. 1356ff.; Bernice Wuethrich, in: *Science* 289 (2000), S. 35ff., und William F. Laurance et al., in: *Science* 291 (2001), S. 438f. Für weitere Informationen, Ratschläge und neueste Satellitenbilder zur Entwaldung der Tropenwälder danke ich Claude Gascon, Richard A. Houghton, Norman Myers und Marc Steininger.

14 »Hot Spots« wurden erstmals von Norman Myers skizziert. Siehe *The Environmentalist* 8, 3 (1988), S. 187–208, und *The Environmentalist* 10, 4 (1990), S. 243–256. Aktualisiert und mit Abbildungen versehen wurde die Auflistung von Russell A. Mittermeier, Norman Myers et al.: *Hotspots: Earth's Biologically Richest and Most Endangered Terrestrial Ecoregions* (Mexico City 1999). Siehe auch eine jüngst erschienene Zusammenfassung von Norman Myers et al., in: *Nature* 403 (2000), S. 853–858.

15 Zum Ausmaß der globalen Erwärmung und zu den vorhergesagten Auswirkungen auf die natürliche Umwelt siehe Walter V. Reid und Mark C. Trexler, *Drowning the National Heritage: Climate Change and U.S. Coastal Biodiversity* (Washington, D.C. 1991); Robert L. Peters und Thomas E. Lovejoy (Hrsg.), *Global Warming and Biological Diversity* (New Haven 1992); E. O. Wilson, *Der Wert der Vielfalt* (München 1995); Christopher B. Field et al., *Confronting Climate Change in California: Ecological Impacts on the Golden State* (Cambridge, MA 1999); Richard Monastersky, in: *Science News* 156, 9 (1999), S. 136ff. Über die Anfang 2001 vom Intergovernmental Panel on Climate Change (IPCC) veröffentlichten Hochrechnungen über den Anstieg der globalen Erwärmung im 21. Jahrhundert berichtet Richard A. Kerr, in: *Science* 291 (2001), S. 566. Außerdem habe ich die Zusammenfassungen der Arbeitsgruppen I und II des IPCC für politische Entscheidungsträger zu Rate gezogen. Ich danke James J. McCarthy, einem der Vorsitzenden der Arbeitsgruppe, für die Durchsicht meiner kurzen Darstellung der IPCC-Hochrechnungen.

16 Zur Geschichte der invasiven Arten mit Schwerpunkt auf den Vereinigten Staaten gibt es eine Reihe ausgezeichneter Berichte und populärwissen-

schaftlicher Bücher. Als Quelle für die vorliegende Darstellung dienten David Pimental et al., in: *BioScience* 50, 1 (2000), S. 53 – 65; Walter E. Parham, *Harmful Non-Indigenous Species in the United States* (Washington, DC, 1993); Corinna Gilfillan et al., *Exotic Pests* (Washington, D.C., 1994); Stuart Pimm, *The Sciences* 34, 3 (Mai/Juni 1994), S. 16 – 19; Bruce A. Stein und Stephanie R. Flack (Hrsg.), *America's Least Wanted* (Arlington, VA, 1996); Donald R. Strong und Robert W. Pemberton, *Science* 288 (2000), S. 1969f.; Bill N. McKnight (Hrsg.), *Biological Pollution: The Control and Impact of Invasive Exotic Species* (Indianapolis 1993); Daniel Simberloff, Don C. Schmitz und Tom C. Brown (Hrsg.), *Strangers in Paradise: Impact and Management of Nonindigenous Species in Florida* (Washington, D.C., 1997), und Chris Bright, *Life Out of Bounds: Bioinvasion in a Borderless World* (New York 1998). Über die Einführung europäischer Stare nach Amerika berichtet Anthony C. Janetos, in: *Consequences* (Saginaw Valley State University, University Center, MI) 3, 1 (1997), S. 17 – 26.

Kapitel 4

1 Zur Lage des Sumatra-Nashorns siehe Ronald M. Nowak, *Walker's Mammals of the World*, Bd. 2, 5. Aufl. (Baltimore, MD, 1991), und Mark Cherrington, in: *The Sciences* 38, 1 (Januar/Februar 1998), S. 15ff. Ich danke William Conway, Alan Rabinowitz, Edward Maruska, Terri Roth und Thomas Foose für fachkundige Informationen und Ratschläge.
2 Siehe Joanna Behrens und John Brooks, in: *Endangered Species Bulletin* 25, 3 (2000), S. 6f.
3 Zur Rettung des Mauritius-Falken siehe David Quammen, *The Song of the Dodo: Island Biogeography in an Age of Extinctions* (New York 1996). Zur genetischen Verarmung siehe Jim J. Groombridge et al., in: *Nature* 403 (2000), S. 616.
4 Über den Rückgang der Tibetantilope, der von Naturschutzorganisationen besorgt beobachtet wird, berichtet Marion Lloyd im *Boston Globe* vom 15. März 2000, S. 1. Der Rückgang der Weißen Abalone-Muschel wird von Mia J. Tegner, Lawrence V. Basch und Paul K. Dayton, in: *Trends in Ecology & Evolution* 11, 7 (1996), S. 278ff., dokumentiert.
5 Eine Schätzung der vom Aussterben bedrohten Baumarten der Welt liefert das World Conservation Monitoring Centre. Siehe den Bericht von Nigel F. Williams, in: *Science* 281 (1998), S. 1426. Über die Lage der Baumarten auf den Juan-Fernández-Inseln berichten Tod F. Stuessy et al., in: *Rare, Threatened, and Endangered Flora of Asia and the Pacific Rim* (Monograph Series No. 16), hrsg. von Ching-I. Peng und Porter P. Lowry II (Taipeh 1998), S. 243 – 257.
6 Siehe Stuart L. Pimm, Michael P. Moulton und Lenora Justice, in: *Philosophical Transactions of the Royal Society of London* (Ser. B: Biological Sciences) 344, 1307 (1994), S. 27 – 33.
7 Über den Rückgang der australischen Säugetierfauna berichten Christopher John Humphries und Clemency Thorne Fisher, in: *Philosophical Transactions of the Royal Society of London* (Ser. B: Biological Sciences) 344, 1307 (1994), S. 3 – 9, sowie Gask Timothy F. Flannery, in: *Science* 283 (1999), S. 182f. Aufschluss über die zum heutigen Zeitpunkt bedrohten Arten gibt die von Jonathan Baillie und Brian Groombridge 1996 im

schweizerischen Gland herausgegebene Rote Liste, *IUCN Red List of Threatened Animals.*

8 Unter den zahlreichen jüngeren Publikationen über die Fauna Madagaskars ist besonders das Buch von Peter Tyson, *The Eighth Continent: Life, Death, and Discovery in the Lost World of Madagascar* (New York 2000), zu erwähnen. Es ist eine der besten, gründlichsten und aktuellsten Abhandlungen zu dem Thema.

9 Zur Ausrottung der neuseeländischen Vogelwelt, insbesondere der Moas, siehe die ausführlichen Darstellungen von Atholl Anderson, *Prodigious Birds: Moas and Moa-hunting in Prehistoric New Zealand* (New York 1989); Alan Cooper et al., in: *Trends in Ecology & Evolution* 8, 12 (1993), S. 433 – 437; Jared Diamond, in: *Science* 287 (2000), S. 2170f., sowie R. N. Holdaway und C. Jacomb, in: *Science* 287 (2000), S. 2250 bis 2254.

10 Zum Rückgang der polynesischen Vogelwelt siehe Storrs L. Olson und Helen F. James, *Ornithological Monographs*, Nr. 45 und 46 (Washington, D.C., 1991). Eine allgemeinere Darstellung liefern Tom Dye und David W. Steadman, in: *American Scientist* 78 (1990), S. 207 – 215, sowie Stuart L. Pimm, Michael P. Moulton und Lenora J. Justice, in: *Philosophical Transactions of the Royal Society of London* (Ser. B: Biological Sciences) 344, 1307 (1994), S. 27 – 33.

11 Der Begriff des Filterprinzips im Zusammenhang mit dem massenhaften Artensterben wurde von Stuart L. Pimm et al., ebd., und von Andrew Balmford, in: *Trends in Ecology and Evolution* 11, 5 (1996), S. 193 – 196, entwickelt.

12 Von welchen Tieren sich die Menschen im Mittelmeergebiet in der mittleren und älteren Steinzeit ernährten, wird von Mary C. Stiner et al., in: *Science* 283 (1999), S. 190 – 194, analysiert. Die Wanderungsbewegungen der Menschen und die zunehmende Verbreitung der Landwirtschaft durch das jungsteinzeitliche Europa beschreibt Luigi L. Cavalli-Sforza, *Gene, Völker und Sprachen* (München 1999).

13 Mit den Extinktionsraten und der Langlebigkeit von Arten im erdgeschichtlichen Maßstab befasst sich eine Reihe von Autoren in dem Sammelband *BioDiversity* (Washington, D.C., 1988), der von Edward O. Wilson und Frances M. Pester herausgegeben wurde. Siehe auch Edward O. Wilson, *Der Wert der Vielfalt* (München 1995).

14 Die verschiedenen Methoden zur Abschätzung der Extinktionsraten werden in einer Reihe von Publikationen erörtert. Siehe Georgina M. Mace und Russell Lande, in: *Conservation Biology* 5, 2 (1991), S. 148 – 157; Edward O. Wilson, *Der Wert der Vielfalt* (München 1995), sowie verschiedene Artikel aus *Philosophical Transactions of the Royal Society* (Ser. B: Biological Sciences) 344, 1307 (1994), die in überarbeiteter und aktualisierter Form in der von John H. Lawton und Robert M. May herausgegebenen Monografie *Extinction Rates* (New York 1995) erschienen sind.

Kapitel 5

1 Das Zitat von Alexander Wilson stammt aus seinem Buch *American Ornithology; or the Natural History of the Birds of the United States* (Philadelphia 1808-1814), S. 20. Die Angaben zum Verbreitungsgebiet des

Elfenbeinspechts in den dreißiger Jahren sind aus: Roger Tory Peterson, *A Field Guide to the Birds* (Boston 1934). Anhand der späteren überarbeiteten Ausgaben dieses Werkes lässt sich der Niedergang der Art genau verfolgen. Sporadische Berichte, der amerikanische Elfenbeinspecht sei gesichtet worden, konnten nie bestätigt werden. Zuletzt gingen Ornithologen im Jahr 2000 Meldungen nach, wonach der Vogel im Pearl River Forest nördlich von New Orleans gesehen worden sei. Doch wie stets verlief die daraufhin eingeleitete Suche ergebnislos. Siehe *Boston Globe* vom 11. November 2000, S. 2.

2 Siehe die Schätzung von Robert Costanza und zwölf anderen Wissenschaftlern und Ökonomen, in: *Nature* 387 (1997), S. 253 – 260.

3 Einen allgemeinen Überblick über die ökologischen Dienstleistungen der Natur geben 32 Experten, in: *Nature's Services: Societal Dependence on Natural Ecosystems*, hrsg. von Gretchen C. Daily (Washington, D.C., 1997).

4 Zum ökonomischen Wert der Wälder in den Catskill Mountains sowie von Baumpflanzungen in der Stadt Atlanta siehe Peter H. Raven et al., *Teaming with Life: Investing in Science to Understand and Use America's Living Capital* (Washington, D.C., 1999). Die Schätzungen stammen von der Nichtregierungsorganisation American Forests, die sich dabei auf Formeln stützte, die vom amerikanischen Natural Resource Conservation Service entwickelt wurden.

5 Der Zusammenhang zwischen biologischer Vielfalt und der Stabilität und Produktivität von Ökosystemen wurde in jüngerer Zeit von zahlreichen Autoren untersucht. Siehe zum Beispiel David Tilman, in: *Ecology* 80, 5 (1999), S. 1455 – 1474, und in: *Nature* 405 (2000), S. 208 – 211; Kevin S. McCann, in: *Nature* 405 (2000), S. 228 – 233; Jocelyn Kaiser, in: *Science* 289 (2000), S. 1282f., und F. Stuart Chapin III. et al., in: *Nature* 405 (2000), S. 234 – 242. Zur mathematischen Theorie siehe Michael Loreau, in: *Proceedings of the National Academy of Sciences, USA* 95, 10 (1998), S. 5632 – 5636; sowie Felix Schläpfer, Bernhard Schmid und Irmi Seidl, in: *Oikos* 84, 2 (1999), S. 346 – 352. Zur Bedeutung einer reichen Mikroorganismenfauna in Süßwasserökosystemen siehe Robert G. Wetzel, in: *Archiv für Hydrobiologie*, Sonderheft: *Ergebnisse der Limnologie* 54 (1999), S. 19 – 32. Die Vorstellung von Organismen, die gestaltend in Ökosysteme eingreifen, wird anhand zahlreicher Beispiele von Clive G. Jones, John H. Lawton und Moshe Shachak, in: *Oikos* 69, 3 (1994), S. 373 – 386, entwickelt.

6 Die von Colin W. Clark angestellte wirtschaftliche Analyse zur Erhaltung oder Ausrottung des Blauwals ist im *Journal of Political Economy* 81, 4 (1973), S. 950 – 961, veröffentlicht. David Ehrenfeld zitiert dieses und andere Beispiele für die Schwächen einer rein ökonometrischen Bewertung in *Beginning Again: People and Nature in the New Millennium* (New York 1993).

7 Zu den rund hundert Pflanzenarten, die die Welt mit Nahrungsmitteln versorgen, siehe Robert und Christine Prescott-Allen, in: *Conservation Biology* 4, 4 (1990), S. 365 – 374. Die Schätzung beruht auf den Daten von 146 Ländern, die von der Ernährungs- und Landwirtschaftsorganisation der Vereinten Nationen (FAO) um Informationen gebeten wurden.

8 Siehe Edward O. Wilson, *Der Wert der Vielfalt* (München 1995).

9 Siehe Erich Hoyt, *Conserving the Wild Relatives of Crops* (Gland 1988).

10 Die gentechnische Veränderung von Nahrungspflanzen hat wegen ihrer Bedeutung und der damit verbundenen Kontroverse um Nutzen und Risiken binnen kürzester Zeit eine umfangreiche Literatur hervorgebracht. Zum potenziellen Nutzen der Gentechnik siehe: Charles C. Mann und Dennis Normile, in: *Science* 283 (1999), S. 310 – 316; Mary Lou Guerinot, in: *Science* 287 (2000), S. 241, S. 243; Elizabeth Pennisi, in: *Science* 288 (2000), S. 2304 – 2307; Anne Simone Moffat, in: *Science* 290 (2000), S. 253f.; Michelle Marvier, in: *American Scientist* 89 (2001), S. 160 – 167; J. Madeleine Nash und Simon Robinson, in: *Time* 156, 5 (31. Juli 2000), S. 38 – 46. Zu den Risiken siehe Dean D. Metcalfe et al., in: *Critical Reviews and Food Science and Nutrition* 36, S (1996), S. S165 – 186; Issue Paper, Council for Agricultural Science and Technology No. 12, 8 Seiten (1999); Joy Bergelson, Colin B. Purrington und Gale Wichmann, in: *Nature* 395 (1998), S. 25; Tanja H. Schuler et al., in: *Trends in Biotechnology* 17 (1999), S. 210 – 216; The News and Editorial Staffs, in: *Science* 286 (1999), S. 2243; Dennis Avery, in: *World Link* (Juli/ August 1999), S. 8f.; Adrian Murdoch, Interview mit Chad Holliday, in: *World Link* (November/Dezember 1999), S. 36 – 39; Norman C. Ellstrand, Honor C. Prentice und James F. Hancock, in: *Annual Review of Ecology and Systematics* 30 (1999), S. 539 – 563; Jill Rubin, in: *Masspirg* (Massachusetts Public Interest Research Group) 18, 3 (2000), S. 4f.; Klaus M. Leisinger, in: *Foreign Policy* 119 (Sommer 2000), S. 113 – 122; Miguel A. Altieri, in: *Foreign Policy* 119 (Sommer 2000), S. 123 – 131; Rosie S. Hails, in: *Trends in Ecology & Evolution* 15, 1 (2000), S. 14 – 18; A.R. Watkinson et al., in: *Science* 289 (2000), S. 1554 – 1557. Zu Kompromissen, Verträgen und Richtlinien: Royal Society of London, U.S. National Academy of Sciences, Brazilian Academy of Sciences, Chinese Academy of Sciences, Indian National Science Academy, Mexican Academy of Sciences und Third World Academy of Sciences, *Transgenic Plants and World Agriculture* (Washington, D.C., 2000); Cyril Kormos und Layla Hughes, *Regulating Genetically Modified Organisms: Striking a Balance Between Progress and Safety* (Washington, D.C., 2000); Colin Macilwain, in: *Nature* 404 (2000), S. 693; Richard J. Mahoney, in: *Science* 288 (2000), S. 615; Tim Beardsley, in: *Scientific American* 282, 4 (April 2000), S. 42f. Ich danke Thomas E. Nickson und Jerry J. Hjelle von der Firma Monsanto für offene Diskussionen zum Engagement ihres Unternehmens und zu Nutzen und Risiken transgener Nutzpflanzen.

11 Der Begriff wurde erstmals von dem indischen Agrarwissenschaftler M.S. Swaminathan Mitte der neunziger Jahre verwendet; siehe zum Beispiel sein Buch *Sustainable Agriculture: Towards an Evergreen Revolution* (Delhi 1996).

12 Siehe Douglas J. Futuyma, in: *Science* 267 (1995), S. 41f.; E.O. Wilson, op. cit.; Peter H. Raven et al. (PCAST), op. cit., und Colin Macilwain, in: *Nature* 392 (1998), S. 535 – 540.

13 Zur Struktur und biochemischen Funktion von Cyclosporin siehe Christopher T. Walsh, Lynne D. Zydowsky und Frank D. McKeon, in: *The Journal of Biological Chemistry* 267, 19 (5. Juli 1992), S. 13115 – 13118, sowie Stuart L. Schreiber und Gerald R. Crabtree, in: *Immunology Today* 13, 4 (1992), S. 136 – 142, und in: *The Harvey Lectures*, Series 91 (1997), S. 99 – 114.

14 Siehe David Bradley, in: *Science* 261 (1993), S. 1117; Charles W. Myers und John W. Daly, in: *Science* 262 (1993), S. 1193, sowie insbesondere

Mark J. Plotkin, *Medicine Quest: In Search of Nature's Healing Secrets* (New York 2000).

15 Siehe den Artikel von Robert Cook, der in der Beilage »Arnold Arboretum of Harvard University« zur *Harvard University Gazette* (November 1996), S. 1, S. 4 erschienen ist. Das Präparat befindet sich in einem fortgeschrittenen Stadium der Erprobung durch das Pharma-Unternehmen Sarawak MediChem Pharmaceuticals, Inc.

16 Siehe James L. Castner, Stephen L. Timme und James A. Duke, *A Field Guide to Medicinal and Useful Plants of the Upper Amazon* (Gainesville, FL, 1998).

17 Siehe Michael J. Balick und Robert Mendelsohn, *Conservation Biology* 6, 1 (1992), S. 128ff.

18 Über die Bewirtschaftung des Regenwaldes in der Petén-Region berichtete Laura Tangley, in: *U.S. News & World Report* 124, 15 (20. April 1998), S. 40f., S. 44.

19 Welche Rolle das Unternehmen Cetus und der Yellowstone-Nationalpark bei der Entwicklung der Polymerase-Kettenreaktion (PCR) spielten, wird von William H. Bull untersucht, in: *Biodiversity* (Consultative Group on Biological Diversity) 8, 1 (1998), S. 1f. Zu den übrigen Bioprospecting-Vereinbarungen siehe Leslie Roberts, in: *Science* 256 (1992), S. 1142f.; Andrew Pollack, in: *The New York Times* vom 5. März 1992, S. C10; Ricardo Bonalume Neto und David Dickson, in: *Nature* 400 (1999), S. 302; Hunter Jackson, NPS Pharmaceuticals, persönliche Mitteilung vom 27. Mai 1993; aktuelle Informationen über die Vereinbarung zwischen INBio und Merck verdanke ich Daniel H. Janzen (ebenfalls persönliche Mitteilung).

Kapitel 6

1 Die Gründe für meine Zweifel, dass Ökosysteme von Grund auf neu geschaffen werden können, sind dargelegt in: *Die Einheit des Wissens* (Berlin 1998).

2 Die Umweltethik ist ein weites Gebiet, das leider außerhalb eines kleinen akademischen Zirkels in der Öffentlichkeit und bei Wissenschaftlern anderer Disziplinen weitgehend unbekannt ist. Eine Literaturauswahl zu diesem Thema umfasst: Aldo Leopold, *Am Anfang war die Erde* (München 1992), und *For the Health of the Land* (Washington, D.C., 1999); Holmes Rolston III., *Philosophy Gone Wild: Essays in Environmental Ethics* (Buffalo, NY, 1986); Bill McKibben, *The End of Nature* (New York 1989); Steven C. Rockefeller und John C. Elder (Hrsg.), *Spirit and Nature: Why the Environment Is a Religious Issue* (Boston, MA, 1992); David R. Brower mit Steve Chapple, *Let the Mountains Talk, Let the Rivers Run: A Call to Those Who Would Save the Earth* (San Francisco, CA, 1995); Theodore Roszak, Mary E. Gomes und Allen D. Kanner, *Ecopsychology: Restoring the Earth, Healing the Mind* (San Francisco 1995); Philip Shabecoff, *A New Name for Peace: International Environmentalism, Sustainable Development and Democracy* (Hanover, NH, 1996); Stephen R. Kellert, *Kinship to Mastery: Biophilia in Human Evolution and Development* (Washington, D.C., 1997); Daniel C. Maguire und Larry L. Rasmussen (Hrsg.), *Ethics for a Small Planet: New Horizons on Population, Consumption, and Ecology* (Albany, NY, 1998); Thomas Berry,

The Great Work: Our Way Into the Future (New York 1999); James Eggert, *Song of the Meadowlark: Exploring Values for a Sustainable Future* (Berkeley, CA, 1999); Martin Gorke, *Artensterben: Von der ökologischen Theorie zum Eigenwert der Natur* (Stuttgart 1999). Ferner gibt es die Fachzeitschrift *Environmental Ethics*, herausgegeben vom Center for Environmental Philosophy und der University of North Texas, Denton, Texas.

3 Der Ausdruck »Investition in die Unsterblichkeit« stammt von Kenneth Small, in: *Politics and the Life Sciences* 16, 2 (1997), S. 183 – 192.

4 Siehe Holmes Rolston III., in: *Garden* 11, 4 (Juli/ August 1987), S. 2ff., S. 31f.

5 Der Begriff Biophilie wurde von mir in meinem Buch *Biophilia* eingeführt (Cambridge, MA, 1984). Er ist von einer Vielzahl anderer Autoren weiterentwickelt worden, darunter den zahlreichen Autoren in Stephen R. Kellert und Edward O. Wilson (Hrsg.), *The Biophilia Hypothesis* (Washington, D.C., 1993), und Stephen Kellert, op. cit.

6 Aufbauend auf Überlegungen von Jay Appleton, *The Experience of Landscape* (New York 1975), und anderen, entwickelte Gordon H. Orians die Vorstellung einer vererbten menschlichen Lebensraumpräferenz, in: J. S. Lockard (Hrsg.), *The Evolution of Human Social Behavior* (New York 1980). Weiterentwickelt und anhand von Beispielen belegt haben Orians und Judith H. Heerwagen diese Vorstellung in: J. Barkow, Leda Cosmides und John Tooby (Hrsg.), *The Adapted Mind: Evolutionary Psychology and the Generation of Culture* (New York 1992), sowie in: S. R. Kellert und E. O. Wilson (Hrsg.), op. cit.; siehe auch Orians, in: *Bulletin of the Ecological Society of America* 79, 1 (1998), S. 15 – 28.

7 Die bildhafte Komprimierung der Menschheitsgeschichte auf eine besser vorstellbare Zeitspanne von 70 Jahren ist Howard Frumkin, in: *American Journal of Preventive Medicine* 20, 3 (2001), S. 234 – 240, entnommen.

8 Zur Entwicklung von Biophilie und Lebensraumpräferenz in der Kindheit siehe S. R. Kellert und E. O. Wilson (Hrsg.), op. cit., sowie Peter H. Kahn, in: *Developmental Review* 17. 1 (1997), S. 1 – 61, und *The Human Relationship with Nature: Development and Culture* (Cambridge, MA, 1999).

9 Die Verstecke der Kindheit werden beschrieben von David T. Sobel, *Children's Special Places: Exploring the Role of Forts, Dens, and Bush Houses in Middle Childhood* (Tucson, AZ, 1993), S. 90, und von Will Nixon, in: *The Amicus Journal* (Sommer 1997), S. 31 – 35. Die Episode aus meiner eigenen Kindheit ist dem *Michigan Quarterly Review* (Sommer 2000), S. 90, entnommen.

10 Zu den Auswirkungen von Haustieren auf die Gesundheit und zur Bedeutung der natürlichen Umwelt siehe Roger S. Ulrich et al., in: *Journal of Environmental Psychology* 11, 3 (1991), S. 201 – 230; R. S. Ulrich, in: S. R. Kellert und E. O. Wilson (Hrsg.), op. cit.; Russ Parsons et al., in: *Journal of Environmental Psychology* 18, 2 (1998), S. 113 – 140, und Howard Frumkin, op. cit.

11 Zur Entwicklung von Biophobien unter besonderer Berücksichtigung des genetisch vorbereiteten Erwerbs von Aversionen gegen gefährliche Tiere siehe Roger S. Ulrich, in: S. R. Kellert und E. O. Wilson (Hrsg.), op. cit. Die Beziehung zwischen Furcht vor Schlangen und kultureller Evolution wurde erstmals von Balaji Mundkur in *The Cult of the Serpent: An Interdisciplinary Survey of Its Manifestations and Origins* (Albany, NY, 1983)

beschrieben und weiter ausgeführt von Edward O. Wilson, in: *Biophilia* (Cambridge, MA, 1984).

12 Zum Wildnisbegriff gibt es eine umfangreiche, vorwiegend aus dem amerikanischen Raum stammende Literatur. Eine Auswahl der von mir benutzten Quellen umfasst: Roderick Nash, *Wilderness and the American Mind*, 3. Aufl. (New Haven, CT, 1982); Bill McKibben, *The End of Nature* (New York 1989); Frans Lanting und Christine K. Eckstrom, *Forgotten Edens: Exploring the World's Wild Places* (Washington, D.C., 1993); J. Baird Callicott et al., »A Critique and Defense of the Wilderness Idea«, eine Sonderausgabe von *Wild Earth* (Winter 1994/1995), S. 54 bis 68; David R. Brower mit Steve Chapple, op. cit.; Lawrence Buell, *The Environmental Imagination: Thoreau, Nature Writing, and the Formation of the American Culture* (Cambridge, MA, 1995); William Cronon (Hrsg.), *Uncommon Ground: Toward Reinventing Nature* (New York 1995); Tom Petrie, Kim Leighton und Greg Linder (Hrsg.), *Temple Wilderness: A Collection of Thoughts and Images on Our Spiritual Bond with the Earth* (Minocqua, WI, 1996).

Kapitel 7

1 Siehe *Human Development Report 1999* der Vereinten Nationen und den Kommentar von Fouad Ajami, in: *Foreign Policy* (Sommer 2000), S. 30 bis 34. Mit den Folgen der ungleichen Einkommensverteilung beschäftigen sich Geoffrey D. Dabelko, in: *Wilson Quarterly* 23, 4 (Herbst 1999), S. 14 – 19; Thomas F. Homer-Dixon, *Environment, Scarcity, and Violence* (Princeton, NJ, 1999), und *The Ingenuity Gap* (New York 2000).

2 Zum unterschiedlichen Verbrauch in armen und reichen Ländern siehe William E. Rees und Mathis Wackernagel, in: AnnMari Jansson et al. (Hrsg.), *Investing in Natural Capital: The Ecological Economics Approach to Sustainability* (Washington, D.C., 1994), S. 362 – 390. Die Schätzung, dass vier weitere Planeten erforderlich wären, stammt von Mathis Wackernagel (persönliche Mitteilung vom 24. Januar 2000). Vergleiche auch die Überlegungen zum ökologischen Fußabdruck in Kapitel 2.

3 Das Ergebnis der Meinungsumfrage wurde unter dem Titel »Human Values and Nature's Future: American Attitudes on Biological Diversity« im Oktober 1996 veröffentlicht. Der Abdruck von Auszügen aus dem Bericht erfolgt mit freundlicher Genehmigung der Consultative Group on Biodiversity.

4 Zitat aus: Janisse Ray, *Ecology of A Cracker Childhood* (Minneapolis, MN, 1999).

5 Berichte über die christlichen und jüdischen Umweltaktionsgruppen sowie Interviews mit einigen ihrer führenden Köpfe sind nachzulesen in: *The Washington Post* vom 3. Februar 1998, S. A1 – 6 (von Caryle Murphy), und in: *The Boston Globe* vom 14. Oktober 2000, S. B3 (von Michael Paulson). Eine allgemeine Übersicht über die Beziehung zwischen Naturschutz und Glauben in den verschiedenen Religionen bieten Libby Bassett, John T. Brinkman und Kusimita P. Pedersen (Hrsg.), *Earth and Faith: A Book of Reflection for Action* (New York 2000).

6 Diese Grundsatzerklärung der Religious Campaign for Forest Conversation stammt von Fred Krueger, in: *Religion and the Forests* 1, 1 (Frühjahr 2000), S. 2.

7 Die ursprünglich von Norman Myers erstellte und später von Myers, Russell Mittermeier, Gustavo Fonseca und anderen Mitarbeitern der Umweltorganisation Conservation International überarbeitete Liste der 25 wertvollsten auf dem Land befindlichen Hot Spots enthält folgende Gebiete: die tropischen Anden, Mittelamerika (Südmexiko bis Costa Rica), die karibischen Inseln, die brasilianische Atlantikküste, Panama und den kolumbianischen Chocó bis nach Westecuador, den Cerrado (die brasilianische Krummholz-Savannenlandschaft), Zentralchile, die Florenprovinz Kalifornien, Madagaskar, den osttansanischen Rand des Ostafrikanischen Grabensystems und die Küstenwälder Tansanias und Kenias, die Wälder Westafrikas, die Flora der südafrikanischen Kap-Provinz, das Trockenpflanzengebiet Succulent Karoo in Südafrika, den Rand des Mittelmeerbeckens, die Kaukasusregion, Sundaland (die großen Inseln Indonesiens und die benachbarten Schelfinseln), Wallacea (die Kleinen Sunda-Inseln Indonesiens von Lombok bis Timor), die Philippinen, Indochina, Südzentralchina, Sri Lanka und die indischen Westghats, Südwestaustralien (Buschlandschaft mit mediterranem Klima), Neukaledonien, Neuseeland, Polynesien und Mikronesien. (Siehe *Nature* 403 [2000], S. 853 bis 858). Jedes dieser Gebiete wird entweder insgesamt oder teilweise als Hot Spot betrachtet. Eine sehr schön illustrierte Beschreibung dieser gefährdeten Lebensräume liefert das Buch *Hotspots: Earth's Biologically Richest and Most Endangered Terrestrial Ecoregions* von Russell A. Mittermeier, Norman Myers et al. (Mexico City 1999). Die Mitarbeiter des World Wildlife Fund haben unabhängig davon eine eigene Liste ökologisch besonders wertvoller Lebensräume im Wasser und auf dem Land definiert, die »Global 200«-Regionen, innerhalb derer Hot Spots präziser bestimmt werden können. Ihre Datenbanken und Naturschutzempfehlungen sind in den Jahresberichten und anderen Veröffentlichungen des WWF dargelegt (http://www.worldwildlife.org). Die von Conservation International und World Wildlife Fund definierten terrestrischen Hot Spots decken sich zu über 80 Prozent.

8 Viele der von Biologen und Umweltwissenschaftlern entwickelten Empfehlungen zur Bewahrung der Artenvielfalt bei gleichzeitiger Förderung der Land- und Forstwirtschaft sowie der allgemeinen Wirtschaft wurden in meinem früheren Buch *Der Wert der Vielfalt* (München 1995) beschrieben. Siehe auch Lehrbücher zum Naturschutz wie zum Beispiel John F. Ahearne, H. Guyford Stever et al., *Linking Science and Technology to Society's Environmental Goals* (Washington, D.C., 1996); William J. Sutherland (Hrsg.), *Conservation Science and Action* (Malden, Mass., 1998); W. L. Sutherland, *The Conservation Handbook: Research, Management and Policy* (Malden, Mass., 2000); Michael E. Soulé und John Terborgh (Hrsg.), *Continental Conservation: Scientific Foundations of Regional Reserve Networks* (Washington, D.C., 1999); Donald Kennedy und John A. Riggs (Hrsg.), *U.S. Policy and the Global Environment: Memos to the President* (Washington, D.C., 2000), sowie Peter H. Raven (Hrsg.), *Nature and Human Society: The Quest for a Sustainable World* (Washington, D.C., 2000). Wie sich Bevölkerungswachstum und steigende landwirtschaftliche Erträge auf die Natur auswirken, wird von David Tilman in *Proceedings of the National Academy of Sciences, USA* 96 (1999), S. 5995 – 6000, analysiert.

9 Ich danke Daniel H. Janzen für die Idee einer Kaffeesteuer von einem Cent pro Tasse.

10 Eine komplette Auflistung der Regierungs- und Nichtregierungsorganisationen sowie der Naturschutzgebiete in Nordamerika – versehen mit Querverweisen und Anmerkungen – ist im *Conservation Directory* enthalten, das jährlich von der National Wildlife Federation neu herausgegeben wird (http://www.nwf.org/nwf). Über Schutzgebiete in Deutschland informiert das Bundesumweltamt (http://www.umweltbundesamt.org./ dzu/Y00603.html).

11 Die Angaben zur wachsenden Zahl humanitärer und ökologischer Nichtregierungsorganisationen stammt aus dem *Yearbook of International Organizations 1996–1997* (München 1997).

12 Statistische Angaben zur Mitgliedschaft in Umweltschutzorganisationen macht Norman Myers, in: *BioScience* 49, 10 (Oktober 1999), S. 834f., S. 837.

13 Zum Kapital der größten Unternehmen siehe Paul Hawken, in: *World Watch* 13, 4 (2000), S. 36.

14 Über die unterschiedlichen Auffassungen des kamerunischen Journalisten und des Präsidenten des World Wide Fund for Nature hinsichtlich der Abholzung der afrikanischen Wälder berichtete *The Economist* vom 26. Juni 1999, 351, S. 54f.

15 Die Mitgliedszahlen der führenden amerikanischen Naturschutzorganisationen werden nach *Marketing as a Conservation Strategy* zitiert, einer Broschüre, die von The Nature Conservancy 1999 herausgegeben wurde (http://www.tnc.org). Die Schätzung für den World Wildlife Fund (WWF) stammt von Kathryn S. Fuller und James P. Leape von WWF (persönliche Mitteilung).

16 Die von The Nature Conservancy initiierte Naturschutzkampagne wurde von ihrem Präsidenten John C. Sawhill, in: *Nature Conservancy* (Mai/ Juni 2000), S. 5, verkündet. Siehe dazu auch den Leitartikel in der *New York Times* vom 17. März 2000. Die mit Hilfe der Kampagne angestrebten Landkäufe stehen ganz in der Tradition der von TNC seit langem betriebenen Natural Heritage-Programme, die jüngst reorganisiert wurden und nun Teil der unabhängigen Association for Biodiversity Information sind. Einige der Datensammlungen sind zusammengefasst in: *Precious Heritage: The Status of Biodiversity in the United States*, hrsg. von Bruce A. Stein, Lynn S. Kutner und Jonathan S. Adams (New York 2000).

17 Die Angaben über die Landerwerbungen durch TNC beruhen auf einem internen Memorandum des Präsidenten der Organisation, John C. Sawhill (26. Oktober 1999).

18 Die Rolle des World Wildlife Fund bei der Schaffung von Naturschutzgebieten im Amazonasgebiet wird von Lesley Alderman in: *Barron's National Business and Financial Weekly* vom 18. Dezember 2000, S. 22f., beschrieben.

19 Persönliche Mitteilung von Richard Rice.

20 Die von der Naturschutzorganisation Conservation International und ihren Partnern erworbenen Waldkonzessionen in Guyana werden beschrieben in: *Global Environmental Change Report*, 12, 19 (2000), S. 1f. Siehe auch Reed Abelson, in: *The New York Times* vom 24. September 2000, Business World. Darüber hinaus habe ich mich in meiner Darstellung auf Pressemitteilungen und interne Berichte von Conservation International gestützt (http://www.conservation.org).

21 Über den Erwerb von Holzeinschlagrechten in Bolivien und die Vergrößerung des Noel Kempff Mercado National Park und des Madidi National

Park durch The Nature Conservancy und Conservation National berichten R. E. Gullison, R. E. Rice und A. G. Blundell, in: *Nature* 404 (2000), S. 923f.

22 Meine Schilderung der Gründung und Finanzierung der Suriname Conservation Foundation beruht auf Pressemitteilungen und internen Berichten von Conservation International (http://www.conservation.org), darunter der Broschüre *The Central Suriname Nature Reserve* (2000), sowie auf persönlichen Mitteilungen des Präsidenten von Conservation International, Russell A. Mittermeier. Der zitierte Bericht entstammt seiner persönlichen Mitteilung vom 15. Mai 2001.

23 Zum Wildlands Project und seiner wissenschaftlichen Begründung siehe Michael E. Soulé und John Terborgh, in: *BioScience* 49, 10 (1999), S. 809 bis 817; David Foreman, in: *Denver University Law Review* 76, 2 (1999), S. 535 – 555; Jocelyn Kaiser, in: *Science* 289 (2000), S. 2259. Die umfassendste Darstellung bietet die Sonderausgabe von *Wild Earth* 10, 1 (2000), die sich dem Begriff der Wildnis und ihren vielfältigen Aspekten widmet.

24 Die Schätzungen über die Verteilung des privaten Landbesitzes in den Vereinigten Staaten stammen von J. Michael Scott von der Universität von Idaho (persönliche Mitteilung, 28. Juni 1999). Seine Berechnungen beruhen zum Teil auf der Einschätzung von James A. Lewis, *Landownership in the United States in 1978* (Washington, D.C., 1980). Zu den 100 größten privaten Landbesitzern in den Vereinigten Staaten im Jahr 1997 siehe *Worth*, S. 78 – 89 (Februar 1997).

25 Siehe zu Palmyra den Bericht in: *Nature Conservancy* (Januar/Februar 2001), S. 29, sowie den Leitartikel in der *New York Times* vom Juni 2000. Der Kauf im Cuatro-Ciénagas-Sumpfgebiet wurde in *Nature Conservancy* (Mai/Juni 1998), S. 28, bekannt gegeben.

26 Die Rolle privater Naturschutzgebiete in Costa Rica wird von Patrick Herzog und Christopher Vaughan in *Revista de Biología Tropical* 46, 2 (1998), S. 183 – 189, analysiert.

27 Über die Rolle der Privatwirtschaft im globalen Umweltschutz ist in den vergangenen zehn Jahren in der Fachliteratur ausgiebig diskutiert worden. Eine prägnante Zusammenfassung liefern Gretchen C. Daily und Brian H. Walker, in: *Nature* 403 (2000), S. 243ff. Dass sich private Unternehmen für den Umweltschutz engagieren, wird von Nichtregierungsorganisationen aller politischen Richtungen unterstützt, von der liberalen Organisation Natural Step (http://www.emis.com/tns) bis zum konservativen Political Economy Research Center (perc@perc.org). Auf die wesentliche Bedeutung der Regierung neben der freien Wirtschaft weisen Alexander James, Kevin J. Gaston und Andrew Balmford in: *Nature* 404 (2000), S. 120, hin.

28 Alexander James et al. (ebd.) schätzen, dass Maßnahmen zur Erhaltung einer repräsentativen Auswahl von Ökosystemen der Erde Kosten von ungefähr 27,5 Milliarden Dollar jährlich verursachen würden. Die Kosten für die Erhaltung ausreichend großer Schutzgebiete tropischer Wälder wurden auf der Konferenz »Defying Nature's End« im Jahre 2000 geschätzt. Siehe dazu Stuart L. Pimm et al., in: *Science* 293 (2001), S. 2207f.

29 Widersinnige Investitionen als Belastung für die Wirtschaft und die Umwelt werden von Norman Myers und Jennifer Kent analysiert, siehe *Perverse Subsidies: How Tax Dollars Can Undercut the Environment and the Economy* (Washington, D.C., 2001). Einen kurzen Überblick über das Thema gibt Myers, in: *Nature* 392 (1998), S. 327f. Siehe auch David Ma-

lin Roodman, *Paying the Piper: Subsidies, Politics, and the Environment* (Washington, D.C., 1996). Eine spezielle Studie, die sich mit den Auswirkungen solcher Subventionen auf die Wälder befasst, stammt von Nigel Sizer et al. und ist in den *Forest Notes* (Juni 2000) des World Resources Institute veröffentlicht. Darin wird auch ein von den G8-Ländern (Kanada, Frankreich, Deutschland, Italien, Japan, Russland, Großbritannien und Vereinigte Staaten) entwickelter Plan zum Schutz der Wälder einer kritischen Prüfung unterzogen.

30 Die auf der UNO-Konferenz über Umwelt und Entwicklung in Rio de Janeiro im Juni 1992 angenommene Konvention über biologische Vielfalt ist Gegenstand zahlreicher Berichte und Analysen. Siehe zum Beispiel *The Earth Summit: A Planetary Reckoning* von Adam Rogers (Los Angeles 1993).

31 Siehe Ke Chung Kim, in: *Science* 278 (1997), S. 242f. Unterstützt wird das Vorhaben vom DMZ-Forum, das von verschiedenen Umweltschutzorganisationen gefördert wird (http://dmz.koo.net).

32 Eine kompetente Darstellung des Inhalts und der Geschichte des amerikanischen Gesetzes zum Schutz bedrohter Arten (Endangered Species Act) stammt von Michael J. Bean, in: *Environment* 41, 1 (1999), S. 12 – 18, S. 34 – 38. Siehe außerdem die mit Beispielen und Anekdoten versehene persönliche Schilderung von Douglas H. Chadwick, in: *National Geographic* 187, 3 (März 1995), S. 2 – 41. Einen kurzen, aber hervorragenden chronologischen Abriss bedeutsamer Ereignisse in der amerikanischen Umweltschutzbewegung liefert Stewart L. Udall, in: *American Heritage* (Februar/März 2000), S. 98 – 105. Zur praktischen Anwendung des Gesetzes und zum Einsatz von Lebensraumerhaltungsplänen siehe Laura C. Hood et al., *Frayed Safety Nets: Conservation Planning Under the Endangered Species Act* (Washington, D.C., 1998).

Glossar

In der folgenden kurzen Zusammenstellung werden einige der Fachbegriffe erläutert, die vielleicht nicht allen Lesern geläufig sind.

Adaptive Radiation Die Auffächerung einer Ursprungsart in zahlreiche Arten, die verschiedene Nischen innerhalb desselben geographischen Verbreitungsgebiets besetzen. Ein klassisches Beispiel ist die Entstehung der Kängurus, Wombats, Kusus und anderer australischer Beuteltierarten aus einer gemeinsamen, erdgeschichtlich weit zurückliegenden Stammform.

Archaebakterien oder Archaeen Einzellige Organismen, die neben den Bakterien und den Eukaryonten (den höheren Lebewesen) ein eigenes Reich bilden. Sie sind häufig in extremen Lebensräumen wie zum Beispiel in heißen Quellen anzutreffen, leben aber auch im offenen Meer und anderen »normaleren« Umgebungen.

Art (Spezies) Die Grundeinheit der biologischen Klassifikation. Eine Art besteht aus einer oder mehreren Populationen eng verwandter und untereinander fortpflanzungsfähiger Organismen. Bei sexuell sich fortpflanzenden Organismen wird der Begriff für gewöhnlich enger gefasst: Unter der biologischen Art (Biospezies) versteht man eine oder mehrere Populationen von Lebewesen, die sich unter natürlichen Bedingungen frei miteinander, aber nicht mit Angehörigen anderer Arten paaren.

Arten-Areal-Prinzip Die mathematische Beziehung zwischen der Fläche einer Insel oder eines Lebensraumes und der Anzahl der Arten, die langfristig darin leben können.

Autotroph sind Organismen, die nicht auf organische Substanzen angewiesen sind, um wachsen und sich fortpflanzen zu können.

Dazu gehören insbesondere die Pflanzen, die Energie aus dem Sonnenlicht gewinnen, und Mikroorganismen, die Energie aus der Umwandlung (Oxidation) anorganischer Moleküle gewinnen.

Biodiversität oder **biologische Vielfalt** Die natürliche Vielfalt der Lebewesen auf den unterschiedlichsten Organisationsstufen – von den Ökosystemen über die Arten bis zu den genetischen Varianten innerhalb der Arten. Der Begriff kann sich sowohl auf die ganze Erde als auch auf einzelne Regionen oder Lebensräume beziehen (etwa die biologische Vielfalt Perus und die biologische Vielfalt eines peruanischen Regenwalds).

Biophilie Die angeborene Neigung, sich zu anderen Lebensformen hingezogen zu fühlen und emotionale Bindungen zu Leben und Natur aufzubauen.

Biosphäre Die Gesamtheit des Lebens auf der Erde – Pflanzen, Tiere und Mikroorganismen. Als eine den Planeten umschließende Hülle bildet die Biosphäre eine »Hohlkugel«.

Biota Alle in einem bestimmten Gebiet vorkommenden Organismenarten – Pflanzen, Tiere und Mikroorganismen.

Chromosom Gebilde im Zellkern der höheren Organismen, das aus Genen und den sie umgebenden Proteinen besteht (Bakterien und Archaebakterien haben keine Chromosomen).

Conservation International Weltweit agierende Naturschutzorganisation mit Hauptsitz in Washington, D.C.

Darwinismus Nach ihrem Begründer Charles Darwin benannte Lehre von der Evolution durch natürliche Auslese (Selektion).

DNS (= **DNA**) Desoxyribonucleinsäure. Wie eine Doppelhelix (Wendeltreppe) geformte Molekülkette, die den genetischen Code bildet.

Energiepyramide Bei der Weitergabe von Nahrung von einer Stufe der Nahrungskette zur nächsten – zum Beispiel von Pflanzen über Pflanzenfresser zu Fleischfressern – werden auf jeder Stufe ungefähr 90 Prozent der gewonnenen Energie von den Organismen für den Aufbau des eigenen Gewebes verbraucht. Daraus folgt, dass die verfügbare Energie sinkt, je höher man in der Nahrungskette aufsteigt. Dies erzeugt die Energiepyramide.

Engpass Ein durch Einwirkung von außen verursachter kritischer Zustand, den eine Population oder die Artenvielfalt überwinden muss, um ihren ursprünglichen Zustand wiederherzustellen oder sich ihm zumindest anzunähern. Der Engpass, in dem sich die Menschheit im 21. Jahrhundert befindet, wurde durch das Bevölkerungswachstum, den zunehmenden Pro-Kopf-Verbrauch und den Rückgang der nicht erneuerbaren natürlichen Ressourcen ausgelöst.

Exponentiell Zu- oder Abnahme in einer nicht-linearen Entwicklung.

Extremophile Organismen, die an extreme Umweltbedingungen angepasst sind, zum Beispiel an heiße Quellen, antarktisches Meereis oder unterirdische Spalten im Tiefengestein. Für gewöhnlich handelt es sich um Bakterien und Archaebakterien, aber es gibt auch einige extremophile Algen, Pilze und Wirbellose.

Fauna Die Gesamtheit der Tierarten oder der Tiere einer Gruppe (Vögel, Insekten et cetera) in einem bestimmten Gebiet.

Flora Die Gesamtheit der Pflanzenarten in einem bestimmten Gebiet (vgl. Fauna).

Gattung Zusammenfassung eng verwandter Arten.

Gen Die Grundeinheit der Erbinformation. Sie besteht aus DNA-Basenpaaren und ist normalerweise auf einem kurzen Chromosomensegment lokalisiert.

Genom Die Gesamtheit der Gene eines bestimmten Organismus oder einer bestimmten Art.

Habitat Ein bestimmter Lebensraum einer Art (oder weniger Arten), wie zum Beispiel ein See oder eine Waldlichtung.

Hot Spot Eine Region, die sich durch hohen Reichtum seltener Arten auszeichnet und gleichzeitig als natürlicher Lebensraum bedroht ist, zum Beispiel Madagaskar oder die tropischen Anden-Nebelwälder.

Invasive Arten Pflanzen-, Tier- oder Mikroorganismenarten, die sich massiv in einer Umgebung ausbreiten, in der sie ursprünglich fremd sind, und dadurch den Lebensraum und seine ursprünglichen Bewohner schädigen können.

IUCN International Union for Conservation of Nature and Natural Resources, Weltnaturschutzunion mit Hauptsitz im schweizerischen Gland.

Megafauna Alle größeren Tiere eines Gebietes mit einer Masse von mehr als zehn Kilogramm, zum Beispiel Strauße, Hirsche oder Krokodile.

Mikrobe Ein Organismus, der zu klein ist, um mit bloßem Auge wahrgenommen zu werden, zum Beispiel Bakterien, Archaebakterien oder Einzeller.

Mikroorganismus siehe Mikrobe.

Natürliche Auslese (Selektion) Das von Charles Darwin vorgeschlagene Evolutionsprinzip, wonach die verschiedenen Genotypen einer Population in unterschiedlichem Maße überleben und in die nächste Generation übergehen (»Überleben des Tauglichsten«).

Nichtregierungsorganisation (NGO) Eine Organisation, die unabhängig von nationalen Regierungen und deren Organisationen Bevölkerungsinteressen vertritt.

Ökologie Naturwissenschaft, welche die Wechselbeziehungen zwischen Organismen und ihrer Umwelt sowie anderen Organismen erforscht.

Ökologische Dienstleistungen Der Beitrag, den Ökosysteme zu einer für den Menschen gesunden Umwelt leisten, zum Beispiel die Produktion von Sauerstoff, die Bildung von Humus oder die Reinigung von Abwasser.

Ökologischer Fußabdruck Der durchschnittlich auf jeden Menschen entfallende Anteil an produktiver Landfläche zur Erfüllung grundlegender Bedürfnisse wie Nahrung, Wasser, Wohnen, Energie, Transport, Abfallaufnahme und Freizeit.

Ökosystem Das Wirkungssystem aus unbelebter Umwelt und den darin vorkommenden Organismen. Beispiele für Ökosysteme sind Wälder, Korallenriffe oder – auf einem größeren Maßstab – die Erde selbst. Es gibt natürliche und künstliche Ökosysteme.

Ökotourismus Eine Form des Tourismus, die sich auf interessante Aspekte der Umwelt – insbesondere Tiere und Pflanzen oder Naturschönheiten – konzentriert.

Phylogenese Die Evolutionsgeschichte einer bestimmten Organismengruppe, wie etwa der Orchideen oder der Schwalbenschwanz-Schmetterlinge, unter besonderer Berücksichtigung des Stammbaumes der Arten, aus denen sich die Gruppe zusammensetzt.

Plankton Organismen, die passiv im Wasser oder in der Luft treiben. Hauptsächlich handelt es sich dabei um Mikroorganismen, aber es gehören auch kleine Pflanzen und Tiere dazu.

Rasse siehe Unterart.

Regenwald Ein Wald, in dem gleichmäßig über das Jahr verteilt so viel Regen fällt, dass dort dichte Bestände immergrüner Bäume wachsen. Die bekanntesten und artenreichsten sind die tropischen Regenwälder mit ihren unregelmäßigen Kronenschichten. Diese sind so dicht, dass nur ein Prozent des Sonnenlichts den Boden erreicht. Es gibt auch gemäßigte (temperierte) Regenwälder, zum Beispiel an der Pazifikküste im Nordwesten der Vereinigten Staaten, an der Südküste von Chile und in Tasmanien.

Rote Listen Listen der bedrohten Tier- und Pflanzenarten. Die IUCN erstellt weltweite Rote Listen (zuletzt im Jahr 2000), aber es gibt auch Aufstellungen auf nationaler oder regionaler Ebene.

Säugetiere Die Tiere der Klasse Mammalia, die sich unter anderem durch Haare und die Eigenschaft auszeichnen, dass die Weibchen in Brustdrüsen Milch erzeugen, um die neugeborenen Jungen zu ernähren.

Synergismus Wechselseitige Förderung des Wachstums und der Wirkung von zwei oder mehr gemeinsam vorkommenden Ökofaktoren, zum Beispiel die Zunahme der Produktion von Biomasse, wenn zwei oder mehr bestimmte Pflanzen zusammen angebaut werden.

Systematik Ordnung des Lebendigen nach den natürlichen Verwandtschaftsverhältnissen.

Taxonomie Die wissenschaftliche Beschreibung, Benennung und Klassifikation von Organismen.

The Nature Conservancy Amerikanische Naturschutzorganisation, die zunehmend international tätig ist und auf den Erwerb und die Pflege von Naturschutzgebieten spezialisiert ist. Ihr Hauptsitz ist in Arlington, Virginia.

Unterart Untereinheit der Art, meistens im engeren Sinne als geographische Rasse definiert: eine geographisch abgegrenzte Population, die sich in einem oder mehreren charakteristischen genetischen Merkmalen von anderen geographischen Populationen derselben Art unterscheidet, was aber die Fähigkeit zur Fortpflanzung mit anderen Unterarten derselben Art nicht unterbindet.

Weltnaturschutzunion siehe IUCN.

Wirbellose Alle Tiere ohne Wirbelsäule (durch die bei Wirbeltieren das Rückenmark verläuft) aus Knochen- oder Knorpelsegmenten. Die meisten Tiere sind Wirbellose – von Fadenwürmern bis zu Seesternen, Insekten oder Muscheln.

Wirbeltiere Alle Tiere, die eine Wirbelsäule aus Knochen- oder Knorpelsegmenten besitzen. Es gibt heute sechs Hauptgruppen: Knorpel- und Knochenfische, Amphibien (Frösche, Schwanzlurche und Blindwühlen), Reptilien, Vögel und Säugetiere.

WWF Abkürzung, die sowohl von der amerikanischen Naturschutzorganisation World Wildlife Fund mit Sitz in Washington, D.C., als auch von der internationalen Umweltstiftung World Wide Fund for Nature mit Sitz im schweizerischen Gland benutzt wird. Der World Wildlife Fund ist die amerikanische Organisation des World Wide Fund for Nature, der in zahlreichen Ländern nationale Tochterorganisationen unterhält. Der World Wide Fund for Nature wie der World Wildlife Fund spielen im internationalen Umwelt- und Naturschutz eine führende Rolle.

Danksagung

In den vergangenen zwanzig Jahren hat sich die Naturschutzbewegung zu einem gewaltigen globalen Unterfangen entwickelt. Sie stützt sich auf Erkenntnisse der Biologie, Ökonomie, Anthropologie, Politologie, Ästhetik und nicht zuletzt der Religion und Moralphilosophie. Ihre Kernaussage lautet, dass das Wohlergehen der Menschheit mit der Gesundheit des Planeten verknüpft ist und die treuhänderische Bewahrung der Natur deshalb für einen Bankier aus Manhattan ebenso wichtig ist wie für einen Kleinbauern in Honduras. An der Entstehung dieses Buches haben deshalb viele Experten beratend mitgewirkt. Ich danke besonders folgenden Personen, die mir Einblick in ihr jeweiliges Fachgebiet gewährten und gewöhnlich auch den entsprechenden Teil des Manuskripts durchsahen:

Michael J. Bean (Umweltrecht)
Andrew A. Bryant (Murmeltiere)
Lawrence Buell (Thoreau)
Bradley P. Dean (Thoreau)
Gustavo Fonseca (Artenschutzbiologie, Politik)
Thomas J. Foose (Nashörner)
Howard Frumkin (Biophilie, Gesundheitswesen)
Kathryn S. Fuller (Naturschutz, Politik)
Ted Gullison (Waldbewirtschaftung)
James Leape (Naturschutz, Politik)
Edward J. Maruska (Nashörner)
James J. McCarthy (Weltklima)
Russell A. Mittermeier (Artenschutzbiologie, Politik)
Norman Myers (Artenschutzbiologie)
Brad Parker (Thoreau)
Stuart L. Pimm (Artenschutzbiologie)
Alan Rabinowitz (Nashörner)

Richard Rice (Umweltökonomie)
Terri Roth (Nashörner)
Stuart L. Schreiber (Naturgüter, Biomedizin)
J. Michael Scott (Naturschutz, Landbewirtschaftung)
Peter A. Seligmann (Naturschutz, Politik)
M. S. Swaminathan (Landwirtschaft)
David Tilman (Erforschung der Ökosysteme)
Mathis Wackernagel (globale natürliche Ressourcen)
Diana H. Wall (biologische Vielfalt, Antarktis)
Christopher T. Walsh (Naturgüter, Biomedizin).

Selbstverständlich haben sie keine der möglicherweise noch enthaltenen Fehler oder Irrtümer zu verantworten. Doris Gerstner danke ich für die ausgezeichnete Übertragung ins Deutsche. Schließlich möchte ich Kathleen M. Horton danken, die mir seit meinem im Jahr 1967 erschienenen ersten Buch *The Theory of Island Biogeography* (gemeinsam verfasst mit Robert H. MacArthur) mit ihrem untrüglich guten Rat und ihrer Unterstützung bei der redaktionellen Bearbeitung des Manuskripts und der Literatursuche stets eine unschätzbare Hilfe gewesen ist.

Register

Die Originalausgabe erscheint 2002
unter dem Titel »The Future of Life«
bei Alfred A. Knopf, New York.

© der deutschsprachigen Ausgabe 2002
by Siedler Verlag, Berlin,
einem Unternehmen der Verlagsgruppe
Random House GmbH

Alle Rechte vorbehalten,
auch das der fotomechanischen Wiedergabe.
Schutzumschlag: Rothfos + Gabler, Hamburg
Lektorat: Andrea Böltken
Register: Brigitte Speith-Kochmann, Berlin
Satz: Ditta Ahmadi, Berlin
Druck und Buchbinder: GGP Media, Pößneck
Printed in Germany 2002
ISBN 3-88680-621-9
Erste Auflage